普通高等教育仪器类"十三五"规划教材

测控电路及应用

主　编　徐耀松　周　围　贾丹平

副主编　任志玲　闫孝姮　刘宏志

电子工业出版社
Publishing House of Electronics Industry
北京·BEIJING

内 容 简 介

本书系统地介绍了测控电路技术的基本概念和基本理论,以及工业生产和科学研究中常用的测量与控制电路。主要内容包括:测控电路概述、传感器与接口电路、信号放大电路、信号滤波、信号运算电路、信号转换电路、信号调制与解调电路、控制输出电路等,并进行测控电路设计实例的综合介绍。本书结构合理、内容翔实、实例丰富,具有较高的应用性。另外,书中采用二维码技术实现知识点的扩展。

本书可作为高等院校电气工程及其自动化、计算机应用、电子信息、机电一体化、仪器仪表等相关专业本科的教材,也可供有关教师、科研人员和工程技术人员学习参考。

图书在版编目(CIP)数据

测控电路及应用 / 徐耀松,周围,贾丹平主编. —北京:电子工业出版社,2018.10
普通高等教育仪器类"十三五"规划教材
ISBN 978-7-121-34734-4

Ⅰ. ①测… Ⅱ. ①徐… ②周… ③贾… Ⅲ. ①电气测量-控制电路-高等学校-教材 Ⅳ. ①TM930.111

中国版本图书馆 CIP 数据核字(2018)第 151566 号

策划编辑:赵玉山
责任编辑:刘真平
印　　刷:北京盛通数码印刷有限公司
装　　订:北京盛通数码印刷有限公司
出版发行:电子工业出版社
　　　　　北京市海淀区万寿路 173 信箱　邮编　100036
开　　本:787×1 092　1/16　印张:14.5　字数:371.2 千字
版　　次:2018 年 10 月第 1 版
印　　次:2024 年 6 月第 5 次印刷
定　　价:39.00 元

普通高等教育仪器类"十三五"规划教材

编 委 会

前　言

本书循序渐进地介绍了测控技术的基本概念和基本理论，介绍了测控系统设计中涉及的基本内容，同时包括工程设计实例。本书突出工程特色，以工程教育为理念，围绕培养应用创新型工程人才这一培养目标，着重学生的独立研究能力、动手能力和解决实际问题能力的培养，将测控技术与仪器专业工程人才培养模式和教学内容的改革成果体现在教材中，通过科学规范的工程人才教材建设促进专业建设和工程人才培养质量的提高。

全书共 9 章。第 1 章介绍测控系统的组成与特点，然后介绍测控电路的功能要求、类型组成，通过介绍，使读者对测控系统及测控电路的基本概念进行深入理解；第 2 章介绍常见的传感器及其接口电路，主要包括热电阻、电容传感器、电涡流传感器、压阻式传感器、压电传感器、光电传感器等，通过接口电路及应用实例，对相关传感器的原理及应用进行介绍；第 3 章介绍信号放大电路，包括同相放大器、反相放大器、电荷放大器、仪用放大器、程控增益放大器、隔离放大器等；第 4 章介绍信号滤波技术，包括滤波器基本概念、滤波器特性的逼近、RC 滤波电路及有源滤波器设计方法等；第 5 章介绍信号运算电路，包括常见的数学运算、微积分电路及特征值运算电路等；第 6 章介绍信号转换电路，包括采样/保持、电压/电流变换、电压/频率变换、电压比较、模拟数字转换电路等；第 7 章介绍信号调制与解调电路，包括调幅式测量电路、调频式测量电路、脉冲调制式测量电路及集成锁相电路；第 8 章介绍控制输出电路；第 9 章介绍测控电路设计实例。

本书注重与工程实践的联系，采用二维码技术对相关知识点进行扩充，可以通过扫描二维码，打开对知识点的更多辅助介绍，包括相关文字介绍、图片展示或动画演示。

本书第 1、2、5 章由徐耀松执笔；第 3、8 章由周围执笔；第 4 章由任志玲执笔；第 6 章由闫孝姮执笔；第 7 章由刘宏志执笔；第 9 章由贾丹平执笔。全书的写作思路由付华教授提出，由付华和徐耀松统稿。此外，李恩源、李猛、赵博雅、赵珊影、谢鸿、赵星、刘子洋、司南楠、陈东、于田、孟繁东、梁漪、邱尚龙、齐晓娟、梁小飞、王传为、王治国、谭亮等也参加了本书的编写工作。在此，向对本书的完成给予热情帮助的同行们表示感谢。

由于作者水平有限，加上时间仓促，书中的错误和不妥之处，敬请读者批评指正。

编　者
2018 年 2 月

目　　录

第1章

测控电路概述

本章知识点：

- 测控电路的类型与组成
- 测控电路的功能与要求
- 测控电流设计方法
- 测控电路中的噪声及干扰

基本要求：

- 理解测控电路的分类及典型测控电路的组成
- 掌握测控电路的功能与设计流程
- 理解测控电路中典型的噪声及干扰

能力培养目标：

通过本章的学习，了解测控电路的性质，明确测控电路的作用、分类及基本组成，理解测控电路的设计流程，对影响测控电路性能的噪声、干扰及误差等因素进行学习，了解测控电路的发展趋势。

所谓"测控系统"，就是测量与控制系统的简称。"测量"和"控制"是人类认识世界和改造世界的两个必不可少的重要手段。"测量"（或检测）是人们借助于专门的设备，通过实验的方法，对某一客观事物取得数量信息的过程。测控系统不仅仅适用于工业领域，也广泛地应用于科学实验、农业、国防、地质勘探、交通和医疗健康等国民经济各个领域及人们的日常生活中。测量系统是人类感觉器官的延伸，控制系统则是人类肢体的延伸；所以，测控系统拓展了人们认识和改造自然的能力。门捷列夫说过："有测量才有科学。"任何一项科学研究都离不开相应的有效的测量和实验手段。钱学森院士说："新技术革命的关键技术是信息技术。信息技术由测量技术、计算机技术、通信技术三部分组成。测量技术则是关键和基础。"科学的发展、突破往往是以检测仪器和技术方法上的突破为先导的。测控系统在工作生产中起着把关者和指导者的作用，广泛应用于炼油、化工、冶金、电力、电子、轻工、纺织等行业。

测控系统的性能在很大程度上取决于测控电路，测控电路又分为测量电路与控制电路，它们是测控系统实现测量与控制功能的基本电路，在整个测控系统中起着十分关键的作用。

1.1 测控电路的类型与组成

测控电路的组成随被测参数、信号类型与控制系统的功能和要求的不同而异。

1.1.1　测量电路的基本组成

1. 模拟式测量电路的基本组成

图 1-1 所示是模拟式测量电路的基本组成。传感器包括其基本转换电路，如电桥。传感器的输出已是电物理量（电压或电流）。根据被测量的不同，可进行相应的量程切换。传感器的输出一般较小，常需要放大。图中所示各个组成部分不一定都需要。例如，对于输出非调制信号的传感器，就不需用振荡器向它供电，也不用解调器。在采用信号调制的场合，信号调制与解调用同一振荡器输出的信号作为载波信号和参考信号。利用信号分离电路（常为滤波器），将信号与噪声分离、将不同成分的信号分离，取出所需信号。有的被测参数比较复杂，或者为了控制目的，还需要进行运算。对于典型的模拟式电路，无须模数转换电路和计算机，而直接通过显示执行机构输出。越来越多的模拟信号测量电路输出数字信号，这时需要模数转换电路。在需要较复杂的数字和逻辑运算或较大量的信息存储情况下，采用计算机。图中振荡器、解调器、运算电路、模数转换电路和计算机画在虚线框内，表示有的电路中没有这些部分。

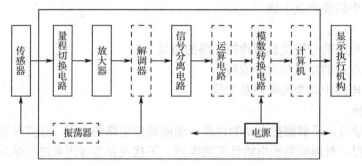

图 1-1　模拟式测量电路的基本组成

2. 数字式测量电路的基本组成

数字式信号包括增量码信号、绝对码信号和开关信号。

采用光栅、激光干涉法等测量位移时传感器的输出为增量码信号。增量码信号的特点是被测量值与传感器输出信号的变换周期数成正比，即量值的大小由信号变化周期数的增量决定。增量码信号是一种反映过程的信号，或者说是一种反映变化量的信号，它与被测对象的状态并无一一对应的关系，信号一旦中断，就无法判断物体的状态。绝对码信号是一种与状态相对应的信号，例如码盘，其每一个角度方位对应于一组编码，这种编码称为绝对码。开关量信号可视为绝对码信号的特例，当绝对码信号只有一位编码时，就成了开关信号，开关信号只有 0 和 1 两个状态。

增量码数字式测量电路的基本组成见图 1-2。一般来说增量码传感器输出的周期信号也是比较微小的，需要首先将信号放大。传感器输出信号一个周期所对应的被测量值往往较大，为了提高分辨力，需要进行内插细分。可以对交变信号直接处理进行细分，也可能需先将它整形成为方波后再进行细分。在有的情况下，增量码一个周期所对应的量不是一个便于读出的量（例如，在激光干涉仪中反射镜移动半个波长信号变化一个周期），需要对脉冲当量进行变换。被测量增大或减小，增量码都做周期变化，需要采用适当的方法辨别被测量变化的方向，辨向电路按辨向结果控制计数器做加法或减法计数。在有的情况下辨向电路还同时控制细分与脉冲当量变换电路做加或减运算。采样指令到来时，将计数器所计的数送入锁存器，显示执行机构显示该状态下被测量值，或按测量值执行相应动作。在需要较复杂的数字和逻辑运算或较大量的信息存储情况下，采用计算机。

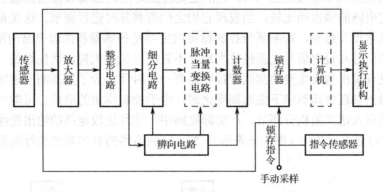

图 1-2   增量码数字式测量电路的基本组成

绝对码和开关式测量电路比较简单，它基本上就是一套逻辑电路，以适当方式译码，进行显示和控制。

1.1.2   控制电路的基本组成

控制方式可分为开环控制与闭环控制两种，这两类控制系统的组成也不同。

1. 开环控制

开环控制系统的基本组成如图 1-3 所示。为了获得所需的输出，在控制系统的输入端通过给定机构设置给定信号，如通过一个多刀开关或电位器设定所需炉温。通过设定电路将它转换成电压信号，经放大和转换后控制执行机构改变加热电阻丝中的电流，使炉子（被控对象）获得所需温度。只要让输入的设定信号按设定规律变化，即可让输出按所要求的规律变化。图中虚线框内所示部分为控制电路。

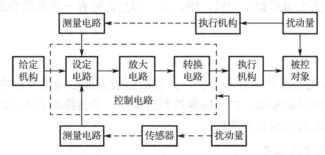

图 1-3   开环控制系统的基本组成

显然，这种控制系统难以保证系统的输出符合所需要求。首先，系统能够获得正确的输出是建立在输入与输出有确定的函数关系基础上的。也就是说系统的模型，或者说它的传递函数正确、不变。系统的传递函数的任何变化将引起输出的变化。其次，不可避免地会有扰动因素作用在被控对象上，引起输出的变化。为了补偿扰动的影响，可以通过传感器对扰动进行测量，通过测量电路在设定上引入一定修正，以抵消扰动的影响。但是这种控制方式同样不能达到很高的精度。一是对扰动的测量误差影响控制精度；二是扰动模型的不精确性影响控制精度，比较好的方法是采用闭环控制。

2．闭环控制

闭环控制系统的基本组成见图 1-4。它的主要特点是用传感器直接测量输出量，将它反馈到输入端与设定电路的输出相比较，当发现它们之间有差异时进行调节。这里系统和扰动的传递函数对输出基本没有影响，影响系统控制精度的主要是传感器和比较电路的精度。在图 1-4 中，传感器反馈信号与设定信号之差经放大后，不直接送执行机构，而先经过一个校正电路。这主要考虑从发现输出量发生变化到执行控制需要一段时间，为了提高响应速度常引入微分环节。另外，当输出量在扰动影响下做周期变化时，由于控制作用的滞后，可能产生振荡，为了防止振荡，需要引入适当的积分环节。在实际电路中，往往比较电路的输出先经放大再送入校正电路，视需要可能再次放大（图中未表示）。加入转换电路的目的是使执行机构获得所需类型的控制信号。

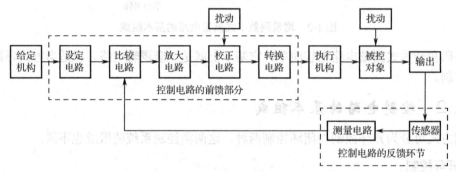

图 1-4　闭环控制系统的基本组成

1.2　测控电路的功能与要求

对测控电路的主要要求可概括为精、快、灵，当然也还有一些其他要求，如可靠性与经济性。

1．精度高

对于测控电路首先要求它具有高精度，要求测量装置能准确地测量被测对象的状态与参数，这是获得高质量产品的基础，也是精确控制的基础，使被控对象能精确地按要求运行。为了实现高精度，测控电路应具备下列性能：

1）低噪声与高抗干扰能力

在精密测量中，要精确测得被测参数的微小变化，这时传感器输出信号的变化往往是很微小的，为了保证高的测量精度，必须要求电路具有低噪声与高抗干扰能力，这里包括选用低噪声器件，合理安排电路，合理布线与接地，采取适当的隔离与屏蔽等。由于送到电路第一级的信号最小，因此第一级电路需特别精心安排，尽量缩短传感器到第一级电路的连线，前置放大器往往置入传感器内。

对信号进行调制，合理安排电路的通频带，对抑制干扰有重要作用。对信号进行调制就是给信号赋予一定特征，使它与非所需的信号（可将它们视为干扰）相区别，再通过合理安排电路的通频带等，只让所需信号通过，从而抑制干扰。

采用具有高共模抑制比的电路，对抑制干扰也有重要作用，因为大多数干扰表现为共模干扰。它同时作用于差动电路的两个输入端，采用高共模抑制比差动电路能有效地抑制干扰。

2）低漂移与高稳定性

大多数电子元器件的特性，如放大器的失调电压与失调电流、晶体管与二极管的漏电流，都会受温度影响而在一定程度上发生变化。由于电路在工作中总有电流流过，不可避免地会产生热量，从而使电路发生漂移。外界温度的变化也会引起电路漂移。为了减小漂移，首先应选择温漂小，即对温度不敏感的元器件，其次应尽量减小电路的，特别是关键部分的温度变化。这里包括减小电路中的电流，让大功率器件远离前级电路，安排好散热等。

电路工作稳定是保证电路精度的首要条件。噪声与干扰引起电路在短的时段内工作不稳定。漂移使电路在一天或若干小时的中等时段内输出发生变化。除此以外，还有电路长期工作稳定性、元器件的老化、开关与接插件的弹性疲劳和氧化引起接触电阻变化等，都是影响电路长期工作稳定性的主要原因。

3）线性与保真度好

线性度是衡量一个仪器或系统的精度的又一重要指标。从理论上讲，一个系统也可按非线性定标，这时输入与输出间具有非线性关系并不一定影响精度，但大多数情况下，要求系统的输入与输出间具有线性关系。这是因为线性关系使用方便，如线性标尺便于读出，在换挡时不必重新定标，进行模数转换、细分、伺服跟踪时不必考虑非线性因素，波形不失真，等等。

保真度是由视、听设备中借用的概念。为使波形不失真，除要求电路有良好的线性外，还要求在信号所占有的频带内有良好的频率特性。

4）有合适的输入与输出阻抗

即使电路完全没有误差，在将它用于某一测控系统中时，仍然有可能给系统带来误差。例如，若测量电路的输入阻抗太低，在接入电路后，就会使传感器的状态发生变化。从不影响前级的工作状态出发，要求电路有高输入阻抗。但输入阻抗越高，输入端噪声也越大，因此合理的要求是使电路的输入阻抗与前级的输出阻抗相匹配。同样，若电路的输出阻抗太大，在接入输入阻抗较低的负载后，会使电路输出下降。要求电路的输出阻抗与后级的输入阻抗相匹配。

2. 响应快

生产的节奏在不断地加快，机器的运转速度在不断地加快，响应速度快就成为对测控电路性能的另一项重要要求。实时动态测量已成为测量技术发展的主要方向。测量电路没有良好的频率特性、高的响应速度，就不能准确地测出被测对象的运动状况，无法对被测系统进行准确控制。对一个存在高速变化因素的运动系统，控制的滞后可能引起系统产生振荡，振荡的幅度还可能越来越大，导致系统失去稳定。为了能够测出快速变化的参数，为了使一个高速运动系统稳定，要求测控电路有高的响应速度和良好的频率特性。

3. 转换灵活

为了适应在各种情况下测量与控制的需要，要求测控电路有灵活的进行各种转换的能力。它包括：

1）模数与数模转换

自然界客观存在的物理量多为模拟量，传感器的输出信号也以模拟信号居多。为了读数方便和提高在信号传输中的抗干扰能力，为了便于与计算机连接和便于长期保存等，常常需要数字信号，这就需要模数转换；而为了控制执行机构动作，又常需要模拟信号，这时又需数模转换。

2）信号形式的转换

模数与数模转换是信号形式转换的一种，为了信号处理与传输上的需要，还常需要进行直流与交流、电压与电流信号之间的转换。一个信号的大小可以用它的幅值、相位、频率、脉宽等表示，为了信号处理、传输与控制上的需要，也常需要进行幅值、相位、频率与脉宽信号等之间的转换。

3）量程的变换

一个测控系统需要测量和控制的量可以差百万倍以上，为了适应测量、控制不同大小量值的需要，而不引起饱和与显著的失真，电路应能根据信号的大小进行量程的变换。

4）信号的选取

一个实际的信号中不仅包括信号与噪声，而且在信号中也包含具有不同特征的信号，如不同频率的信号。这些不同特征的信号可能由不同的源产生，也可能有不同的物理含义。在测量与控制中常要选取某一频率或某一频带，或某一瞬时的信号，电路应具有选取所需信号的能力。

5）信号的处理与运算

在测量与控制中常需要对信号进行处理与运算，如求平均值、差值、峰值、绝对值、导数、积分等。这里也包括对非线性环节进行线性化处理与误差补偿，进行复杂函数运算，进行逻辑判断等。

4．可靠性与经济性

随着科技与生产的发展，测控系统应用越来越广、规模越来越大，这对可靠性提出了越来越高的要求。如果单个晶体管（或 PN 结）的可靠性为 0.9999，当一个集成块上集成了 10000 个晶体管，并假定它们的工作可靠性是相互独立的，则整个集成块的可靠性仅为 $0.9999^{10000} \approx 0.368$。假如在整个系统中有 100 个这样的集成电路块，其可靠性仅为 $0.368^{100} \approx 3.8 \times 10^{-44}$。为使系统的可靠性达到 0.99，要求单个集成电路块的可靠性达 0.9999，而要求单个晶体管的可靠性达 0.99999999。从这个例子可以看到，一个现代系统对器件的可靠性提出了多高的要求。

对测控电路的另一个要求是它的经济性。一个成本高昂的电路难以获得广泛应用。要在满足性能要求的基础上，尽可能地简化电路。要合理设计电路，能在不对器件提出过分要求的情况下获得较好的性能。

1.3　测控电路的设计

一般情况下，设计一套测控系统，要遵循自上而下的原则，先从整体考虑：

- 被测量的量是信号的大小与频率。
- 要控制的量。
- 系统的测量与控制的精度、性能。

- 系统的使用条件。
- 系统所具有的功能，如信号的显示、记录、存储及其他一些功能。
- 系统的成本、设计或研发的时间、工艺条件。

在系统的功能确定之后，也就把系统的大致结构确定了下来。再以信号增益（信号的放大倍数）和误差分配，来确定前向信号通道（指从传感器到模数转换器的模拟信号放大、处理部分电路）所需信号放大、滤波或变换电路的级数，各级的增益，滤波器的阶数、形式和截止频率等。下一步则要确定各个组成部分的具体设计要求。

应该注意的是，绝对不能将各级电路孤立地考虑，必须考虑到电路前、后级之间的联系。而电路前、后级之间联系的主要因素是输出、输入阻抗和信号幅值。

（1）对于模拟信号的放大与滤波等信号处理电路而言，一般说来，前级电路的输出阻抗越小越好。对后级电路而言，前级的输出阻抗相当于后级电路的信号源内阻，前级输出阻抗过大，必将影响后级电路的幅频特性和增益及其稳定性，如图 1-5 所示。

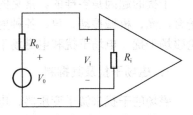

图 1-5　前级的输出阻抗对后级电路的影响

后级放大器所得到的实际信号幅值为

$$V_i = \frac{V_0 R_i}{R_0 + R_i} \qquad (1\text{-}1)$$

相比之下，如果 $R_0=0$，则 $V_i=V_0$。显然，由于前级电路输出阻抗的原因使得后级电路的实际输入信号的幅值下降了，从而降低了整个电路的增益，使信号的幅值与预计的不符。同样的原因，前级电路的输出阻抗与后级电路的电容（如果后级电路是滤波器，或者后级电路存在输入分布电容）构成了一个附加的低通滤波器，改变了后级低通滤波器的截止频率。不管为何种情况，都改变了电路的参数。

（2）后级电路的输入阻抗是前级电路的负载。电路的负载过重，必然要影响前级电路的性能，严重时前级电路甚至不能工作。现在的器件工作电压越来越低、功耗越来越小，这方面必须引起足够的重视。如后级电路为一反相放大器，其输入电阻为 $10k\Omega$，这在许多情况下已足够高，但有许多新型的微功耗运算放大器，这样大小的负载已足以使其不能正常工作。

（3）合适的信号幅值。微弱信号检测的前向信号通道经常需要有几级放大器和滤波器。通常情况下干扰信号的幅值往往要远大于有用信号的幅值，放大器和滤波器应该交错地分布。否则，虽然有用信号经过几级放大后并未超出后面的放大器和滤波器的动态范围，但由于干扰信号早已超出放大器和滤波器的动态范围，从而产生非线性失真，一旦产生了非线性失真，就再也无法消除。一般说来，当产生一定大小的非线性失真时会导致测控系统不能正常工作。

1.4　测控电路中的噪声及干扰

一般说来，噪声是被测对象和仪器内部固有的，而干扰则是被测对象和仪器以外的原因造成的。噪声和干扰是微弱信号检测的一个主要限制因素。因为放大器的增益越高，越容易受外来干扰的影响。电路内部存在的固有噪声将使系统的信号噪声比降低，固有噪声较大时，输出端的噪声将淹没有用信号。但有时又很难严格地将噪声和干扰区别开来，如系统内部的电源或后级电路对前级电路的影响，各级电路之间通过电源的不良耦合等，这些都对系统产生不良影响，但又难以区别开来，所以，有时把两者统称为噪声。在需要详细讨论噪声的来源与抑制方法时，把要讨论的电路之外的原因造成的影响称为干扰，而把电路内部产生的影响称为噪声。

测控系统设计的关键是"噪声"而不是"放大"。在多数情况下，不考虑噪声的放大是很容易实现的，但也是没有意义的。实际上，去除噪声不仅仅是测控系统设计的重点，也是难点。

对测量系统而言，精度是一个主要的指标。从测量学的角度来看，被测量的"真值"是不可能得到的，人们只能测得尽可能趋近这个"真值"的值。除了干扰和噪声外，影响测控系统准确性的重要因素是放大器和滤波器等电路的增益，合理地考虑和分配各级电路的误差，也是保证测控系统达到设计指标的重要环节。

1.4.1　干扰及其抑制

干扰的起因是多样的。常见的干扰可分为磁场干扰、电场干扰和电磁场干扰等。但在许多场合，光、机械振动、声、各种射线等都有可能对测控系统产生干扰。限于篇幅，这里简要讨论磁场干扰、电场干扰和电磁场干扰等的来源及其抑制方法。

1. 磁场干扰及其抑制

磁场的干扰来源于变压器、电动机和荧光灯的镇流器等设备，这些设备中的线圈通以交流电时，就会产生一个交变的磁场，在交变磁场中的其他导线环路，或其他线圈都会感应出电动势。根据法拉第电磁感应定律，这种干扰的强度与电路或线圈的环路面积成正比。磁场干扰直接影响测控系统，必须采取措施予以抑制。一般来说，磁场干扰的频率较低，作用距离较近，作用较强。

1）磁场干扰的检测

改变设备或电路的放置方向（但不改变空间位置），检测电路的输出，如果输出信号的幅值发生变化，即可初步判定存在磁场干扰。如果电路输出信号的频率与可能的干扰源的工作频率相同（如日光灯的镇流器或其他设备的电源变压器的工作频率为 50Hz），则可有进一步的把握判定磁场干扰的来源。有可能的话，停止可能的干扰源的工作，如果电路的输出也显著降低甚至消失，此时可以确定产生磁场干扰的来源。

比较难判断的磁场干扰是测控系统内部的干扰源，如测控系统内部的电源变压器或其他部件。有可能的话，可以采用外部电源供电或改变电路与可能的干扰源的相对方位，或者用铁磁材料做成的盒子将可能的干扰源盖住。如果电路的输出显著降低甚至消失，则可以确定产生磁场干扰的来源。

2）磁场干扰的抑制方法

抑制磁场干扰的方法主要有以下几种：

（1）屏蔽或去除干扰源。可能的话，用铁磁材料做成的盒子（屏蔽盒）将可能的干扰源封闭起来，或者移去已确定的干扰源。由于导磁材料与空气的磁导率相差不大（一般仅有 3～4 个量级，不像导电材料与空气的电导率那样相差十几个量级），因而磁屏蔽的作用有限。

（2）如果第（1）条难以做到，那么可以用屏蔽盒将电路或比较敏感的部分（一般是传感器、信号输入部分和前级放大器）屏蔽起来。

（3）减小电路或敏感部分的环路面积。

（4）改变电路或敏感部分的方位，使其环路的方向与干扰磁场的方向平行。

2．电场干扰及其抑制

电场的干扰主要来源于交流电源，其中 50Hz 的工频干扰最普遍。50Hz 的交流电场主要通过位移电流引入系统输入端及其引线，如传感器及其引线。交流电馈电线与引线之间都具有电容性质，因此 50Hz 的电场将通过容性耦合形成电场干扰。

1）电场干扰的检测

由于电场干扰的主要来源是交流电馈电线，因而其频率固定（为 50Hz）。改变设备、传感器、输入引线或电路的放置位置，检测电路的输出，如果输出信号（50Hz）的幅值发生变化，即可初步判定存在电场干扰。如果在可能的干扰源与设备、传感器、输入引线或电路之间放置一块合适大小并接到大地的金属板，电路的输出信号（50Hz）的幅值发生变化，即可判定存在电场干扰的来源。

2）电场干扰的抑制方法

抑制电场干扰的方法主要有以下几种：

（1）屏蔽或去除干扰源。可能的话，移去已确定的干扰源。

（2）输入引线可以采用屏蔽线。将电路或比较敏感的部分（一般是传感器、信号输入部分和前级放大器）用金属材料制成的屏蔽盒屏蔽起来。屏蔽线的屏蔽层和屏蔽盒要良好接地，否则屏蔽线或屏蔽盒不但不能够抑制电场干扰，反而使干扰更严重。

（3）尽量采用差分方式输入，输入引线采用屏蔽的双绞线或多股线。

（4）如果电场干扰源在仪器内部，尽可能采用屏蔽线替换原来普通的交流电馈电线。

（5）采用屏蔽电缆驱动技术。

（6）要求较高时，可采用悬浮电源（或电池）供电。

（7）采用光电隔离或磁隔离技术。

3．电磁场干扰及其抑制

电磁场干扰的主要来源是各类无线电发射装置、各种工业干扰、无线电干扰和设备内部的高频电磁场干扰。电磁场干扰的特点是频率高，频率可以是固定频率，也可以是不固定的，作用距离远，幅值不稳定。

1）电磁场干扰的检测

如果检测磁场干扰和电场干扰都不能确定干扰来源，而改变设备或电路的位置与方向时，输出信号有所变化，则可以确定是外部电磁场干扰。如果设备内部有高频工作的电路，采用金属盒盖住这部分时电路输出的幅值明显减小，则可以确定电磁场干扰来源于内部。

检测电磁场干扰的主要困难是将其与电路本身的自激振荡区别开来。一般而言，如果电路输出的幅值在采用检测磁场干扰和电场干扰的方法时都不改变，而在改变电路的某个参数（如在电路上并联上一个电阻或电容）时，电路输出的幅值或频率立即发生变化，这说明电路有自激振荡发生，应先排除自激振荡。

2）电磁场干扰的抑制方法

对高频电磁场干扰抑制的主要措施有：

（1）电路或电源中采用高频滤波器或滤波电容。

（2）采用电磁屏蔽，一些高频仪器（如无线电遥测接收机）则应注意缩短内部布线，讲究良好的接地与制造工艺，振荡线圈应加屏蔽罩等。

（3）抑制磁场干扰和电场干扰的方法都是抑制电磁场干扰的有效方法。

1.4.2　电路噪声

电路的噪声主要是指电阻（包括任何具有电阻的器件）的热噪声和晶体管（包括所有半导体集成电路中的晶体管）等有源器件所产生的噪声。电路噪声是永远存在的，电路噪声测控部分设计的目的是尽可能地降低电路噪声。

1. 电路噪声的来源

仪器内部电路的噪声有前置放大器输入电阻的热噪声与晶体管等有源器件所产生的噪声。

1）电阻热噪声

众所周知，导体是由于金属内自由电子的运动而导电的，导体内的自由电子在一定温度下，由于受到热激发而在导体内部做大小与方向都无规律的运动（热运动），这样就在导体内部形成了无规律的电流，在一个足够长的时间内，其平均值等于零，而瞬时值就在平均值的上下跳动，这种现象称为"起伏"。由于这样的起伏是无规则的，因此，在电路中常称之为起伏噪声或热噪声。起伏电流流经电阻时，电阻两端就会产生噪声电压。由于噪声电压是无规律变化的，无法用数学解析式来表达，但是在一个较长的时间内自由电子热运动的平均能量总和是一定的，因此就可以用表征噪声功率的噪声电压均方值来表征噪声的大小。由热运动理论和实践证明，噪声电压的均方值为

$$\overline{V_n^2} = 4kTBR \qquad (1-2)$$

式中，k 为玻尔兹曼常数（1.372×10^{-23} J/K）；T 为导体的热力学温度；R 为电阻；B 为与电阻 R 相连的电路带宽。

晶体管（包括运算放大器）等有源器件是仪器（或电子电路）本身噪声的主要来源之一。晶体管的噪声包括晶体管电阻的热噪声、分配噪声、散粒噪声和 $1/f$ 噪声。在半导体中电子无规律的热运动同样会产生热噪声，在晶体二极管的等效电阻 R_{eq} 和三极管基极电阻 r'_{bb} 上的热噪声电压均方根值分别为

$$\begin{cases} \sqrt{\overline{V_n^2}} = \sqrt{4kTBR_{eq}} \\ \sqrt{\overline{V_n^2}} = \sqrt{4kTBr'_{bb}} \end{cases} \qquad (1-3)$$

由于热噪声的功率频谱密度为 $P(f) = \dfrac{\overline{V_n^2}}{B} = 4kTR$，所以电阻及晶体管的热噪声功率频谱密度是一个与频率无关的常数。也就是说，在一个极宽的频带上，热噪声具有均匀的功率谱，这种噪声通常称为"白噪声"。

仅就电阻的热噪声而言，由式（1-2）可以看出，降低电路的工作温度，减小电阻阻值和限制电路的带宽可以降低电阻的热噪声。但是，降低电路的工作温度在绝大多数的情况下是困难的，也是难以接受的。减小电阻阻值受电路设计的限制。唯一可接受的办法是把电路的带宽限制在一定的范围内，即工作在信号的有效带宽。这样既可以降低电阻的热噪声，又可以抑制带外的干扰信号。

假定有一个 1kΩ 的电阻，在常温 20℃工作，带宽为 1kHz，由式（1-2）可计算得到电阻的热噪声为 0.127μV，这样小的值只有经过高增益放大才有可能在普通的示波器上观察到。但在

许多测控系统中，前置放大器的输入阻抗常常在 $10M\Omega$ 以上（由于信号源的输入阻抗也在这个数量级左右），这时计算得到的热噪声为 $12.7\mu V$。

实际上，任何一个器件（除超导器件外）不仅有电阻热噪声，还有其他的噪声，这些噪声与器件的材料和工艺有关，往往这些噪声有可能比热噪声更大，因而在电路的噪声设计时，选择合适的器件也是十分重要的。如精密金属膜电阻的噪声就比普通碳膜电阻小得多。

2）晶体管的噪声

晶体管中不仅有电阻噪声，还存在分配噪声、散粒噪声和 $1/f$ 噪声。这些噪声也同样存在于各种以 PN 结构成的半导体器件（如运算放大器）中。

在晶体管中，由于发射极注入基区的载流子在与基极本身的载流子复合时，载流子的数量时多时少，因而引起基区载流子复合率有起伏，导致集电极电流与基极电流的分配有起伏，最后造成集电极电流的起伏，这种噪声称为分配噪声。分配噪声不是白噪声，它与频率有关，频率越高，噪声也越大。

在晶体管中，电流是由无数载流子（空穴或电子）的迁移形成的，但是各个载流子的迁移速度不会相同，致使在单位时间内通过 PN 结空间电荷区的载流子数目有起伏，因而引起通过 PN 结的电流在某一电平上有一个微小的起伏，这种起伏就是所谓的散粒噪声。散粒噪声与流过 PN 节的直流电流成正比。散粒噪声也是白噪声，它的频谱范围很宽，但在低频段占主要地位。

晶体管的 $1/f$ 噪声主要是由半导体材料本身和表面处理等因素而引起的。其噪声功率与工作频率 f 近似成反比关系，故称 $1/f$ 噪声，频率越低，$1/f$ 噪声越大，故 $1/f$ 噪声也称为"低频噪声"。

通常用线性网络输入端的信号噪声功率比（S_i/N_i）与输出端信号噪声功率比（S_o/N_o）的比值来衡量网络内部噪声的大小，并定义该比值为噪声系数 NF，即

$$NF = (S_i / N_i) / (S_o / N_o) \tag{1-4}$$

噪声系数 NF 表示信号通过线性网络后，信噪比变坏了多少倍。噪声系数也以分贝作为单位，用分贝作为单位时表示为

$$NF = 10\lg[(S_i / N_i) / (S_o / N_o)] \tag{1-5}$$

显然，若网络是理想的无噪声线性网络，那么网络输入端的信号与噪声得到同样的放大，即（S_i/N_i）=（S_o/N_o），噪声系数 NF=1（0dB）。若网络本身有噪声，则网络的输出噪声功率是放大了的输入噪声功率与网络本身产生的噪声功率之和，故有（S_i/N_i）>（S_o/N_o），噪声系数 NF>1。

根据网络理论，任何四端网络均可等效地用连接在输入端的一对电压、电流发生器来表示。因而，一个放大器的内部噪声可以用一个具有零阻抗的电压发生器 e_n 和一个并联在输入端具有无穷大阻抗的电流发生器 i_n 来表示，两者的相关系数为 r，这个模型称为放大器的 e_n-i_n 噪声模型，如图 1-6 所示。

其中，V_s 为信号源电压；R_s 为信号源内阻；E_{ns} 为信号源内阻上的热噪声电压；Z_i 为放大器输入阻抗；A_v 为放大器电压增益；E_{no}、V_{so} 分别为总的输出噪声和信号。

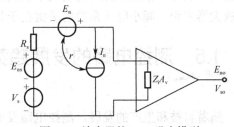

图 1-6　放大器的 e_n-i_n 噪声模型

有了放大器的 e_n-i_n 噪声模型，放大器便可以看成是无噪声的了。因而对放大器噪声的研究归

结为分析 e_n、i_n 在整个电路中所起的作用就行了，这就大大地简化了对整个电路系统噪声的设计过程。通常情况下器件的数据手册都会给出这两个参数。实用时，可以通过简单的实验粗略地测量这两个参数。

2. 级联放大器的噪声

设有一个级联放大器，由图 1-7 所示的三级放大器组成。

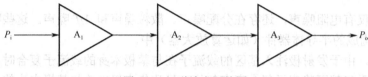

图 1-7　级联放大器简图

其中各级的功率增益分别为 K_{p1}、K_{p2}、K_{p3}，各级放大器本身的噪声功率分别为 P_{n1}、P_{n2}、P_{n3}，各级本身的噪声系数分别为 F_1、F_2、F_3，P_o 为信号源的噪声功率，则总的输出噪声功率为

$$P_o = K_{p1}K_{p2}K_{p3}P_i + K_{p2}K_{p3}P_{n1} + K_{p3}P_{n2} + P_{n3} \tag{1-6}$$

总的噪声系数 NF 为

$$NF = \frac{P_i}{K_p P_o} = 1 + \frac{P_{n1}}{K_1 \times P_{n1}} + \frac{P_{n2}}{K_1 \times K_2 \times P_{n2}} + \frac{P_{n3}}{K_1 \times K_2 \times K_3 \times P_{n3}}$$

若令 NF_1 为第一级噪声系数，可以得到总的噪声系数为

$$NF = NF_1 + \frac{NF_2 - 1}{K_1} + \frac{NF_3 - 1}{K_1 \times K_2} \tag{1-7}$$

上式是三级放大器噪声系数的一般表达式。同理可以推出 n 级放大器的噪声系数为

$$NF = NF_1 + \frac{NF_2 - 1}{K_{p1}} + \frac{NF_3 - 1}{K_{p1}K_{p2}} + \ldots + \frac{NF_n - 1}{K_{p1}K_{p2}K_{p3}\cdots K_{pn}} \tag{1-8}$$

可以看出，如果第一级的功率增益 K_{p1} 很大，那么第二项及其以后各项则很小而可以忽略，于是，总的噪声系数 NF 主要由第一级的噪声系数 NF_1 决定。因而在这种情况下，影响级联放大器噪声性能的主要是第一级的噪声，所以在设计中应尽量提高第一级的功率增益，尽量降低第一级的噪声。但如果第一级的功率增益不是很大，如第一级是跟随器，这时式（1-8）中的第二项不是很小，于是第二级的噪声也有较大影响而不能忽视。广义来说，如果认为耦合网络（传感器或传感器接口电路）也可以看成是一级的话，那么位于信号源与输入级之间的耦合网络由于其功率增益小于 1，使得式（1-8）中的第二项变得很大，因此 NF_2 成为主要噪声成分，NF_2 即输入级的噪声系数，此时它的大小就决定了整个 NF 的大小。所以，对于接在耦合网络的级联放大器来说，减小噪声系数的关键在于使本级具有高增益和低噪声。

1.5　测控电路的发展趋势

随着科技和生产的发展，测控电路发展十分迅速，其主要发展趋势可概括为：

（1）优质化。为满足科技与生产发展需要，依靠半导体工业提供的可能性，一些具有低噪声、高稳定性、高频响、高可靠性、高输入阻抗的器件不断出现，一些能满足各种使用要求的电路相继问世，并且性能指标不断提高、功能日益完善、价格下降。但是科技与生产又不断对它们提出新的要求。与此同时，一般说来一个器件、一种电路不可能在功能、性能、可靠性、价格上同时满足最佳要求，要根据使用要求合理选择。

（2）集成化。集成化是电路发展的一个重要趋势。一方面是集成度越来越高，单个晶体管的尺寸已做到亚微米级，在一块芯片上集成几十万只、上百万只晶体管已成为现实，限制集成度的主要因素是引脚的安排。另一方面是集成范围越来越宽，集成电路的品种越来越多，各种专用集成块相继出现。

集成电路不仅体积小、功耗低，而且引线短、寄生因素小，容易达到较高精度与频响。集成电路的一个特点是有源元件容易制作，无源元件难以制作，电感、变压器等更难制作。另一个特点是参数不易精确，但一致性较好，因此采用差动电路较多。

（3）数字化。数字电路不仅读数方便、客观，能较好解决量程与分辨力之间的矛盾，而且易于集成化，抗干扰能力强，便于记忆保存，便于与计算机连接，在测控电路中应用越来越广。但它不可能完全代替模拟电路，因为客观世界许多参数都是模拟量。

（4）通用化、模块化。为了使仪器与测控系统具有更强的柔性，便于按需要扩展功能，同时有利于降低成本，要求电路通用化、模块化。

（5）测控一体化。测量的目的不仅仅是为了检定产品质量、了解机器运动状态，而是为了控制机器的运动。闭环系统即是根据测量结果实现反馈控制的系统，是控制系统的主要发展方向。

（6）自动化与智能化。现代控制系统不仅要求能自动控制，而且要求它能在复杂的情况下自行判断，具有自学习、自动诊断故障、自动排除故障、进行自适应控制，乃至自动生成新知识的功能，这也是测控电路发展的一个重要方向。

本课程是测控技术及仪器专业的一门专业课。通过本课程的学习使学生熟悉怎样运用电子技术来解决测量与控制中的任务。它不是一般意义上电子技术课的深化与提高，而要着重讲清如何在电子技术与测量、控制之间架起一座桥梁，实现二者之间语言的翻译与沟通，学会如何在测量和控制中运用电子技术，如何与光、机、计算机紧密配合，实现测控的总体思想，围绕精、快、灵和测控任务的其他要求来选用电路、设计电路。各种电子器件和集成电路的工作原理、构成在模拟和数字电子技术中讲述。本课程只注意它们的外特性，讲述其应用及如何构成所需的功能电路。

思考题与习题

1-1　为什么说在现代生产中提高产品质量与生产效率都离不开测量与控制技术？

1-2　试用你熟悉的例子说明测量与控制技术在生产、生活与各种工作中的广泛应用。

1-3　测控电路在整个测控系统中起什么作用？

1-4　影响测控电路精度的主要因素有哪些？而其中哪几个因素又是最基本的，需要特别注意的？

1-5　为什么说测控电路是测控系统中最灵活的环节？它体现在哪些方面？

1-6　测量电路的输入信号类型对其电路组成有何影响？试述模拟式测量电路与增量码数字式测量电路的基本组成及各组成部分的作用。

1-7　为什么要采用闭环控制系统？试述闭环控制系统的基本组成及各组成部分的作用。

第 2 章

传感器与接口电路

本章知识点：
- 传感器的概念、组成、分类
- 热电阻的接口电路
- 电容式传感器的接口电路
- 电位器式传感器的接口电路
- 差分变压器式传感器及其接口电路
- 压阻式压力传感器及其接口电路
- 压电晶体传感器及其接口电路
- 光电传感器及其接口电路

基本要求：
- 理解测控电路系统中传感器及其接口的作用
- 掌握常见传感器的检测原理及其测量电路

能力培养目标：

通过本章的学习，掌握传感器的基本概念，并针对常用的一些检测方法，掌握其基本检测原理，通过接口电路深入理解其在测控系统中的作用及地位。

2.1　概述

2.1.1　传感器

传感器是将各种非电量，如物理量、化学量、生物量按一定规律转换成便于传输和处理的另一种物理量（一般为电量）的测量装置。通常传感器由敏感元件和转换元件组成，其中，敏感元件是指传感器中直接感受被测量的部分，转换元件是指传感器能将敏感元件的输出转为适于传输和测量电信号的部分。

有些国家和学科领域将传感器称为变换器、检测器或探测器等。应该指出，并不是所有的传感器都能明显区分敏感元件和转换元件两个部分，而是二者合为一体。例如，半导体气体、湿度传感器等，它们一般都是将感受的被测量直接转换为电信号，没有中间转换环节。

传感器输出信号有很多形式，如电压、电流、频率、脉冲等，输出信号的形式由传感器的原理确定。

这一概念包含下面几个方面的含义：

（1）传感器是测量装置，能完成信号获取任务。

（2）输入量是某一被测量，可能是物理量，也可能是化学量、生物量等。

（3）输出量是某种物理量，这种量要便于传输、转换、处理、显示等，这种量可以是气、光、电量，但主要是电量。

（4）输出与输入有对应关系，且应有一定的精确度。

2.1.2 传感器的组成

通常，传感器由敏感元件、转换元件和测量电路组成，必要时还需要辅助电源电路，如图 2-1 所示。传感器的输出信号一般都很微弱，需要有信号调节与转换电路将其放大或变换为容易传输、处理、记录和显示的形式。随着半导体器件与集成技术在传感器中的应用，传感器的信号调节与转换元件可以安装在传感器的壳体里或与敏感元件一起集成在同一芯片上。因此，信号调节与转换元件及所需电源都应作为传感器的组成部分。

图 2-1 传感器组成框图

传感器的组成部分如下。

1．敏感元件

它是直接感受被测量，并输出与被测量有一点关系的某一物理量的元件。

2．转换元件

敏感元件的输出就是转换元件的输入，它把输入量转换成电路参数量。

3．测量电路

上述电路参数接入测量电路，便可转换成电信号输出。常见的信号调节与转换电路有放大器、电桥、振荡器、电荷放大器等，它们分别与相应的传感器相配合。

在实际应用中，有些传感器很简单，有些则比较复杂，也有些是带反馈的闭环系统。

最简单的传感器由一个敏感元件组成，它感受被测量时直接输出电量，如热电偶。有些传感器由敏感元件和转换元件组成，没有转换电路，如压电式加速度传感器，其中质量块是敏感元件，压电片是转换元件。有些传感器转换元件不止一个，要经过若干次转换。

2.1.3 传感器的作用与地位

传感器处于研究对象与测试系统的接口位置，即检测与控制系统之首。因此，传感器成为感知、获取与检测信息的窗口，一切科学研究与自动化生产过程要获取的信息，都要通过传感器获取并通过它转换成为容易传输与处理的电信号。所以传感器的作用与地位就特别重要了。

若将计算机比喻为人的大脑，传感器则可比喻为人的感觉器官。可以设想，没有功能正常而完美的感觉器官，不能迅速而准确地采集与转换欲获得的外界信息，即便有再好的大脑也无法发挥其应有的作用。科学技术越发达，自动化程度越高，对传感器的依赖性就越大。

2.1.4 传感器的分类与选用

1. 传感器的分类

传感器的种类繁多，不胜枚举。传感器的分类方法很多，目前传感器主要分类方法有：按输入量分类、按工作原理分类、按物理现象分类、按能量关系分类和按输出信号分类等，不一而足。表2-1给出了常见的传感器分类方法。

表2-1 传感器的分类方法

分类方法	传感器的种类	说明
按输入量分类	位移传感器、速度传感器、温度传感器、压力传感器等	传感器以被测物理量命名
按工作原理分类	应变式、电容式、电感式、压电式、热电式等	传感器以工作原理命名
按物理现象分类	结构型传感器	传感器依赖其结构参数变化实现信息转换
	物性型传感器	传感器依赖其敏感元件物理特性的变化实现信息转换
按能量关系分类	能量转换型传感器	传感器直接将被测量的能量转换为输出量的能量
	能量控制型传感器	由外部供给传感器能量，而由被测量来控制输出的能量
按输出信号分类	模拟式传感器	输出为模拟量
	数字式传感器	输出为数字量

表2-2则按传感器转换原理分类给出了各类型的名称及典型应用。

表2-2 按转换原理进行传感器分类

传感器分类 转换形式	中间参量	转换原理	传感器名称	典型应用
电参数	电阻	移动电位器触点改变电阻	电位器传感器	位移、角位移
		改变电阻丝或片的尺寸	电阻丝应变传感器、半导体应变传感器	微应变、力、负荷
		利用电阻的温度效应（电阻温度系数）	热丝传感器	气流速度、液体流量
			电阻温度传感器	温度、辐射热
			热敏电阻传感器	温度
		利用电阻的光敏效应	光敏电阻传感器	光强
		利用电阻的湿度效应	湿敏电阻	湿度
	电容	改变电容的几何尺寸	电容传感器	力、压力、负荷、位移
		改变电容的介电常数		液位、厚度、含水量
	电感	改变磁路几何尺寸、导磁体位置	电感传感器	位移
		涡流去磁效应	涡流传感器	位移、厚度、硬度
		利用压磁效应	压磁传感器	力、压力

续表

传感器分类		转 换 原 理	传感器名称	典 型 应 用
转换形式	中间参量			
电参数	电感	改变互感	差动变压器	位移
			自整角机	位移
			旋转变压器	位移
	频率 计数	改变谐振回路中的固 有参数	振弦式传感器	压力、力
			振筒式传感器	气压
			石英谐振传感器	力、温度等
		利用莫尔条纹	光栅	
		改变互感	感应同步器	大角位移、大直线位移
		利用拾磁信号	磁栅	
电量	数字电动 势	利用数字编码	角度编码器	大角位移
		温差电动势	热电偶	温度、热流
		霍尔效应	霍尔传感器	磁通、电流
		电磁感应	磁电传感器	速度、加速度
		光电效应	光电池	光强
	电荷	辐射电离	电离室	离子计数、放射性强度
		压电效应	压电传感器	动态力、加速度

2．传感器的选用

传感器的种类较多，即使是同一种被测量也可以使用不同工作原理的传感器进行测量，因此，应根据需要选择合适的传感器。

1）测量条件

测量条件主要有：测量目的、被测量的选定、测量范围、输入信号的带宽、测量时间、要求精度、输入发生的频率等。选择传感器时，要从系统总体考虑，明确使用目的，采用合适的传感器。

2）传感器的性能

选用传感器应考虑以下性能：精确度、稳定性、响应速度、模拟信号或数字信号、输出量及其电平、被测对象特性的影响、校准周期和过输入保护等。

3）传感器的使用条件

传感器的使用条件包括使用场所、环境（温度、湿度、振动等）、测量时间、与显示器间的信号传输距离、与外设连接方式和供电电源容量等。

传感器在使用时应注意：精度较高的传感器要定期校准；传感器通过插头与电源和二次仪表连接时，应注意引线不要接错；使用时，不要超过传感器的量程；在搬运和使用时不要碰触传感器的触头。

下面将介绍一些常见传感器的基本原理及其接口电路。

2.2　热电阻的接口电路

2.2.1　热电阻

热电阻传感器

热电阻是利用导体的电阻随温度而变化这一特性来测量温度的，工业上被广泛地应用于测量中低温区（-100～500℃）的温度。

作为测温用的热电阻应满足下述要求：电阻温度系数要尽可能大和稳定，电阻率大，电阻与温度变化最好为线性关系，在整个测温范围内应具有稳定的物理和化学性质，材料易于制取和价格便宜等。目前应用较广泛的热电阻材料是铂和铜。为适应低温测量需要，还研制出用锰、碳等作为热电阻材料。

1. 铂电阻

在氧化性介质中，甚至在高温下，其物理、化学性能稳定，因此不仅用作工业上的测温元件，而且还作为复现温标的基准器。

铂电阻与温度的关系如下。

在 0～630.74℃以内

$$R_t=R_0(1+At+Bt^2)$$

在-190～0℃以内

$$R_t=R_0[1+At+Bt^2+C(t-100)t^3]$$

式中　R_t——温度为 t 时的电阻值；

R_0——温度为 0℃时的电阻值；

A、B、C——分度系数，$A=3.940\times10^{-3}/℃$，$B=-5.84\times10^{-7}/℃^2$，$C=-4.22\times10^{-12}/℃^3$。

2. 铜电阻

铂电阻虽然优点多，但价格昂贵，在测量精度要求不高并且温度较低的场合铜电阻得到了广泛应用。在-50～150℃的温度范围内，铜电阻与温度呈线性关系，可用下式表示：

$$R_t = R_0(1+\alpha t) \tag{2-1}$$

式中　α——铜电阻温度系数，$\alpha=4.25\times10^{-3}～4.29\times10^{-3}/℃$。

在实际的温度测量中，常用电桥作为热电阻的测量电路。由于热电阻的阻值很小，所以导线电阻值不能忽略。为了解决导线电阻的影响，采用三线式电桥连接法（三线制接法），具体接法见下一节。常用热电阻传感器特性如表 2-3 所示。

表 2-3　热（敏）电阻传感器种类和测温范围

种　类	测温范围	特　性
铜电阻	-50～+150℃	中精度，价格低
铂电阻	-200～+600℃	高精度，价格高
热敏电阻	-200～+0℃	灵敏度高，精度低，价格最低
	-50～+30℃	
	0～+700℃	

2.2.2 接口电路

根据欧姆定律进行电阻测量，因此需要恒压源或恒流源作为驱动信号才能进行测量。电路原理图如图 2-2 所示。

由欧姆定律可得输出电压

$$v_O = \frac{i}{2} \times \frac{2R}{2R + R_t + R_r}(R_t - R_r)$$

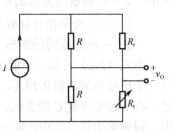

图 2-2 热电阻测量电路

然而，由于热电阻本身的阻值较小，随温度变化而引起的电阻值变化更小，因此在传感器与测量仪器之间的引线过长会引起较大的误差，通常选用二线制、三线制和四线制接口电路，如图 2-3 所示。

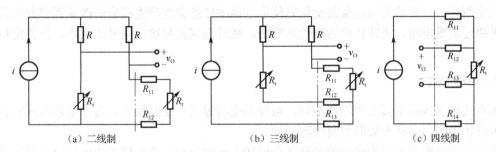

（a）二线制　　　　　　　　（b）三线制　　　　　　　　（c）四线制

图 2-3 热电阻接口电路

二线制接法中传感器电阻变化值与连接导线电阻值共同构成传感器的输出值，由于导线电阻带来的附加误差使实际测量值偏高，用于测量精度要求不高的场合，并且导线的长度不宜过长。三线制接法要求引出的三根导线截面积和长度均相同，测量铂电阻的电路一般是不平衡电桥，铂电阻作为电桥的一个桥臂电阻，将导线一根接到电桥的电源端，其余两根分别接到铂电阻所在的桥臂及与其相邻的桥臂上，当桥路平衡时，导线电阻的变化对测量结果没有任何影响，这样就消除了导线线路电阻带来的测量误差，但是必须为全等臂电桥，否则不可能完全消除导线电阻的影响。采用三线制会大大减小导线电阻带来的附加误差，工业上一般都采用三线制接法。四线制接法当测量电阻数值很小时，测试线的电阻可能引入明显误差，四线测量用两条附加测试线提供恒定电流，另两条测试线测量未知电阻的电压降，在电压表输入阻抗足够高的条件下，电流几乎不流过电压表，这样就可以精确测量未知电阻上的压降，计算得出电阻值。

2.3 电容式传感器的接口电路

电容式传感器的工作
原理和结构

2.3.1 电容式传感器的原理及结构形式

1. 基本原理

由电工技术知识可知，两平行金属板间的电容量可用下式表示：

$$C = \frac{\varepsilon S}{d} \tag{2-2}$$

式中　ε——极板间介质的介电常数（F/m）；

　　　S——极板间相对有效面积（m²）；

　　　d——两极板间的距离（m）。

由式（2-2）可知，平板电容器的电容量 C 是 ε、S、d 的函数。如果将其中一个极板固定，另一个极板与被测物体相连，当被测运动物体上下移动（即 d 变化）或左右移动（即 S 变化）时，将引起电容量 C 的变化，通过测量电路将这种电容变化转化为电压、电流、频率等信号输出，根据输出信号大小，即可测定运动物体位移的大小。

如果两极板固定不动，极板间的介质参数发生变化，使介电常数发生变化，从而引起电容量变化，根据这一点，可用来测定介质的各种状态参数，如介质在极板中的位置，介质的温度、密度等。

综上所述，只要被测物理量的变化能使电容器中任意参数产生相应的改变而引起电容量变化，再通过测量电路，将其转化为电信号输出，就可根据这种输出信号的大小，来测定被测物理量。

2．结构形式

电容式传感器根据其工作原理不同，可分为变间隙式、变面积式、变介电常数式三种；若按极板形状不同，则有平板形和圆柱形两种。

变间隙式一般用来测量微小的位移（小至 $10^{-8} \sim 10^{-2}$ m）；变面积式则一般用来测量角位移（几度至几十度）或较大的线位移；变介电常数式常用于固体或液体的物位测量，也用于测定各种介质的温度、密度等状态参数。

2.3.2　电容式传感器的主要特性

（1）变间隙式。变间隙式电容式传感器的输出特性是非线性的，其非线性将随着相对位移的增加而增加。因此，为了保证一定的线性度，应限制极板的相对位移量，若增大起始间隙，又将影响传感器的灵敏度。为了提高灵敏度和改善非线性，可以采用差动式结构。

（2）变面积式。变面积式电容式传感器的输出特性是非线性的，灵敏度 S 为常数。

（3）变介电常数式。变介电常数式传感器的输出特性也是线性的。

2.3.3　电容式传感器的测量电路

电容式传感器的电容值一般十分微小，从几皮法至几十皮法，这样微小的电容不便直接显示、记录，更不便于传输。为此，必须借助于测量电路检测出这一微小的电容变量，并转换成与其成正比的电压、电流或频率信号。

1．交流不平衡电桥

交流不平衡电桥是电容式传感器最基本的一种测量电路，如图 2-4 所示。

其中一个臂 Z_1 为电容式传感器的阻抗，另三个臂 Z_2、Z_3、Z_4 为固定阻抗，E 为电源电压，U_{SC} 为电桥输出电压。

在输出端开路的情况下，设电桥初始平衡条件为 $Z_1 Z_4 = Z_2 Z_3$，则 $U_{SC}=0$。当被测参数变化时引起传感器阻抗变化

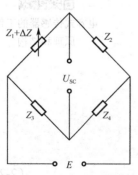

图 2-4　交流不平衡电桥

为 ΔZ，于是电桥失去平衡，其输出电压为

$$U_{\text{SC}} = \left(\frac{Z_1 + \Delta Z}{Z_1 + \Delta Z + Z_2} - \frac{Z_3}{Z_3 + Z_4} \right) E \tag{2-3}$$

将电桥平衡条件 $Z_1 Z_4 = Z_2 Z_3$ 代入式（2-3），忽略分母中的 $\dfrac{\Delta Z}{Z_1}$ 项，经整理后得

$$U_{\text{SC}} = \frac{\dfrac{\Delta Z}{Z_1} \times \dfrac{Z_1}{Z_2}}{\left(1 + \dfrac{Z_1}{Z_2}\right)\left(1 + \dfrac{Z_3}{Z_4}\right)} E = \frac{\dfrac{\Delta Z}{Z_1} \times \dfrac{Z_1}{Z_2}}{\left(1 + \dfrac{Z_1}{Z_2}\right)^2} E \tag{2-4}$$

令 $\beta = \dfrac{\Delta Z}{Z_1}$ 为传感器阻抗相对变化值；$A = \dfrac{Z_1}{Z_2}$ 为桥臂比；$K = \dfrac{Z_1/Z_2}{\left(1 + Z_1/Z_2\right)^2} = \dfrac{A}{(1+A)^2}$ 为桥臂系数，则上式可写为

$$U_{\text{SC}} = \frac{\beta A}{(1+A)^2} E = \beta K E \tag{2-5}$$

为使电桥电压灵敏度最高，应满足两桥臂初始阻抗的模相等，即 $|Z_1| = |Z_2|$，并使两桥臂阻抗幅角差 θ 尽量增大。

2．差动脉冲宽度调制电路

如图 2-5 所示，差动脉冲宽度调制电路由比较器 A_1、A_2，双稳态触发器及电容充放电回路组成。C_1、C_2 为传感器的差动电容，双稳态触发器的两个输出端 A、B 用作整个电路输出。

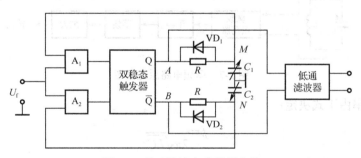

图 2-5 差动脉冲宽度调制电路

设接通电源时，双稳态触发器的 A 端（输出端 Q）为高电位，B 端（输出端 $\overline{Q}$）为低电位，则 A 点通过 R 对 C_1 充电，直至 M 点上的电位等于参考电位电压 U_f 时，比较器 A_1 输出极性改变，产生一脉冲，触发双稳态触发器翻转，A 点成低电位，B 点成高电位。此时，二极管 VD_1 导通，C_1 放电至零，同时，B 点的高电位经过 R 对 C_2 充电，当 N 点电位充电至 U_f 时，比较器 A_2 产生一脉冲，使触发器又翻转一次，A 点又成高电位，B 点又成低电位，于是重复上述过程。如此周而复始，使双稳态触发器的两输出端各自输出一宽度受 C_1、C_2 调制的脉冲方波。

当 $C_1 = C_2$ 时，C_1、C_2 的充放电时间相同，U_{AB} 是对称方波，因此输出平均电压 $\overline{U_{\text{SC}}} = 0$。

当 $C_1 \neq C_2$ 时，C_1、C_2 的充放电时间不同，因此 U_{AB} 不再是对称方波，$\overline{U_{\text{SC}}} \neq 0$，可以算得

$$\overline{U_{\text{SC}}} = \frac{C_1 - C_2}{C_1 + C_2} U_1 \tag{2-6}$$

式中　U_1——触发器高电位电压值。

3．运算放大器电路

图 2-6 所示是运算放大器电路的原理图。

图中 U_S 为信号源电压，U_o 为输出电压，C_0 为固定电容，C_x 为传感器电容，运算放大器（简称运放）的开环放大倍数为-K，负号表示输出、输入反向。

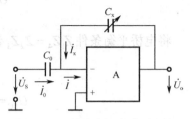

图 2-6　运算放大器电路原理图

这种电路最大的特点是能够克服间隙式电容器特性的非线性关系，使输出信号能与输入机械位移有线性关系。可以算得

$$\dot{U}_o = -\dot{U}_S \frac{C_0}{C_x} \tag{2-7}$$

将 $C_x = \dfrac{\varepsilon S}{d}$ 代入上式，得

$$\dot{U}_o = -\dot{U}_S \frac{C_0}{\varepsilon S} d \tag{2-8}$$

可见，输出电压 $\dot{U}_o$ 与电容器动极板的机械位移 d 为线性关系。

4．调频电路

图 2-7 所示是调频电路原理框图。在这种电路中，电容式传感器作为振荡器谐振回路的一部分，当被测量使电容量发生变化时，就使谐振频率发生变化。

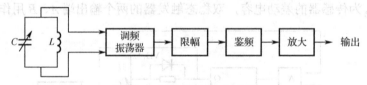

图 2-7　调频电路原理框图

调频振荡频率由下式决定：

$$f = \frac{1}{2\pi\sqrt{LC}} \tag{2-9}$$

式中　L——振荡回路电感；

　　　　C——总电容，$C = C_1 + C_2 + (C_0 + \Delta C)$；

　　　　C_1——振荡器回路的固有电容；

　　　　C_2——传感器电线的分布电容；

　　　　$C_0 + \Delta C$——传感器电容。

当被测信号为零时，$\Delta C = 0$，则 $C = C_1 + C_2 + C_0$ 为一常数，所以振荡器的频率是一固定频率 f_0：

$$f_0 = \frac{1}{2\pi\sqrt{L(C_1 + C_2 + C_0)}} \tag{2-10}$$

当被测信号不为零时，$\Delta C \neq 0$，振荡频率也就有一个相应的改变量 Δf，因此

$$f = \frac{1}{2\pi\sqrt{L(C_1 + C_2 + C_0 \mp \Delta C)}} = f_0 \pm \Delta f \tag{2-11}$$

2.4　电涡流式传感器的接口电路

1. 霍尔元件的基本工作原理

1）霍尔效应

图 2-8 所示的半导体薄片，若在它的两端通以控制电流 I，在薄片的垂直方向上施加磁感应强度为 B 的磁场，则在薄片的另两端会产生一个大小与控制电流 I 和磁感应强度 B 的乘积成比例的电动势 U_H，这个电动势称为霍尔电势。这一现象称为霍尔效应。该半导体薄片称为霍尔元件。

2）基本原理

霍尔效应的产生是由于电荷受磁场中洛仑兹力作用的结果。假设在 N 型半导体薄片上通以电流 I，如图 2-8 所示，则半导体中的载流子（电子）沿着和电流相反的方向运动（电子速度为 v），由于在垂直于半导体薄片平面的方向上施加磁感应强度为 B 的磁场，所以电子受到洛仑兹力 f_L 的作用，向一边偏转（见图中虚线方向），并使该边形成电子积累，而另一边则为正电荷积累，于是形成电场。该电场阻止电子的继续偏转。当电场作用在运动电子上的力 f_E 与洛仑兹力 f_L 相等时，电子的积累便达到动态平衡，

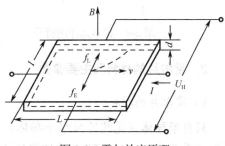

图 2-8　霍尔效应原理

在薄片两横断面之间建立电场，相应的电势为霍尔电势 U_H，其大小可用下式表示：

$$U_H = \frac{R_H I B}{d} \quad (V) \tag{2-12}$$

式中　R_H——霍尔系数（m^3/C）；

I——控制电流（A）；

B——磁感应强度（T）；

d——霍尔元件厚度（m）。

霍尔系数为

$$R_H = \rho\mu \tag{2-13}$$

式中　ρ——载流体的电阻率；

μ——载流体的迁移率。

令 $K_H = \dfrac{R_H}{d}$，称 K_H 为霍尔元件的灵敏度，则

$$U_H = K_H I B \tag{2-14}$$

如果磁感应强度 B 和元件平面法线成一定角度 θ，则作用在元件上的有效磁场是其法线方向的分量，即 $B\cos\theta$，这时

$$U_H = K_H I B \cos\theta \tag{2-15}$$

当控制电流的方向或磁场的方向改变时，输出电势的方向也将改变。但当磁场与电流同时改变时，霍尔电势极性不变。

综上所述，霍尔电动势的大小正比于控制电流 I 和磁感应强度 B。灵敏度 K_H 表示在单位磁感应强度和单位控制电流时输出霍尔电动势的大小，一般要求它越大越好。此外，元件的厚度 d 越小，K_H 越高，所以霍尔元件的厚度一般都比较薄。

3）基本电路

在电路中，霍尔元件可用两种符号表示，如图 2-9 所示。霍尔元件的基本电路如图 2-10 所示。控制电流 I 由电源 E 供给，R 为调节电阻，调节控制电流的大小。

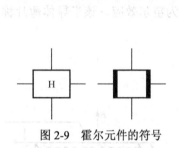

图 2-9　霍尔元件的符号　　　　　　　　图 2-10　霍尔元件的基本电路

2. 霍尔片的材料和主要参数

1）霍尔片的材料

只有半导体（尤其是 N 型半导体）才适合于制造霍尔元件。因为霍尔电势 $U_H = R_H IB/d$，而霍尔系数 $R_H = \rho\mu$，可见，欲使霍尔效应强，霍尔系数大，就要求制造霍尔片材料的电阻率 ρ 和电子迁移率 μ 均高才行。一般金属的电子迁移率较高，但电阻率低，而绝缘体的电阻率很高，但电子迁移率又极低。因此两者均不适合制造霍尔元件。

目前制造霍尔元件的半导体材料有锗、硅、砷化铟、锑化铟等。

2）霍尔片的主要参数

● 额定控制电流 I_H；
● 输入电阻 R_i 与输出电阻 R_o；
● 不等位电势 U_o 和不等位电阻 r_o；
● 灵敏度 K_H。

3. 霍尔片不等位电势及温度误差的补偿

1）不等位电势 U_o 及其补偿

霍尔片是在一块半导体矩形薄片上焊上两对电极，如图 2-11 所示。霍尔电势是从 A、B 两点引出的，由于在工艺上很难保证霍尔电极 A、B 完全焊在同一等位面上，因此当控制电流 I 流过元件时，即使不加磁场，A、B 两点间也存在一个电势 U_o，这就是不等位电势。

在分析不等位电势时，可以把霍尔元件等效为一个电路，如图 2-12 所示。当两个霍尔电极 A、B 处在同一等位面上时，电桥平衡，不等位电势 U_o 等于零。当两个霍尔电极不在同一等位面上时，电桥不平衡，不等位电势不等于零。此时可根据 A、B 两点电位的高低，判断应在某一桥臂上并联一定的电阻，使电桥达到平衡，从而使不等位电势为零。

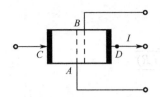

图 2-11　不等位电势示意图

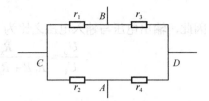

图 2-12　霍尔元件的等效电路

2）温度误差及其补偿

霍尔元件与一般半导体器件一样，对温度的变化是很敏感的，会给测量带来较大的误差。这是因为半导体材料的电阻率、电子迁移率和载流子浓度等都随温度变化的缘故。因此，霍尔元件的性能参数，如内阻、霍尔电势等也将随温度变化。

为了减小霍尔元件的温度误差，可以：选用温度系数小的元件；利用恒温措施；用恒流源供电；在控制极并联一个合适的补偿电阻 r_P，如图 2-13 所示。

4．传感器的应用

利用霍尔元件输出正比于控制电流和磁感应强度乘积的关系，可分别使其中一个量保持不变，另一个量作为变量，或者两者都作为变量，因此，霍尔元件大致可分为以上三种类型的应用。例如，当保持元件的控制电流恒定时，元件的输出就正比于磁感应强度，可用作测量恒定和交变磁场的高斯计等。当元件的控制电流和磁感应强度都作为变量时，元件的输出与两者乘积成正比，可用作乘法器、功率计等。

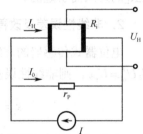

图 2-13　温度补偿线路

2.5　电位器式传感器的接口电路

2.5.1　电位器式传感器

1．工作原理

电位器式电阻传感器的工作原理可用图 2-14 来说明。图中 U_i 是电位器工作电压，R 是电位器电阻，R_L 是负载电阻（如测量表头的内阻），U_o 是负载两端的电压，x 是电位器滑臂的相对位移量，在均匀绕制的电位器中也就是分压比（即 $x=R_x/R$）。电位器式传感器实际上是个精密的滑动绕线电阻，通过机械结构使电位器的滑臂产生相应的位移 x（即被测量行程），从而改变测量电路的电阻值而引起输出电压 U_o 的改变。

根据戴维南定理，可以得到电位器输出电压 U_o 为

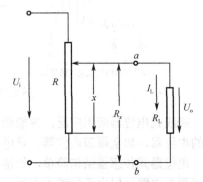

图 2-14　电位器式电阻传感器的工作原理

$$U_\mathrm{o} = \frac{U_\mathrm{i}R_xR_\mathrm{L}}{R_\mathrm{L}R + R_x(R - R_x)}$$

因此，输出电压与输入电压之比为

$$\frac{U_\mathrm{o}}{U_\mathrm{i}} = \frac{R_xR_\mathrm{L}}{R_\mathrm{L}R + R_x(R - R_x)} = \frac{R_xR_\mathrm{L}/RR_\mathrm{L}}{1 + \dfrac{R_xR(1 - R_x/R)}{R_\mathrm{L}R}}$$

已知 $x = R_x/R$，又设 $m = R/R_\mathrm{L}$，则

$$\frac{U_\mathrm{o}}{U_\mathrm{i}} = \frac{x}{1 + mx(1 - x)} \tag{2-16}$$

可见，只有当 $m = 0$，即 $R_\mathrm{L} \to \infty$ 时，U_o 与 x 才满足线性关系。故非线性关系完全是由负载电阻 R_L 的接入而引起的。

2. 非线性误差及改善的方法

电位器式传感器的非线性是由负载电阻的接入而引起的。设未接负载 R_L 时输出电压为 U_o'，则 $U_\mathrm{o}' = U_\mathrm{i}x$。则非线性误差 ε_1 为

$$\varepsilon_1 = \frac{U_\mathrm{o}' - U_\mathrm{o}}{U_\mathrm{o}'} \times 100\% = \left[1 - \frac{1}{1 + mx(1 - x)}\right] \times 100\% \tag{2-17}$$

由式（2-17）可以推算：当 m 一定时，在电位器的两端附近，即 x 接近于 0 或 x 接近于 1 时，非线性误差较小；在电位器的中间，非线性误差则最大。当相对位移量 x 一定时，m 越大，则非线性误差也越大。若要使线性误差在整个行程中保持在 1%～2% 以内，负载电阻 R_L 必须大于电位器电阻 10～20 倍。但有时负载满足不了这个条件，一般可以采用一些补偿方法来改善线性度。方法之一是采用适当形状的非线性电位器。

3. 电位器式传感器的分类和特点

电位器式传感器由骨架、绕在骨架上的电阻丝及在电阻丝上移动的滑动触点（如电刷）组成。滑动触点可以沿着直线运动，也可以沿着圆周运动，前者称为线位移型电位器式传感器，后者称为角位移型电位器式传感器，如图 2-15 所示。

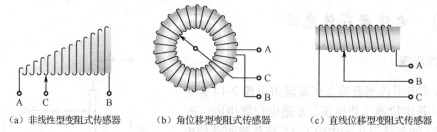

(a) 非线性型变阻式传感器　　　(b) 角位移型变阻式传感器　　　(c) 直线位移型变阻式传感器

图 2-15　几种形式的电位器式传感器

绕线式电位器应用广泛，性能稳定，但分辨率低，耐磨性差。因此现在发展了一些其他形式的电位器，如金属膜电位器、导电塑料电位器、光电电位器等。

电位器式传感器结构简单，价格便宜，输出功率大，一般情况下可直接连接指示仪表，简化了测量电路。但由于分辨力有限，所以精度不高。另外，动态性能差，不适宜测量速度变化量，通常可用于测量压力、位移、加速度等。

2.5.2　电位器式传感器的驱动电路

电位器式传感器为阻性传感器，即传感器的输出电阻和被测对象具有某种函数关系的一类传感器，在命名上通常称"*敏电阻"。这里的"*"代表被测物理量的种类，如"热"敏电阻、"湿"敏电阻、"磁"敏电阻、"光"敏电阻等。常用的驱动电路有三种：电压驱动方式、电流驱动方式、振荡器驱动方式。

1. 电压驱动方式

阻性传感器是无源器件，需要电信号激励才能输出电压或电流信号。电压驱动方式经常通过电桥转换电路输出电压或电流信号，并用运算放大器做进一步放大。因此，由传感器电桥和运算放大器组成的放大电路或由传感器和运算放大器构成的电桥都称为电桥放大电路，电桥放大电路有单端输入和差动输入两类。

1）单端输入电桥放大电路

图 2-16 所示为单端输入电桥放大电路。图 2-16（a）所示为传感器电桥接至运算放大器的反相输入端，称为反相输入电桥放大电路。图中，电桥对角线 a、b 两端的开路输出电压 u_{ab} 为

$$u_{ab} = \left(\frac{Z_4}{Z_2 + Z_4} - \frac{Z_3}{Z_1 + Z_3} \right) u \tag{2-18}$$

u_{ab} 通过运算放大器 N 进行放大。由于电桥电源 u 是浮置的，所以 u 在 R_1 和 R_2 中无电流通过。因为 a 点为虚地，故 u_o 反馈到 R_1 两端的电压也一定是 $-u_{ab}$，即

$$u_o R_1 / (R_1 + R_2) = -[Z_4 / (Z_2 + Z_4) - Z_3 / (Z_1 + Z_3)]u \tag{2-19}$$

$$u_o = \left(1 + \frac{R_2}{R_1} \right) \frac{Z_2 Z_3 - Z_1 Z_4}{(Z_1 + Z_3)(Z_2 + Z_4)} u \tag{2-20}$$

若令 $Z_1 = Z_2 = Z_4 = R$，$Z_3 = R(1 + \delta)$，δ 为传感器电阻的相对变化率，$\delta = \Delta R / R$，则有

$$u_o = \left(1 + \frac{R_2}{R_1} \right) \frac{u}{4} \frac{\delta}{1 + (\delta/2)} \tag{2-21}$$

在图 2-16（b）中，传感器电桥接至运算放大器 N 的同相输入端，称为同相输入电桥放大电路，其输出 u_o 的计算公式与式（2-21）相同，只是同相输出符号相反。

由 u_o 可知，单端输入电桥放大电路的增益与桥臂电阻无关，增益比较稳定，但电桥电源一定要浮置，且输出电压 u_o 与桥臂电阻的相对变化率 δ 是非线性关系。只有当 $\delta \ll 1$ 时，u_o 与 δ 才近似呈线性变化。

2）差动输入电桥放大电路

图 2-17 所示是把传感器电桥两输出端分别与差动运算放大器的两输入端相连构成的差动输入电桥放大电路。图中，当 $R_1 = R_2$，$R_2 \gg R$ 时，有

$$u_a = u_o \frac{R}{R + 2R_1} + \frac{u}{2} \tag{2-22}$$

$$u_b = u(1 + \delta) / (2 + \delta) \tag{2-23}$$

若运算放大器为理想工作状态，即 $u_a = u_b$，可得

$$u_b = \left(1 + \frac{2R_1}{R} \right) \frac{\delta}{1 + (\delta/2)} \frac{u}{4} \tag{2-24}$$

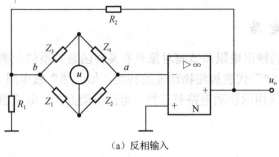

（a）反相输入

（b）同相输入

图 2-16　单端输入电桥放大电路

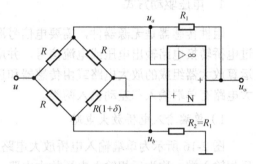

图 2-17　差动输入电桥放大电路

由式（2-24）可知，电桥四个桥臂的电阻同时变化时，电路的电压放大倍数不是常量，且桥臂电阻 R 的温度系数与 R_1 不一致时，增益也不稳定。另外，电路的非线性仍然存在，只有 $\delta \ll 1$ 时，u_o 与 δ 才近似呈线性关系。当共模电压较大时（幅值大于 10V），输入信号将被淹没。因此，这种电路只适用于低阻值传感器，测量精度要求不高的场合。

3）线性电桥放大电路

为了使输出电压 u_o 与传感器电阻相对变化率呈线性关系，可把传感器构成的可变桥臂 $R(1+\delta)$ 接在运算放大器的反馈回路中，如图 2-18 所示。这时电桥的电源电压 u 相当于差动放大器的共模电压，若运算放大器为理想工作状态，此时 $u_a=u_b$，N 两输入端的输入电压 u_a、u_b 和输出电压 u_o 分别为

$$u_a = [(u_o - u)R_1 / (R_2 + R_1)] + u = (u_o R_1 + u R_2) / (R_2 + R_1) \qquad (2\text{-}25)$$

$$u_b = u R_3 / (R_1 + R_3) \qquad (2\text{-}26)$$

$$u_o = \left[\left(1 + \frac{R_2}{R_1} \right) \left(\frac{R_3}{R_1 + R_3} \right) - \frac{R_2}{R_1} \right] u = \frac{R_3 - R_2}{R_1 + R_3} u \qquad (2\text{-}27)$$

式中，$R_2 = R(1+\delta)$，R 是传感器的名义电阻。

当 $R_3 = R$ 时，式（2-27）可写成

$$u_o = -\frac{Ru}{R_1 + R} \delta \qquad (2\text{-}28)$$

这种电路的量程较大，但灵敏度较低。

4）电压放大器

多数的压阻传感器也是阻性传感器，传感器指标中列出了灵敏度，接口电路由供电电源和差动放大器组成。例如，美国 ENDEVCO136 电压放大器，其组成框图如图 2-19 所示。在多数的运算放大器资料中都会给出电桥传感器的典型电路，例如，图 2-20 所示为 INA331 放大器作为电桥放大电路时的典型接法。

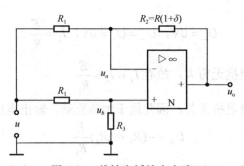

图 2-18　线性电桥放大电路

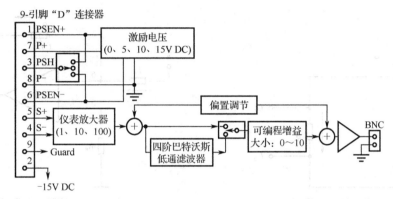

图 2-19　ENDEVCO136 电压放大器组成框图

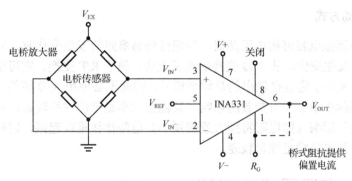

图 2-20　INA331 放大器

2．电流驱动方式

恒流驱动原理如图 2-21 所示，其中，R_1 为阻性传感器，设 R_1 的变量为 ΔR_1，其输出电压

$$U_o = U_1 - U_2 = I(R_1 + \Delta R_1) = IR_1 + I\Delta R_1 \qquad (2\text{-}29)$$

可见，这是一个线性方程。

通过对电流驱动方式的分析不难发现，这种驱动方式的优点是线性度较好，没有非线性失真。但恒流源本身结构复杂，并且通常没有接地点，导致电压检测电路也较为复杂；同时，由于目前还没有一种阻性传感器可以做到在被测对象为零时输出电阻也为零，因此调零问题也比较麻烦。

图 2-22 所示是一个实用的电流驱动前置放大电路，根据运算放大器特性，有

$$U_+ = 0\text{V}, \quad U_- = U_+ = 0\text{V}, \quad I_1 = \frac{E}{R_5}$$

由于运算放大器输入阻抗无穷大，故有 $I_2 = I_1 = \dfrac{E}{R_5}$。

这一电流与传感器自身阻抗无关，因此属于恒流驱动，输出电压为

$$U_o = -(R_3 + \Delta R_3)\frac{E}{R_5} \tag{2-30}$$

此式中存在直流偏移量，可利用运算放大器的加减运算电路予以消除（调零）。

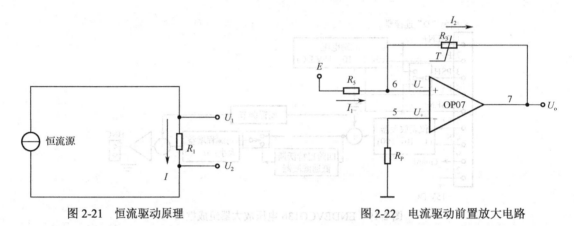

图 2-21　恒流驱动原理　　　　　　图 2-22　电流驱动前置放大电路

3. 振荡器驱动方式

　　阻性传感器与谐振电容可构成振荡器，当阻性传感器阻值发生变化时，对应振荡器的输出频率（周期）也将发生变化，从 A/D 变换的意义上讲，属于 R/F 变换。它可由振荡器驱动，无须专门的驱动器，又由于它直接输出的是频率信号，因此不必使用 A/D 转换器，硬件成本相对较低。但在工程实际中由于分布参数的影响，其输出频率稳定性往往较低，对于某些阻性传感器，受其自身特性的影响（如电阻特别大或特别小）电路往往难以起振，同时由于谐振电容温度稳定性的影响，其温度稳定性也较差。

2.6　差分变压器式传感器

　　差分变压器式传感器把被测量的变化变换为线圈的互感变化。差分变压器本身是一个变压器，初级线圈输入交流电压，次级线圈感应出电动势，当互感受外界影响变化时，其感应电动势也随之发生相应的变化。由于它的次级线圈接成差分的形式，故称差分变压器。

1. 工作原理

　　差分变压器的结构如图 2-23（a）所示。由初级线圈 P 与两个相同次级线圈 S_1、S_2 和插入的可移动铁芯 C 组成。其线圈连接方式如图 2-23（b）所示，两个次级线圈反相串接。

　　当初级线圈 P 加上一定的正弦交流电压 $\dot{U}_1$ 后，次级线圈中产生的感应电动势 $\dot{E}_{21}$、$\dot{E}_{22}$ 与铁芯在线圈中的位置有关。当铁芯在中心位置时，$E_{21}=E_{22}$，输出电压 $\dot{U}_2 = 0$；当铁芯向上移动

时，$E_{21}>E_{22}$；反之，当铁芯向下移动时，$E_{22}>E_{21}$。在上述两种情况下，输出电压 $\dot{U}_2$ 的相位相差 $180°$。

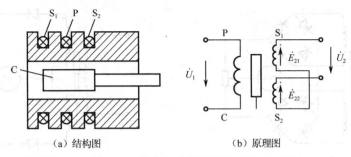

（a）结构图　　　　　　（b）原理图

图 2-23　差分变压器的结构及原理

2. 等效电路

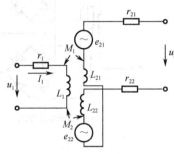

理想差分变压器的等效电路如图 2-24 所示。当次级线圈开路时，初级线圈的交流电流为

$$\dot{I}_1 = \frac{\dot{U}_1}{r_1 + \mathrm{j}\omega L_1}$$

次级线圈的感应电动势为

$$\dot{E}_{21} = -\mathrm{j}\omega M_1 \dot{I}_1$$

$$\dot{E}_{22} = -\mathrm{j}\omega M_2 \dot{I}_1$$

图 2-24　理想差分变压器的等效电路

差分变压器的输出电压为

$$\dot{U}_2 = -\mathrm{j}\omega(M_1 - M_2)\frac{\dot{U}_1}{r_1 + \mathrm{j}\omega L_1} \tag{2-31}$$

输出电压的有效值为

$$U_2 = \frac{\omega(M_1 - M_2)U_1}{\sqrt{r_1^2 + (\omega L_1)^2}} \tag{2-32}$$

可见输出电压与互感有关，当铁芯在中间位置时，$M_1 = M_2$，所以 $U_2 = 0$。

3. 测量电路

常用的差分变压器的测量电路有两种形式：一种是差分整流电路，另一种是相敏检波电路。

差分变压器式力传感器
工作过程

1）差分整流电路

差分整流是常用的电路形式，它对次级绕组线圈的感应电动势分别整流，然后再把两个整流后的电流或电压串成通路合成输出。这样，次级电压的相位和零点残余电压都不必考虑。几种典型的电路如图 2-25 所示。图 2-25（a）、（b）用在连接低阻抗负载的场合，是电流输出型；图 2-25（c）、（d）用在连接高阻抗负载的场合，是电压输出型。图中可调电阻是用于调整零点输出电压的。

下面结合图 2-25（c），分析电路的工作原理。

设变压器两个次级线圈的同名端均在上端，由图可见，无论两个次级线圈的输出瞬时极性如何，流过两个电阻的电流总是从 a 到电位器中心抽头，从 b 到电位器中心抽头。故当铁芯在零位时整流电路的输出电压 $U_o=0$；铁芯在零位以上或零位以下时，输出电压的极性相反。

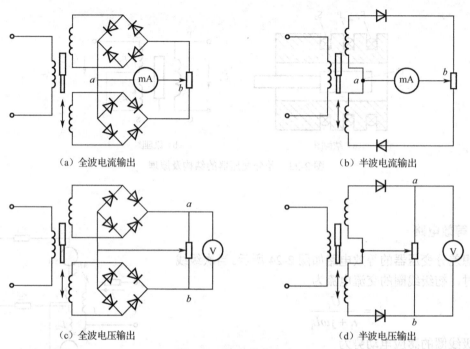

（a）全波电流输出　　　　　　　　　　　　　（b）半波电流输出

（c）全波电压输出　　　　　　　　　　　　　（d）半波电压输出

图 2-25　差分整流电路

2）相敏检波电路

相敏检波电路的形式很多，过去通常采用分立元件构成的电路，它可以利用半导体二极管或三极管来实现。图 2-26 所示为二极管相敏检波电路。这种电路容易做到输出平衡，而且便于阻抗匹配。图中调制电压 e_r 和 e 同频，经过移相使 e_r 和 e 保持同相或反相，且满足 $e_r \gg e$。调节电位器 R 可调平衡，图中电阻 $R_1=R_2=R_o$，电容 $C_1=C_2=C_o$，输出电压为 U_{CD}。

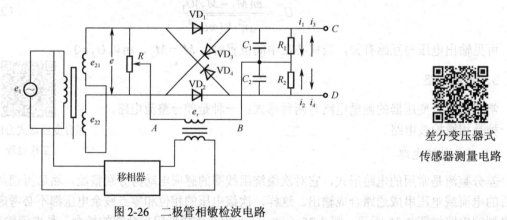

差分变压器式
传感器测量电路

图 2-26　二极管相敏检波电路

随着电子技术的迅速发展，各种性能的集成电路相继出现。LZX1 即是一种全集成化的全波相敏整流放大器，它是以晶体管作为开关组件的全波相敏解调器，能完成把输入交流信号经全波整流后变为直流信号，并具有鉴别输入信号相位等功能。LZX1 器件具有重量轻、体积小、可靠性高、调整方便等优点。

LZX1 全波相敏整流放大器与差分变压器的连接电路如图 2-27 所示。由于相敏整流电路要求参考电压（或称比较电压）和差分变压器次级输出电压同频率，相位相同或相反，因此需要在线路中接入移相电路。对于差分变压器测量的小位移变量，由于输出信号小，还需在差分变压器的输出端接入放大器，将放大后的信号输入 LZX1 的信号输入端。

经过相敏检波和差分整流输出的信号，还需通过低通滤波器，把调制时引入的高频信号衰减掉，只允许铁芯运动所产生的有用信号通过。

采用相敏检波电路不仅可以鉴别衔铁移动方向，而且可把衔铁在中间位置时，因高次谐波引起的零点残余电压消除掉。如图 2-28 所示，采用相敏检波后输出的信号电压 U_o 与位移 x 的关系为通过零点的一条直线，位移为正时输出正电压，位移为负时输出负电压。电压的正负极性表明位移的方向。

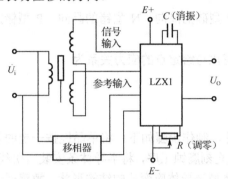

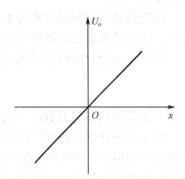

图 2-27　LZX1 与差分变压器的连接电路　　　　图 2-28　采用相敏检波后的输出特性

相敏检波电路的形式很多，过去通常采用分立元件构成的电路，现在多采用集成电路形式。

2.7　压阻式传感器的接口电路

固体受到作用力后，电阻率会发生变化，这种效应称为压阻效应。半导体材料的这种效应特别显著，可做成各种压阻式传感器。

压阻式传感器有两种类型：一种是利用半导体材料的体电阻做成的粘贴式应变片；另一类是在半导体材料的基片上用集成电路工艺制成扩散电阻，称为扩散型压阻传感器。压阻式传感器的灵敏系数大、分辨率高、频率响应高、体积小，主要用于测量压力、加速度和载荷等参数。压阻式传感器的缺点是温度误差较大，必须要有温度补偿。

2.7.1　基本工作原理

就一条形半导体压阻元件而言，在外力作用下电阻变化的方程为

$$\frac{\mathrm{d}R}{R} = \frac{\mathrm{d}L}{L} - \frac{\mathrm{d}S}{S} + \frac{\mathrm{d}\rho}{\rho}$$

其中长度 L 变化 $\mathrm{d}L$，截面积 S 变化 $\mathrm{d}S$，电阻率 ρ 变化 $\mathrm{d}\rho$，因而引起电阻 R 变化 $\mathrm{d}R$。对于半导体材料，由材料几何尺寸变化引起的电阻变化（式中前两项）要比材料电阻率变化引起的电阻变化（式中第三项）小得多，故有

$$\frac{\mathrm{d}R}{R} = \frac{\mathrm{d}\rho}{\rho}$$

半导体电阻率的相对变化为

$$\frac{\Delta\rho}{\rho} = \pi E \varepsilon = \pi\sigma$$

式中，π 为半导体沿某晶向的压阻系数；E 为半导体材料的弹性模量（与晶向有关）。

因此，半导体应变片的应变灵敏系数为

$$K = \frac{\mathrm{d}R/R}{\varepsilon} = \pi E$$

用于制作半导体应变片的材料最常用的是硅和锗。在硅和锗中渗进硼、铝等杂质，可以形成 P 型半导体；渗进磷、锑、砷等，则形成 N 型半导体。渗入杂质的浓度越大，半导体材料的电阻率就越低。

压阻系数与晶向形态密切相关。N 型硅的晶向、P 型硅的晶向、N 型锗的晶向、P 型锗的晶向，其灵敏系数比金属丝应变片要大几十倍。

当半导体材料同时存在纵向及横向应力时，电阻变化与给定点的应力关系为

$$\frac{\Delta R}{R} = \pi\sigma$$

式中，π 为纵向压阻系数；σ 为纵向应力。

利用半导体锗等材料的体电阻可做成粘贴式应变片。制作步骤如下：将单晶锭按一定的晶轴方向切成薄片，进行研磨加工后，再切成细条，经过光刻腐蚀工序，将半导体条安装内引线，然后贴在基底上，最后安装外引线。如图 2-29 所示为体型半导体应变片的结构形状，敏感栅的形状可制作成条形、U 形、W 形，敏感栅长度一般为 1～9mm。

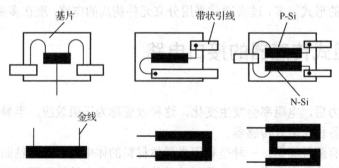

图 2-29   体型半导体应变片的结构形状

半导体应变片的突出优点是灵敏度高。它的灵敏系数比金属应变片大几十倍，可以不需要放大仪器而直接与记录仪器相连，机械滞后小。缺点是电阻和灵敏系数的温度稳定性差，测量较大应变时非线性严重。

将制作成一定形状的 N 型单晶硅作为弹性元件，选择一定的晶向，通过半导体扩散工艺在硅基底上扩散出 4 个 P 型电阻，构成惠斯通电桥的 4 个桥臂，从而实现弹性元件与变换元件一体化，这样的敏感器件称为压阻式传感器。压阻式传感器主要用于测量压力、加速度和载荷等参数。

2.7.2 压阻式压力传感器

图 2-30 所示为压阻式压力传感器结构简图。其核心部分是在一块沿某晶向切割的圆形 N 型硅膜片上利用集成电路工艺扩散 4 个阻值相等的 P 型电阻。膜片四周用圆硅环固定，膜片下部是与被测系统相连的高压腔，上部一般可与大气相通。4 个扩散电阻沿晶向分别在 $r = 0.635r_0$

处内外排列，在 $0.635r_0$ 半径之内径向应力为 σ，在 $0.635r_0$ 半径之外径向应力不为负，设计时，通过选择扩散电阻的径向位置，使内外电阻承受的应力大小相等、方向相反，4 个电阻接入差动电桥，电桥输出反映了压力大小。

为保证较好的测量线性度，扩散电阻上所受应变不应过大。膜片厚度为

$$h \geqslant r_0\sqrt{\frac{3p(1-u^2)}{4E\varepsilon}}$$

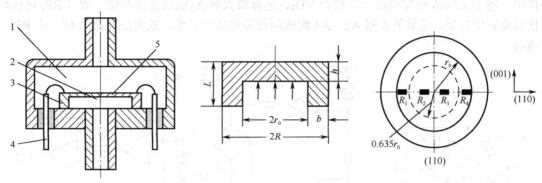

1—低压腔；2—高压腔；3—硅环；4—引线；5—硅膜片

图 2-30　压阻式压力传感器结构简图

利用集成电路工艺制造的压阻式压力传感器由于实现了弹性元件与变换元件一体化，尺寸小，质量轻，固有频率高，因而可测量频率很高的气体或液体的脉动压力。目前最小的压阻式压力传感器直径仅为 0.8m，在生物医学上可以测量血管内压、颅内压等参数。

压阻式传感器还可以用来作为加速度传感器。压阻式加速度传感器采用单晶硅做悬臂梁，在梁的根部扩散 4 个电阻，如图 2-31 所示。当悬臂梁自由端的质量块受到加速度作用时，悬臂梁受到弯矩作用，产生应力，使 4 个电阻阻值发生变化。由 4 个电阻组成的电桥将产生与基座的加速度成正比的电压输出。

为保证传感器输出有较好的线性度，梁的根部的应变 ε 和加速度 a 的关系为

$$\varepsilon = \frac{6ml}{Ebh^2}a$$

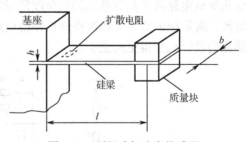

图 2-31　压阻式加速度传感器

式中，m 为质量块质量；l 为悬臂梁长度；b 为悬臂梁宽度；h 为悬臂梁厚度。

压阻式加速度传感器测量振动加速度时，固有频率按下式计算：

$$f_0 = \frac{1}{2\pi}\sqrt{\frac{Ebh^2}{4ml^3}}$$

2.7.3　压阻式传感器输出信号调理

压阻式传感器上 4 个电阻接成惠斯通电桥，可以采用恒压源或恒流源供电，考虑温度的影响，每个桥臂都有温度引起的电阻变化 ΔR_T，差动工作时，有

$$\Delta R_1 = -\Delta R + \Delta R_T, \quad \Delta R_2 = -\Delta R + \Delta R_T, \quad \Delta R_3 = \Delta R + \Delta R_T, \quad \Delta R_4 = \Delta R + \Delta R_T$$

根据恒压电源供电输出式：

$$U_0 = \frac{\Delta R}{R + 2\Delta R} U_1$$

可见，恒压源供电时，差动电桥输出与温度变化有关，而且与温度是非线性关系，电桥输出与电阻变化量成正比，不受温度影响，所以压阻式传感器一般均采用恒流源供电。

图 2-32 所示为压阻式传感器的典型应用电路。电路由 VD$_1$、A$_1$、VT$_1$、R$_1$ 构成恒流源对电桥供电，输出 1.5mA 恒定电流。二极管 VD$_3$、运算放大器 A$_2$ 组成温度补偿，调节 RP$_1$ 可获得最佳温度补偿效果。运算放大器 A2、A4 组成两级差动放大电路，放大倍数约为 60，由 RP$_2$ 调节增益。

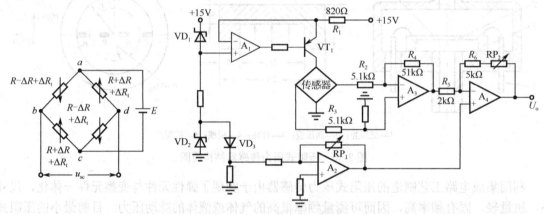

图 2-32　压阻式传感器的典型应用电路

随着电子技术的发展，出现了很多压阻式传感器专用信号调理集成电路，如 MAXIM 公司为硅压阻电桥的接口设计了 MAX1450、MAX1458、MAXIM1450 等多种 IC 专用信号调理电路。这些集成电路除了具有基本的高精度测量放大器外，还有为电桥供电的电流源电路和包括失调、温漂、满量程偏差等多项误差修正补偿电路，如图 2-33 所示，使传感器测量精度大为提高，传感器的设计也变得更简便了。

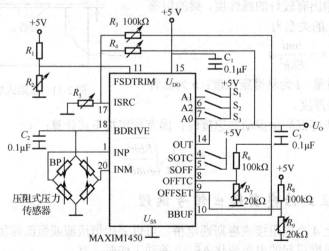

图 2-33　专用信号调理电路

2.8 压电式传感器的接口电路

压电式传感器是利用某些物质的压电效应将被测量转换为电量的一种传感器。

2.8.1 压电效应简介

某些单晶体或多晶体陶瓷电介质，当沿着一特定方向对其施力而使它发生机械变形时，其内部将产生极化现象，并在它的两个对应晶面上产生符号相反的等量电荷。当外力取消后，电荷也随之消失，晶体又重新恢复不带电状态，这种现象称为压电效应，如图 2-34 所示。当作用力的方向改变时，电荷的极性也随着改变，输出电压的频率与动态力的频率相同，当动态力变为静态力时，电荷将由于表面漏电而很快泄漏、消失。

图 2-34 压电效应示意图

相反，当在介质的极化方向上施加电场（电压）作用时，这些电介质晶体会在一个特定的晶体方向上产生机械变形或机械压力；外加电场消失时，这些变形或应力也随之消失，此种现象称为逆压电效应，或称电致伸缩现象。因此，压电效应具有"双向性"特点，压电元件可实现机械能与电能间的双向转换。故压电传感器属于能量转换型传感器，具有压电效应的物质称为压电材料或压电元件。

2.8.2 压电材料及其主要特性

天然石英晶体的理想结构外形是一个正六面体，在晶体学中它可用三根互相垂直的轴来表示，其中纵向轴 Z 称为光轴，该轴方向无压电效应；经过正六面体棱线，并垂直于光轴的 X 轴称为电轴，垂直于此轴的棱面上压电效应最强；与 X 轴和 Z 轴同时垂直的 Y 轴（垂直于正六面体的棱面）称为机械轴，在电场作用下，沿该轴方向的机械变形最明显。

压电式传感器

通常把沿电轴 X 方向的力作用下产生电荷的压电效应称为"纵向压电效应"，把沿机械轴 Y 方向的力作用下产生电荷的压电效应称为"横向压电效应"，而沿光轴 Z 方向受力时不产生压电效应。

1. 纵向压电效应

从晶体上沿轴线方向切下的薄片称为压电晶体切片，如图 2-35 所示。

当晶片沿 X 轴方向上受到作用时，晶片将产生厚度变形（纵向压电效应），并发生极化现象。在晶体线性弹性范围内，极化强度 P 与应力成正比，即

$$P_X = d_{11}\sigma_x = d_{11}\frac{F_X}{lb}$$

式中，F_X 为沿晶轴 X 方向施加的作用力；d_{11} 为压电系数，当受力方向和变形不同时，压电系

数也不同；l 和 b 分别为石英晶体长度和宽度。

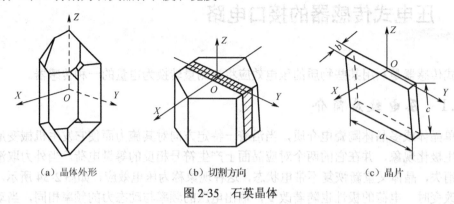

(a) 晶体外形   (b) 切割方向   (c) 晶片

图 2-35   石英晶体

而极化强度 P 在数值上等于晶体表面的电荷密度，即

$$P_X = q_X = \frac{Q_X}{lb}$$

式中，Q_X 为垂直于 X 轴晶面上的总电荷。

根据压电效应，如在 X 轴方向上施加强度为 E_X 的电场，晶体在 X 轴方向将产生伸缩，即

$$\Delta h = d_{11} U_X$$

2. 横向压电效应

如果在同一晶片上，作用力是沿着机械轴 Y 方向（横向压电效应），其电荷仍在与 X 轴垂直平面上出现。此时电荷量为

$$Q_X = d_{12} \frac{lb}{bh} F_Y = d_{12} \frac{l}{h} F_Y$$

由于石英晶体晶格的对称性，有

$$Q_X = -d_{12} \frac{l}{h} F$$

负号表示沿 Y 轴的压缩力产生的电荷与沿 X 轴施加的压缩力所产生的电荷极性相反，如图 2-36 所示。可见，沿机械轴方向施加作用力时，产生的电荷量与晶片的几何尺寸有关。

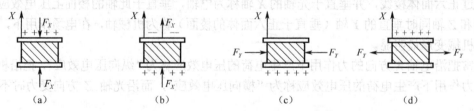

(a)   (b)   (c)   (d)

图 2-36   晶片上电荷极性与受力关系

由以上分析可得出如下结论：
- 无论是正压电效应还是逆压电效应，其作用力与电荷之间均呈线性关系。
- 石英晶体在哪个方向上有正压电效应，则在此方向上一定存在逆压电效应。
- 石英晶体不是在任何方向都存在压电效应的。

2.8.3　等效电路与测量电路

1. 压电式传感器的等效电路

当压电式传感器中的压电晶体承受被测机械应力的作用时，在它的两个极面上出现极性相反但电量相等的电荷。可把压电式传感器看成一个静电发生器，如图 2-37（a）所示；也可把它视为两极板上聚集异性电荷，中间为绝缘体的电容器，如图 2-37（b）所示。其电容量为

$$C_a = \frac{\varepsilon S}{h} = \frac{\varepsilon_r \varepsilon_h S}{h}$$

式中，S 为压电片极板面积；h 为压电片厚度；ε_r 为压电材料的相对介电常数；ε_h 为真空中的介电常数。

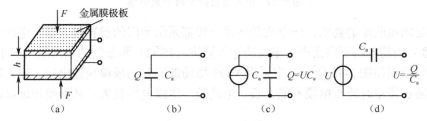

图 2-37　压电式传感器等效电路

若传感器内部信号电荷无"漏损"，外电路负载无穷大时，压电传感器受力后产生的电压或电荷才能长期保存，否则电路将以某时间常数按指数规律放电。这对于静态标定及低频准静态测量极为不利，必然带来误差。事实上，传感器内部不可能没有泄漏，外电路负载也不可能无穷大，只有外力以较高频率不断地作用，传感器的电荷才能得以补充，因此，压电晶体不适于静态测量。

2. 压电式传感器的测量电路

由图 2-38 可见，压电式传感器的绝缘电阻 R_a 与前置放大器的输入电阻 R_i 相并联，为保证内部测试系统有一定的低频或准静态响应，则需要绝缘电阻 R_a 保持在 $10^{13}\Omega$ 以上，才能使电荷泄漏减少到满足一般测试精度的要求。与之相适应，测试系统则应有较大的时间常数，即前置放大器要有相当的输入阻抗，从而产生测量误差，否则传感器的信号电荷将通过输入电路泄漏。

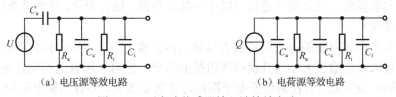

（a）电压源等效电路　　　　　　　　　（b）电荷源等效电路

图 2-38　压电式传感器输入端等效电路

前置放大器的作用有两个：一是阻抗变换，把压电式传感器的高输出阻抗变换成低输出阻抗；二是放大压电式传感器输出的微弱信号。

前置放大器的形式也有两种：一种是电压前置放大器，它的输出电压与输入电压（传感器的输出电压）成正比；一种是电荷前置放大器，其输出电压与传感器的输出电荷成正比。

1）电压前置放大器

图 2-39 所示为压电式传感器的电压前置放大器等效电路。在图 2-39（b）中，等效电阻 R 为 R_a 和 R_i 的并联电阻：

$$R = \frac{R_a R_i}{R_a + R_i}$$

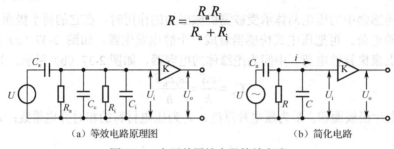

（a）等效电路原理图　　　　　　（b）简化电路

图 2-39　电压前置放大器等效电路

为了满足阻抗匹配的要求，压电式传感器一般都采用专门的前置放大器。电压前置放大器（阻抗变换器）因其电路不同而产生很高的输入阻抗（$10^9\Omega$）和很低的输出阻抗（小于 $10^2\Omega$）。阻抗变换器电路图如图 2-40 所示，它采用 MOS 型场效应管构成源极输出器，输入阻抗很高。压电式传感器在测量时连接电缆不能太长。电缆长，电缆电容就大，从而使传感器的电压灵敏度降低。

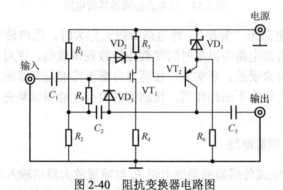

图 2-40　阻抗变换器电路图

电压前置放大器电缆长度对传感器测量精度的影响较大。因为，当电缆长度改变时，电容将改变，因而放大器的输入电压 U_{in} 也随之变化，进而使前置放大器的输出电压改变，因此，压电式传感器与前置放大器之间的连接电缆不能随意更换。如有变化，必须重新校正其灵敏度，否则将引入测量误差。

解决电缆分布电容问题的办法是将放大器装入传感器之中，组成一体化传感器。这种一体化压电传感器可以直接输出大小达几伏的低阻抗的信号，它可以用普通的同轴电缆输出信号，一般不需要再附加放大器，只在测量低电平振动时才需要放大，并直接输出至示波器、记录仪、检流计和其他普通指示仪表。

2）电荷前置放大器

电荷前置放大器能将高内阻的电荷源转换为低内阻的电压源，而且输出电压正比于输入电荷，因此它也能起到阻抗变换的作用，其输入阻抗可高达 $10^{10}\sim10^{12}\Omega$，而输出阻抗可小于 100Ω。电荷前置放大器实际上是一种具有深度电容负反馈的高增益前置放大器，如图 2-41 所示。若放大器的开环增益 A 足够大，则放大器的输入端 a 点的电位接近于"地"电位，并且由于放大器的输入级采用了场效应晶体管，放大器的输入阻抗很高。所以放大器输入端几乎没有分流，运算电流仅流入反馈回路，电荷 Q 只对反馈电容 C_f 充电，充电电压接近于放大器的输出电压：

$$U_o = -\frac{Q}{C_f}$$

式中，U_o 为放大器输出电压。

可见，电荷前置放大器的输出电压只与输入电荷量和反馈电容有关，而与放大器增益的变化及电缆电容 C_o 等均无关。因此，只要保持反馈电容的数值不变，就可以得到与电荷量 Q 呈线性关系的输出电压。此外，要达到一定的输出灵敏度要求，必须选择适当容量的反馈电容。由于反馈电容与输出电压成反比，因此传感器的灵敏度与电缆长度无关。

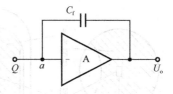

图 2-41 电荷前置放大器等效电路

2.9 光电式传感器

光电式传感器是将被测量的变化转换成光量的变化，再通过光电元件转换成电信号的一种测量装置。光电传感器具有体积小、重量轻、响应快、功耗低、便于集成、易于实现非接触测量的优点，广泛应用于自动控制、机器人、航天等领域。

光电式传感器主要由光源、光学通路和光电探测器件三部分组成。被测量通过对光源或光学通路的影响，将被测信息调制到光波上，来改变光波的强度、相位、空间分布和频谱分布等，再由光电器件转换为电信号。电信号经后续电路的解调分离出被测信息，从而实现对被测量的测量。常用光源有热辐射光源、气体放电光源、固体发光光源及激光光源等。光电探测器件的转换原理是基于物质的光电效应的，根据工作原理不同，分为光电子发射效应光电器件、光电导效应光电器件及光生伏特效应光电器件等。

2.9.1 光电效应

光电效应分为外光电效应和内光电效应两类。在光辐射作用下，电子逸出材料表面，产生光电子发射的，称为外光电效应或光电子发射效应；而在光辐射作用下，电子并不逸出材料表面的，称为内光电效应。内光电效应又主要分为光电导效应和光生伏特效应两类。半导体材料受到光照时会产生电子-空穴对，使其导电性能增强，光线越强，阻值越低，这种光照后电阻率发生变化的现象称为光电导效应。光生伏特效应半导体材料 PN 结受到光照后产生一定方向的电动势的效应。因此光生伏特型光电器件是自发电式的，属有源器件。

2.9.2 常见光电器件

1. 光电管及光电倍增管

1）光电管

光电管是外光电效应的器件，有真空光电管和充气光电管两类。

光电阴极通常是用逸出功小的光敏材料涂敷在玻璃泡内壁上做成的，其感光面对准光的照射孔，如图 2-42 所示。当光线照射到光敏材料上时，便有电子逸出，这些电子被具有正电位的阳极所吸引，在光电管内形成空间电子流，在外电路就产生电流。

2）光电倍增管

光电倍增管也是基于外光电效应的器件。由于真空光电管的灵敏度较低，因此人们便研制了光电倍增管，其外形和工作原理如图 2-43 所示。

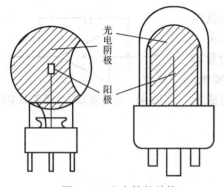

图 2-42　光电管的结构

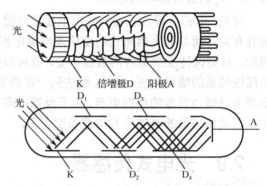

图 2-43　光电倍增管的外形和工作原理

2. 光敏电阻

光敏电阻又称为光导管，是内光电效应器件，它几乎都是用半导体材料制成的光电器件。光敏电阻以硫化镉制成，所以简称为 CDS。光敏电阻没有极性，纯粹是一个电阻器件，使用时既可以加直流电压，也可以加交流电压。无光照时，光敏电阻值（暗电阻）很大，电路中电流（暗电流）很小。光敏电阻的结构、电极及接线图如图 2-44 所示。一般希望暗电阻越大越好，亮电阻越小越好，此时光敏电阻的灵敏度高。实际光敏电阻的暗电阻值一般在兆欧级，亮电阻在几千欧以下。

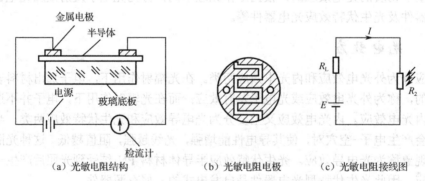

（a）光敏电阻结构　　　　　　　（b）光敏电阻电极　　　　　（c）光敏电阻接线图

图 2-44　光敏电阻的结构、电极及接线图

3. 光电池

光电池是基于光生伏特效应制成的，是一种可直接将光能转换为电能的光电元件。制造光电池的材料很多，主要有硅、锗、硒、硫化镉、砷化镓和氧化亚铜等，其中硅光电池应用最为广泛，其光电转换效率高、性能稳定、光谱范围宽、频率特性好、能耐高温辐射等。

硅光电池是在一块 N 型硅片上，用扩散的方法掺入一些 P 型杂质，形成一个大面积的 PN 结，再在硅片的上下两面制成两个电极，然后在受光照的表面上蒸发一层抗反射层，构成一个电池单体。如图 2-45 所示，光敏面采用栅状电极以减少光生载流子的复合，从而提高转换效率，减小表面接触电阻。

当光照射到电池上时，一部分被反射，另一部分被光电池吸收。被吸收的光能一部分变成热能，另一部分以光子形式与半导体中的电子相碰撞，在 PN 结处产生电子−空穴对，在 PN 结内电场的作用下，空穴移向 P 区，电子移向 N 区，从而使 P 区带正电，N 区带负电，于是在 P 区和 N 区之间产生光电流或光生电动势。受光面积越大，接收的光能越多，输出的光电流越大。

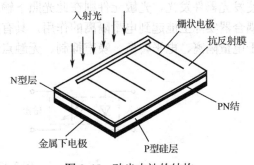

图 2-45　硅光电池的结构

4. 光电二极管和光电三极管

光电二极管和光电三极管通常统称为光敏晶体管，工作原理同样是基于内光电效应，但是半导体的 PN 结参与了光电转换过程。大多数半导体二极管和三极管都是对光敏感的，当二极管和三极管的 PN 结受到光照射时，通过 PN 结的电流将增大，因此，常规的二极管和三极管都用金属罐或其他壳体密封起来，以防光照。而光敏管（包括二极管和光敏三极管）则必须使 PN 结能接收最大的光照射。光电池与光敏二极管、三极管都是 PN 结，它们的主要区别在于：后者的 PN 结处于反向偏置，无光照时反向电阻很大、反向电流很小，相当于截止状态；当有光照时将产生光生的电子−空穴对，在 PN 结电场作用下电子向 N 区移动，空穴向 P 区移动，形成光电流。

光敏二极管的结构与一般二极管相似，它在电路中一般处于反向工作状态。在没有光照射时，反向电阻很大，反向电流很小，该反向电流称为暗电流；当光照射在 PN 结上时，光子打在 PN 结附近，使 PN 结附近产生光生电子和光生空穴对，它们在 PN 结处的内电场作用下做定向运动，形成光电流。光的照度越大，光电流越大。光敏二极管在不受光照射时处于截止状态，受光照射时处于导通状态，如图 2-46 所示。

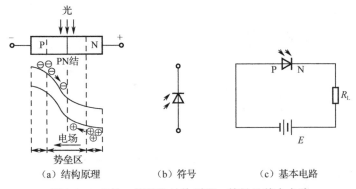

（a）结构原理　　　　（b）符号　　　　（c）基本电路

图 2-46　光敏二极管的结构原理、符号及基本电路

5. 光电耦合器

光电耦合器是将发光元件和光敏元件合并使用，以光为媒介实现信号传递的光电器件。为了保证灵敏度，要求发光元件与光敏元件在光谱上要得到最佳匹配。光电耦合器将发光元件和光敏元件集成在一起，封装在一个外壳内。光电耦合器的输入电路和输出电路在电气上完全隔离，仅仅通过光的耦合才把二者联系在一起，如图 2-47 所示。工作时，把电信号加到输入端，

使发光器件发光，光敏元件则在此光照下输出光电流，从而实现电—光—电的两次转换。光电耦合器实际上能起到电量隔离的作用，具有抗干扰和单向信号传输功能。光电耦合器广泛应用于电量隔离、电平转换、噪声抑制、无触点开关等领域。

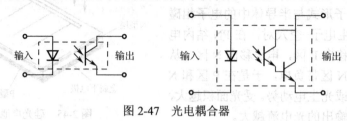

图 2-47　光电耦合器

思考题与习题

2-1　简述传感器的分类及其主要特性参数。

2-2　电感式传感器接口电路有哪几类？采用何种原理？

2-3　试简述差分变压器式传感器测量电路的原理。

2-4　阻性传感器接口电路有哪几类？采用何种原理？

2-5　试分析电位器式传感器的负载特性，什么是负载误差？如何减小负载误差？

2-6　根据电容式传感器的工作原理，可将其分为几种类型？每种类型各有什么特点？各适用于什么场合？

2-7　电容传感器的测量电路有哪几种？

2-8　压阻式传感器的工作原理是什么？

2-9　什么是压电效应？压电效应产生的机理是什么？

2-10　光电效应分几种？简述常见的光电器件。

第3章

信号放大电路

本章知识点：
- 运算放大器基础
- 反向运算放大器的原理
- 同相运算放大器的原理
- 差动放大器的基本原理
- 电荷放大器、仪用放大器、隔离放大器及程控增益放大器的原理

基本要求：
- 掌握运算放大器的原理及形式
- 理解构成不同功能需求的放大器的设计思路

能力培养目标：

通过本章的学习，掌握测控电路中常用的信号放大器电路，包括集成运算放大器、反相运算放大器、同相运算放大器、差动放大器、电荷放大器、仪用放大器、隔离放大器及程控增益放大器，学习不同功能需求下放大器电路的变化形式及设计思路。

信号放大电路用于将微弱的传感器信号放大到足以进行各种转换处理或推动指示器、记录器及各种控制机构。由于传感器输出的信号形式和大小各不相同，传感器所处的环境条件、噪声对传感器的影响也不一样，因此所采用的放大电路的形式和性能指标也不同。在有的情况下还要求对增益能够程控，对噪声背景下的信号放大能够隔离，即采用隔离放大电路。

随着集成技术的发展，集成运算放大器的性能不断完善，价格不断降低，完全采用分立元件的信号放大电路已被淘汰，主要是用集成运算放大器组成的各种形式的放大电路，或专门设计并制成具有某些性能的单片集成放大器。但在功率放大电路中，晶体管仍有相当应用。

3.1 集成运算放大器基础

1. 集成运算放大器的定义及表示

集成运算放大器是一种高增益的，以直流差动放大器为基础而构成的多级直接耦合放大器。它是利用半导体的集成工艺，实现电路、电路系统和元件三结合的产物。由于采用集成工艺，可以使相邻元器件参数的一致性好，且采用多晶体管的复杂电路，使之性能做得十分优越。

集成运算放大器的型号各异，但用得最为普遍的是通用型集成运放，其内部电路一般为差分输入级、中间级和互补输出级，并带有各种各样的电流源电路。

图 3-1 给出了一个简单集成运算放大器的内部电路原理图及电路符号。它有两个输入端，标"+"的输入端称为同相（noninverting）输入端，输入信号由此端输入时，输出信号与输入信号相位相同；标"−"的输入端称为反相（inverting）输入端，输入信号由此端输入时，输出信号与输入信号相位相反。图 3-1（b）中 $u_o=A(u_+-u_-)$，其中 A 表示运放的电压放大倍数。

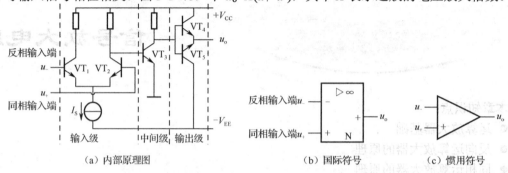

（a）内部原理图　　　　　　　　　（b）国际符号　　　　（c）惯用符号

图 3-1　集成运算放大器的内部电路原理图及电路符号

注意：实际运放都要接电源，但在符号图中，一般不标出来。另外，图中"+"、"−"并不意味着"+"端的电位一定比"−"端的高，它仅仅表示该端与输出端的相对电位的极性。

2．虚短和虚断的概念

由于运放的电压放大倍数很大，一般通用型运算放大器的开环电压放大倍数都在 80dB 以上。而运放的输出电压是有限的，一般在 10～14V。因此运放的差模输入电压不足 1mV，两输入端近似等电位，相当于"短路"。开环电压放大倍数越大，两输入端的电位越接近相等。

"虚短"是指在分析运算放大器处于线性状态时，可把两输入端视为等电位，这一特性称为虚假短路，简称虚短。显然不能将两输入端真正短路。

由于运放的差模输入电阻很大，一般通用型运算放大器的输入电阻都在 1MΩ 以上。因此流入运放输入端的电流往往不足 1μA，远小于输入端外电路的电流。故通常可把运放的两输入端视为开路，且输入电阻越大，两输入端越接近开路。"虚断"是指在分析运放处于线性状态时，可以把两输入端视为等效开路，这一特性称为虚假开路，简称虚断。显然不能将两输入端真正断路。

3．集成运算放大器的主要参数

从使用角度看，人们并不注重集成运算放大器的内部电路，而是着重研究其外部特征。

1）开环电压增益 A_o（开环电压放大倍数或差模增益）

开环电压增益 A_o 是指在输入端和输出端没有接入任何反馈电路的条件下，对于频率小于 200Hz 的交流输入信号的差模电压放大倍数。

$$A_o = \frac{u_o}{u_i}$$

$$A_o = 20\lg(u_o/u_i)(\text{dB}) \tag{3-1}$$

开环电压增益随频率的增大而减小。

2）闭环电压增益 A_c

闭环电压增益 A_c 是指在集成运放的输出端与输入端之间设有反馈回路情况下（即所谓闭环情况）的电压放大倍数。

（1）反相闭环运算放大器的闭环增益，见图 3-2。

根据"虚短"，可以把两输入端视为等电位，即 $u_+ \approx u_-$；根据"虚断"，把两输入端视为等效开路，可以得出 $I_1 = I_2 \approx 0$，进而得出 $u_+ \approx u_- = 0$，因此，将 Σ 称为"虚地"且 $I_i = I_f$，可得

$$I_i = \frac{u_i}{Z_1}$$

$$I_f = \frac{u_- - u_o}{Z_f} = -\frac{u_o}{Z_f} \tag{3-2}$$

又因为 $I_f \approx I_i$，所以 $\dfrac{u_i}{Z_1} = -\dfrac{u_o}{Z_f}$。

$$A_c = \frac{u_o}{u_i} = -\frac{Z_f}{Z_1} \tag{3-3}$$

（2）同相闭环运算放大器的闭环增益，见图 3-3。

因为 $I_2 = 0$，$Z_2 I_2 = 0$，所以 $u_+ = u_i$。

根据"虚短"得出 $\qquad\qquad u_- = u_+ = u_i$

根据"虚断"得出 $\qquad\qquad I_1 = I_f$

因为

$$I_f = \frac{u_- - u_o}{Z_f} = \frac{u_i - u_o}{Z_f}$$

$$I_1 = \frac{0 - u_-}{Z_1} = -\frac{u_i}{Z_1}$$

所以

$$-\frac{u_i}{Z_1} = \frac{u_i - u_o}{Z_f}, \quad A_c = u_o \Big/ u_i = 1 + \frac{Z_f}{Z_1} \tag{3-4}$$

当 $Z_1 \to \infty$，$Z_f = 0$ 时，电路如图 3-4 所示。

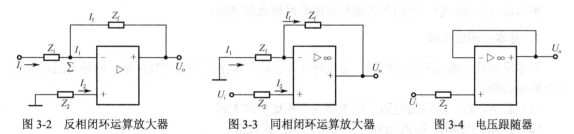

图 3-2　反相闭环运算放大器　　　图 3-3　同相闭环运算放大器　　　图 3-4　电压跟随器

此时，$A_c = 1$，闭环放大器已不再起放大作用，成为电压跟随器，通常起阻抗变换作用。

3）同相增益 A_{CM} 和共模抑制比 CMRR

若在运放的两输入端同时加入频率相等且小于 200Hz、相位相同的信号 U_{CM}，在理想的情况下输入信号 $U_i = 0$，则输出电压 $U_o = 0$。

但实际上由于电路不能做到完全对称，因此 $U_o \neq 0$。

把 $\Delta U_{\mathrm{o}} / \Delta U_{\mathrm{CM}}$ 称为同相增益（共模增益），表示为

$$A_{\mathrm{CM}} = \Delta U_{\mathrm{o}} / \Delta U_{\mathrm{CM}} \tag{3-5}$$

式中，ΔU_{CM} 是指将 ΔU_{o} 折算到输入端的电压。

共模抑制比 CMRR 是用对数表示的差模增益与共模增益之比，单位为分贝。

$$CMRR = 20\lg(A_{\mathrm{o}} / A_{\mathrm{CM}}) \tag{3-6}$$

4）输入失调电压 U_{IO}

当输入电压为零时，在理想状态下输出电压也应为零，但实际上由于电路的不对称使得输出电压不为零，而是一个较小的电压，称此电压为集成运放的失调电压 U_{IO}。

5）输入偏置电流 I_{B}

输入偏置电流 I_{B} 是指当输出电流为零时，两输入电流的平均值，即

$$I_{\mathrm{B}} = (I_{\mathrm{B1}} + I_{\mathrm{B2}}) / 2 \tag{3-7}$$

6）输入失调电流 I_{IO}

输入失调电流是指当运放输出电流为零时，两输入端的输入电流差值的绝对值，即

$$I_{\mathrm{IO}} = |I_{\mathrm{B1}} - I_{\mathrm{B2}}| \tag{3-8}$$

7）输入电阻 Z_{i}

输入电阻相当于从放大器的输入端两点看进去的交流等效电阻。

8）输出电阻 Z_{o}

输出电阻相当于从放大器的输出端两点看进去的交流等效电阻。

3.2　反相运算放大器

输入信号从反相输入端输入的运算电路是反相运算电路。

1. 基本反相放大器

基本反相放大器如图 3-5 所示，这里将输入回路和输出回路都看成网络，网络的组成决定了电路的功能。

（1）若 Z_{f}、Z_{F}、Z_{P} 均为电阻，则电路为反相比例放大器。

（2）若 Z_{f} 为电阻，Z_{F} 为电容，则电路为积分放大器。

（3）若 Z_{f} 为电容，Z_{F} 为电阻，则电路为微分放大器。

（4）若用复杂阻容网络代替输入回路元件或输出回路元件，则电路为有源滤波器和有源校正电路。

反相放大器的共同特点如下。

（1）各类反相放大器的闭环增益 A_{c} 和输入阻抗 Z_{i} 的数学表达式具有相同的形式。在理想状态下，闭环增益和输入阻抗为

$$A_c = -\frac{Z_F}{Z_f} \tag{3-9}$$

$$Z_i = Z_f \tag{3-10}$$

（2）输入回路电流 I_f 将全部流经反馈回路，故有

$$I_f = I_F \tag{3-11}$$

（3）反相端电压与同相端电压相等，且总等于零，即

$$U_+ = U_- = 0 \tag{3-12}$$

这就是反相放大器所特有的"虚地"现象。

2．反相比例放大器

基本反相放大器中输入回路元件 Z_f 和反馈回路元件 Z_F 均为纯电阻时，即成为反相比例放大器，其电路原理及理想等效电路如图 3-6 所示。

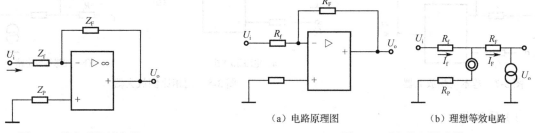

图 3-5　基本反相放大器

（a）电路原理图　　（b）理想等效电路

图 3-6　反相比例放大器

由于"虚断"，没有电流流入运算放大器，所以 $I_f = I_F$，故有

$$\frac{U_i}{R_f} = -\frac{U_o}{R_F} \tag{3-13}$$

$$A_c = \frac{U_o}{U_i} = -\frac{R_F}{R_f} \tag{3-14}$$

此即反相比例放大器的理想闭环增益，而输入电阻为

$$R_i = \frac{U_i}{I_f} = \frac{I_f R_f}{I_f} = R_f$$

3.3　同相运算放大器

1．基本同相放大器

图 3-7 所示为基本同相放大器，与反相放大器一样，外部元件可以是电阻元件、电抗元件，甚至是一个复杂的网络。

同相放大器具有以下特点。

（1）各类同相放大器的闭环增益 $A_F(j\omega)$ 与输入阻抗具有相同的形式，即

$$A_F(j\omega) = 1 + \frac{Z_F}{Z_f} \tag{3-15}$$

（2）流经输入回路的电流与流经反馈回路的电流相同，即

$$\dot{I}_f = \dot{I}_F \qquad\qquad (3\text{-}16)$$

（3）反相端电压与同相端电压相等，且总等于共模电压 $\dot{U}_C$，即

$$\dot{U}_+ = \dot{U}_- = \dot{U}_C$$

这一点要特别引起注意，由于 $\dot{U}_C$ 的存在，同相放大器存在共模电压堵塞现象，这与反相放大器不同。

2. 同相比例放大器

在基本同相放大器中，外部元件为纯电阻时，即构成同相比例放大器，显然它是基本同相放大器的一种特例。图 3-8 所示为其电路原理图及理想等效电路。

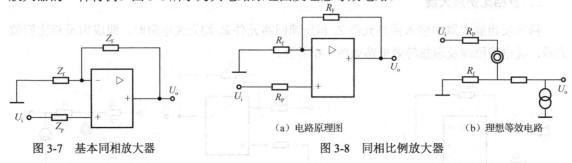

图 3-7　基本同相放大器　　　　　　（a）电路原理图　　　　　　（b）理想等效电路

图 3-8　同相比例放大器

1）闭环增益

理想闭环增益为

$$A_F = 1 + \frac{R_F}{R_f} \qquad\qquad (3\text{-}17)$$

由式（3-17）可知，当运放具有理想特性时，同相比例放大器的闭环增益 A_F 仅与外部电路元件 R_F、R_f 有关，而与放大器本身参数无关。此外，同相比例放大器的闭环增益总是大于或等于 1。电阻 R_P 是为消除偏置电流及漂移的影响而设置的补偿电阻。

2）输入电阻

当运放为理想时，显然输入电阻为无穷大；而当运放为非理想时，输入电阻为有限值。同相放大器输入电阻很高，因此同相放大器特别适用于信号源为高阻的情况，这是它的重要优点。

3）同相比例放大器与反相比例放大器的比较

综上所述，同相比例放大器与反相比例放大器的主要区别如下。

（1）同相输入时，输出与输入同相；反相输入时，输出与输入反相。

（2）同相输入时，闭环增益总是大于或等于 1；反相输入时，闭环增益可大于 1，也可小于 1。

（3）同相放大器的输入电阻很高，远大于反相放大器的输入电阻。

（4）同相放大器的输入端存在共模输入电压，因此输入电压不能超过运放的最大共模输入电压 U_{icm}，并要求放大器有较高的共模抑制比；而反相放大器不存在这一问题。

3. 电压跟随器

将同相比例放大器中的 R_f 电阻断开，即 $R_f = \infty$，构成电压跟随器，原理如图 3-9 所示，闭环增益 $A_F = 1$。

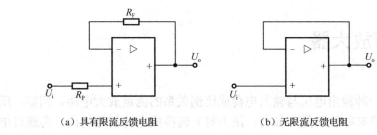

（a）具有限流反馈电阻　　　　　　（b）无限流反馈电阻

图 3-9　电压跟随器

它具有高输入阻抗、低输出阻抗的特点，在应用电路中常用作隔离电路。图 3-9（a）所示电路在发生"堵塞"时，R_F 对电路有一定的限流保护作用，但与图 3-9（b）所示电路相比，元件用得多，且定态误差较大。

3.4　基本差动放大器

差动放大器是把两个信号分别输入运算放大器的同相和反相两个输入端，然后在输出端取出两个信号的差模成分，而尽量抑制两个信号的共模成分。图 3-10（a）所示为一基本差动放大电路，它由一只通用的运算放大器和四只电阻组成。

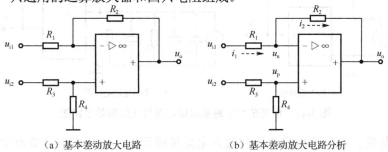

（a）基本差动放大电路　　　　　　（b）基本差动放大电路分析

图 3-10　基本差动放大电路及其分析

电路分析如图 3-10（b）所示，根据"虚断"可得 $u_n=u_p$，根据"虚短"可得 $i_1=i_2$。

$$u_p = \frac{R_4}{R_3 + R_4}$$

$$\frac{u_{i1} - u_n}{R_1} = \frac{u_n - u_o}{R_2}$$

可得

$$u_o = \frac{R_1 + R_2}{R_1} \cdot \frac{R_4}{R_3 + R_4} u_{i2} - \frac{R_2}{R_1} u_{i1} \tag{3-18}$$

如果满足 $R_2/R_1 = R_4/R_3$，则式（3-18）可以改写为

$$u_o = \frac{R_2}{R_1}(u_{i2} - u_{i1}) \tag{3-19}$$

可见，电路只对差模信号进行放大，采用差动放大电路有利于抑制共模干扰（提高电路的共模抑制比）和减小温度漂移。

差动放大电路

3.5 电荷放大器

电荷放大器是一种输出电压与输入电荷成比例关系的测量放大电路。例如，压电式传感器或电容式传感器可将某些被测量（如力、压力等）转换成电荷信号输出，再通过电荷放大电路输出放大了的电压信号。因此，电荷放大电路也称为电荷-电压变化电路。

电荷放大器的主要特点是测量的灵敏度与电缆长度无关。

1. 电荷放大器的原理

电荷放大电路的基本原理图如图 3-11（a）所示，运算放大器 N 的反相端与传感器相连，N 的输出经电容 C_f 反馈到输入端。若 N 为理想工作状态，则反相输入端为"虚地"，直流输入电阻很高，传感器的输出电荷只对反馈电容 C_f 充电，电容 C_f 两端的电压为 $u_c=Q/C_f$，则电荷放大电路的输出为

$$u_o = -Q / C_f \tag{3-20}$$

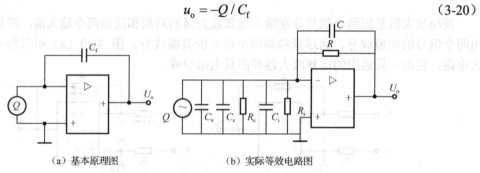

（a）基本原理图　　　　　　　　（b）实际等效电路图

图 3-11　电荷放大电路基本原理图与实际等效电路图

所以，电荷放大电路的输出电压与输入电荷量成正比，与反馈电容成反比，而与电路其他参数无关。实际上压电（或电容）传感器等效为带电荷的电容器 C_s，其泄漏电阻是 R_c，如图 3-11（b）所示，C_c 是传感器电缆电容，R_i 和 C_i 分别为运算放大器的输入电阻和输入电容。考虑到 C 电荷的泄放和加入直流负反馈以稳定工作减小零漂的需要，在 C 两端并联电阻 R。把 C、R 等效到 N 的输入端时，等效电阻 $R' = R/(1+K)$，等效电容 $C' = C(1+K)$，K 为运算放大器 N 的开环放大倍数，ω 为传感器供电角频率，则输出

$$\dot{U}_o = \frac{j\omega K \dot{Q}}{\left[(1/R_c) + (1/R_i) + (1+K)/R\right] + j\omega\left[C_s + C_c + C_i + (1+K)C\right]} \tag{3-21}$$

若 K 足够大，则

$$\dot{U}_o = \frac{j\omega \dot{Q} R}{1 + j\omega RC} \tag{3-22}$$

2. 电荷放大器的特性

1）开环电压增益的影响

当 C_i 可忽略，且工作角频率 ω 较高时，实际电荷放大电路的相对运算误差

$$\delta = \frac{-Q/C - \left\{ -QK / \left[C_{\mathrm{s}} + C_{\mathrm{c}} + C_{\mathrm{i}} + (1+K)C \right] \right\}}{-Q/C} \times 100\% = \frac{C_{\mathrm{c}} + C_{\mathrm{s}} + C}{C_{\mathrm{c}} + C_{\mathrm{s}} + (1+K)C} \times 100\% \qquad (3\text{-}23)$$

可见，运算误差 δ 与开环电压增益成反比。

2）频率特性

由式（3-22）可知，输入信号频率趋于无穷大时，$u_{\mathrm{o}} = -Q/C$，因此，电荷放大电路增益下降 3dB 时，对应的下限截止频率为

$$f_{\mathrm{L}} = 1 / 2\pi RC \qquad (3\text{-}24)$$

电荷放大电路的高频特性主要与 N 的开环频率响应有关，因此，需要高的上限频率时，必须选用高速运算放大器，如 FC91、OP37 等。若电缆很长，杂散电容和电缆的分布电容 C_{c}、电阻 R_{c} 都增加，分别对运算误差和上限频率有一定的影响。需用很长电缆时，应选用低电容电缆。

3）噪声及漂移

运算放大器的噪声因输入电缆电容的增大和反馈电容的减小而在输出端引起较大的噪声电压。运算放大器的零漂则因反馈电阻的增大、电缆绝缘电阻的减小和放大器输入电阻的减小而增大。因此应综合考虑下限频率、噪声和漂移，选取合适的 R、C 值。一般 R 值在 10MΩ 以上，C 值取 $100 \sim 10^4$pF，采用时间和温度稳定性好的聚苯乙烯等电容器。

3. 电荷放大器实例

图 3-12 所示是电荷放大器实例。图 3-12（a）中，N_1 构成电荷电压转换级，输入为电荷 Q，输出为电压 u_1，其引脚 1、8 串接电位器 RP 用来调节失调，引脚 7、4 分别外接正、负电源端，与引脚 7、4 相连的电容作去耦滤波用。电荷放大器反馈回路中的 R 值由电容 C 的放电常数决定，一般 R 取 100kΩ ~ 10MΩ，C 取 $50 \sim 10^4$pF。二极管 VD_1、VD_2 和电阻 R_1 用来保护运算放大器 N_1 不因输入过电压而烧毁。二极管的极间电容要小，反向耐压应大于 30V。开关 S_{1a} 是电路灵敏度转换开关，它与 N_2（构成放大输出级）电路的可变增益开关 S_{1b} 是联动的，这样可以补偿反馈电容 C 的容量误差。开关 S_2 用来选择电荷放电的时间常数。当采用固定的灵敏度和放电时间时，可以不用开关 S_{1a}、S_2。

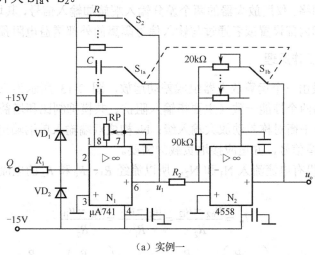

（a）实例一

图 3-12　电荷放大器实例

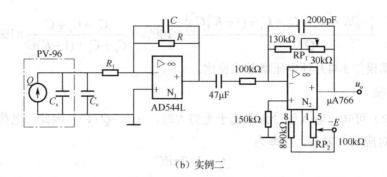

（b）实例二

图 3-12　电荷放大器实例（续）

　　图 3-12（b）所示是压电式加速度传感器 PV-96 产品，为电荷灵敏度约 10000pC/g（g 为重力加速度）的电荷放大电路。电荷电压转换级由 AD544L（美国 Analog Devices Inc.公司产品）低漂移、低失调运算放大器 N_1 组成，输出约-33V/g。电阻 R_1（1MΩ）在输入电压过大时用来保护 N_1。反馈电容 C 的漏电要小，当 C=300pF，R=10GΩ 时，被测信号频率范围为 0.1～10Hz，噪声电平对应于 $0.6 \times 10^{-6}g$，加速度测量范围为 $(2 \times 10^{-6} \sim 10^{-1})g$。输出调整级由美国 Fairchild 公司 μA766 多功能低功耗可编程运算放大器 N_2 组成。利用 RP_1 可以将输出调整到 50V/g，为了降低其噪声，从第 8 个引脚输入工作电流（15μA），使噪声电压小于 1μV。

3.6　仪用放大器

　　仪用放大器把关键元件集成在放大器内部，其独特的结构使它具有高共模抑制比、高输入阻抗、低噪声、低线性误差、低失调漂移、增益设置灵活和使用方便等特点，使其在数据采集、传感器信号放大、高速信号调节、医疗仪器和高档音响设备等方面备受青睐。仪用放大器是一种具有差分输入和相对参考端单端输出的闭环增益组件，与运算放大器不同之处是运算放大器的闭环增益由反相输入端与输出端之间连接的外部电阻决定，而仪用放大器则使用与输入端隔离的内部反馈电阻网络。仪用放大器的两个差分输入端施加输入信号，其增益既可由内部预置，也可由用户通过引脚内部设置或者通过与输入信号隔离的外部增益电阻预置。

1. 仪用放大器工作原理

　　仪用放大器一般由三个运算放大器组成差动运放，图 3-13 所示为三运放结构的仪用放大器，其中 N_1、N_2 为两个性能一致（主要指输入阻抗、共模抑制比和增益）的同相输入通用集成运算放大器，构成平衡对称差动放大输入级；N_3 构成双端输入单端输出的输出级，用来进一步抑制 N_1、N_2 的共模信号，并适应接地负载的需要。

　　根据"虚断"，没有电流流入 N_1 和 N_2，所以流经 R_1、R_0 和 R_2 的电流都相等，均为 I_R，故有

$$I_R = \frac{u_{o2} - u_{i2}}{R_2} = \frac{u_{i1} - u_{o1}}{R_1} = \frac{u_{i2} - u_{i1}}{R_0}$$

由此可得　　　　$u_{o1} = \left(1 + \frac{R_1}{R_0}\right)u_{i1} - \frac{R_1}{R_0}u_{i2}$，　$u_{o2} = \left(1 + \frac{R_2}{R_0}\right)u_{i2} - \frac{R_2}{R_0}u_{i1}$

于是，输入级的输出电压，即运算放大器 N_2 与 N_1 输出之差为

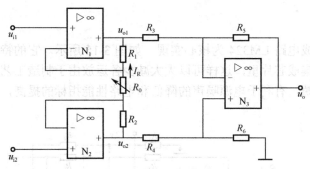

图 3-13 三运放结构的仪用放大器

$$u_{o2} - u_{o1} = \left(1 + \frac{R_1 + R_2}{R_0}\right)(u_{i1} - u_{i2})$$

其差模增益 K_d 为

$$K_d = \frac{u_{o2} - u_{o1}}{u_{i1} - u_{i2}} = 1 + \frac{R_1 + R_2}{R_0}$$

由上面公式可知，当 N_1、N_2 性能一致时，输入级的差动输出及其差模增益只与差模输入电压有关，而其共模输出、失调及漂移均在 R_0 两端相互抵消，因此，电路具有良好的共模抑制能力，同时不要求外部电阻匹配。但是为了消除 N_1、N_2 偏置电流等的影响，通常取 $R_1 = R_2$。另外，这种电路还有增益调节能力，调节 R_0 可以改变增益而不影响电路的对称性。

三运放放大器

2．电路设计与应用

目前，仪用放大器电路的实现方法主要分为两大类：一类由分立元件组合而成；另一类由单片集成芯片直接实现。根据现有元器件，分别以单运放 LM741 和 OP07、集成四运放 LM324 和单片集成芯片 AD620 为核心，设计出四种仪用放大电路方案。

1）方案 1

由三个通用型运放 LM741 组成三运放仪表放大器电路形式，辅以相关的电阻外围电路，加上 A_1、A_2 同相输入端的桥式信号输入电路，如图 3-14 所示。

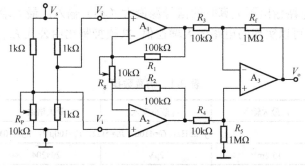

图 3-14 由单运放组成的仪用放大器

2）方案 2

由三个精密运放 OP07 组成，电路结构与原理与图 3-14 相同（用三个 OP07 分别代替图 3-14 中的 A_1~A_3）。

3）方案3

以一个四运放集成电路 LM324 为核心实现,如图 3-15 所示。它的特点是将四个功能独立的运放集成在同一个集成芯片里,这样可以大大减少各运放由于制造工艺不同带来的器件性能差异;采用统一的电源,有利于电源噪声的降低和电路性能指标的提高,且电路的基本工作原理不变。

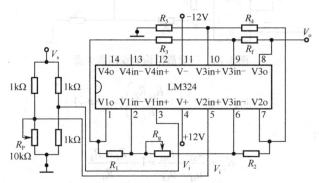

图 3-15　由 LM324 组成的仪用放大器

4）方案4

由一个单片集成芯片 AD620 实现,如图 3-16 所示。它的特点是电路结构简单:一个 AD620、一个增益设置电阻 R_g,外加工作电源就可以使电路工作,因此设计效率最高。图 3-16 中电路增益计算公式为

$$G = 49.4K/R_g + 1$$

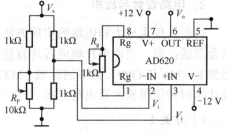

图 3-16　由 AD620 实现仪用放大器

实现仪用放大器电路的四种方案中,都采用四个电阻组成电桥电路的形式,将双端差分输入变为单端的信号源输入。性能测试主要是从信号源 V_s 的最大输入和 V_s 最小输入、电路的最大增益及共模抑制比几方面进行仿真和实际电路性能测试。测试数据分别见表 3-1 和表 3-2。其中,V_s 最大(小)输入是指在给定测试条件下,使电路输出不失真时的信号源最大(小)输入;最大增益是指在给定测试条件下,使输出不失真时可以实现的电路最大增益值。共模抑制比由公式 $K_{CMRR} = 20\lg|A_{Vd}/A_{VC}|(dB)$ 计算得出。

表 3-1　仿真数据

测试对象	V_s 最大输入	V_s 最小输入	最大增益	K_{CMRR}
测试条件	$f=25Hz$,$G=4100$,$R_P=5k\Omega$,$V_s=100\mu V$,$V_{cm}=10V$			
方案1	15.2mV	2μV	204204	123dB
方案2	14.4mV	50nV	267267	160dB
方案3	—	2μV	—	—
方案4	14.8mV	2μV	60060	145dB

表 3-2 测试数据

测试对象	V_s 最大输入	V_s 最小输入	最大增益	K_{CMRR}
测试条件	f=25Hz，G=4100，R_P=5kΩ，V_s=2mV，V_{cm}=10V			
方案 1	13mV	2mV	16250	98dB
方案 2	17mV	1mV	23250	117dB
方案 3	17mV	2mV	19750	99dB
方案 4	17mV	1mV	14250	110dB

说明：（1）f 为 V_s 输入信号的频率。

（2）表格中的电压测量数据全部以峰-峰值表示。

（3）由于仿真器件原因，实验中用 Multisim 对方案 3 的仿真失效，表 3-1 中用"—"表示失效数据。

（4）表格中的方案 1~4 依次表示以 LM741、OP07、LM324 和 AD620 为核心组成的仪用放大器电路。

由表 3-1 和表 3-2 可见，仿真性能明显优于实际测试性能。这是因为仿真电路的性能基本上是由仿真器件的性能和电路的结构形式确定的，没有外界干扰因素，为理想条件下的测试；而实际测试电路由于受环境干扰因素（如环境温度、空间电磁干扰等）、人为操作因素、实际测试仪器精确度、准确度和量程范围等的限制，使测试条件不够理想，测量结果具有一定的误差。在实际电路设计过程中，仿真与实际测试各有所长。一般先通过仿真测试，初步确定电路的结构及器件参数，再通过实际电路测试，改进其具体性能指标及参数设置。这样，在保证电路功能、性能的前提下，大大提高电路设计的效率。

由表 3-2 的测试数据可以看出：方案 2 在信号输入范围（即 V_s 的最大、最小输入）、电路增益、共模抑制比等方面的性能表现为最优。在价格方面，它比方案 1 和方案 3 的成本高一点，但比方案 4 便宜很多。因此，在四种方案中，方案 2 的性价比最高。方案 4 除最大增益相对小点外，其他性能仅次于方案 2，具有电路简单、性能优越、节省设计空间等优点。成本高是方案 4 的最大缺点。方案 1 和方案 3 在性能上的差异不大，方案 3 略优于方案 1，且它们同时具有绝对的价格优势，但性能上不如方案 2 和方案 4 好。

综合以上分析，方案 2 和方案 4 适用于对仪用放大器电路有较高性能要求的场合，方案 2 性价比最高，方案 4 简单、高效，但成本高。方案 1 和方案 3 适用于性能要求不高且需要节约成本的场合。针对具体的电路设计要求，选取不同的方案，以达到最优的资源利用。电路的设计方案确定以后，在具体的电路设计过程中，要注意以下几个方面：

（1）注意关键元器件的选取，比如对图 3-14 所示电路，要注意使运放 A_1、A_2 的特性尽可能一致；选用电阻时，应该使用低温度系数的电阻，以获得尽可能低的漂移；对 R_3、R_4、R_f 和 R_5 的选择应尽可能匹配。

（2）要注意在电路中增加各种抗干扰措施，比如在电源的引入端增加电源退耦电容，在信号输入端增加 RC 低通滤波或在运放 A_1、A_2 的反馈回路增加高频消噪电容，在 PCB 设计中精心布局合理布线、正确处理地线等，以提高电路的抗干扰能力，最大限度地发挥电路的性能。

3. 仪用放大器集成芯片 INA118

INA118 是 BB 公司生产的低功耗、低成本的通用仪用放大器。其内部设计的电流反馈电路提供了很宽的信号带宽（增益 G=100 时可达 70kHz），经激光修正后的电路具有很低的失调电压和很高的共模抑制比。器件可以在只有±1.25V 的电源下工作，而且静态电流仅为 350μA，很适合于用电池供电。使用时只需外接一只增益电阻，就可实现 1～1000 之间的任意增益而且有 ±40V 的输入保护电压。

INA118 可广泛用于便携式放大器、热电偶、热电阻测量放大器、数据采集放大器和医用放大器。

INA118 采用 8 引脚塑料 DIP 和 SO 封装，引脚图如图 3-17 所示。INA118 由于内含输入保护电路，因此，如果输入过载，保护电路将把输入电流限制在 1.5～5mA 的安全范围内，以保证后续电路的安全。此外，输入保护电路还能在无电源供电的情况下对 INA118 提供保护。INA118 通过脚 1 和脚 8 之间外接一电阻 R_G 来实现不同的增益，该增益为 1～1000。电阻 R_G 的大小可由下式决定：

$$R_G = 50\text{k}\Omega/(G-1) \tag{3-25}$$

式中，G 为增益。

由于 R_G 的稳定性和温度漂移对增益有影响，因此，在那些需要高精度增益的应用中对 R_G 的要求也比较高，应采用高精度、低噪声的金属膜电阻。5 脚（REF）为调零端，调节范围为±10mV，该引脚使用时一般接地，R_G 为增益电阻。但是在高增益的电路设计中 R_G 取值较小，当 G=100 时，R_G 为 0.51kΩ；当 G=1000 时，R_G 为 50.1Ω。因此，在高增益时的接线电阻不能忽略，由于它的存在，实际增益可能会有较大的偏差，因而，计算得到的 R_G 值需要修正。修正的具体方法是用一个可调电位器替代 R_G，调节电位器使得输出电压与输入电压的比值达到设计所要求的增益值。图 3-18 所示为外加偏移调零电路。

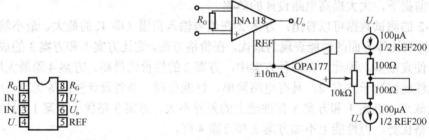

图 3-17　INA118 引脚图　　　　图 3-18　外加偏移调零电路

INA118 不仅能在很宽的频带范围内工作，而且具有很高的抗干扰能力，是一种使用非常方便的仪用放大器。

3.7　隔离放大器

为了提高系统的抗干扰性能、安全性能和可靠性，现代测控系统经常采用隔离放大器。

所谓隔离放大器，是指前级放大器与后级放大器之间没有电气上的联系，而是利用光或磁来耦合信号，即信号在传输过程中没有公共的接地端。目前常用的隔离放大器主要有电磁（变压器）隔离、光隔离两种隔离方式。电磁耦合实现载波调制，具有较高的线性度和隔离性能，其共模抑制比高、技术较成熟，但体积大、工艺复杂、成本高、应用较不方便。光耦合结构简单、成本低廉、器件较轻，具有良好的线性和一定的转换速度，带宽较宽，且与 TTL 电路兼容。

1. 基本原理

隔离放大器由输入放大器、输出放大器、隔离器及隔离电源等部分组成，如图 3-19 所示。

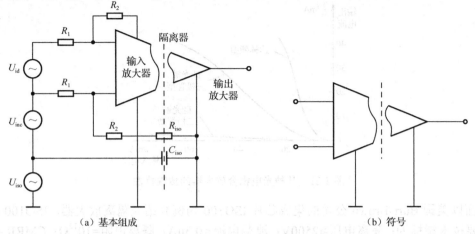

（a）基本组成　　　　　　　　　　　　　（b）符号

图 3-19　隔离放大器的基本组成及符号

输入放大器及其电源是浮置的，放大器输入端浮置，泄漏电流极小，输入端到公共端的电容和泄漏都很小，有极高的共模抑制能力，能对信号进行安全准确的放大。电源浮置，无共模电压。隔离电阻约为 $10^{12}\Omega$，隔离电容的典型值为 20pF，因此隔离放大器的输出与输入隔离，消除了通过公共地线的干扰，大大提高了共模抑制比。

对于变压器耦合隔离放大器，被测信号经放大并调制成调幅波后，由变压器耦合，再经解调、滤波和放大后输出。输入放大器的直流电源由载波发生器产生频率为几十千赫兹的高频振荡，经隔离变压器馈入输入电路，再经过整流、滤波以实现隔离供电。同时，该高频振荡经隔离变压器为调制器提供所需载波信号，为解调器提供参考信号。变压器的隔离效果主要取决于变压器匝间的分布电容，载波频率越高，就越容易将变压器的匝数、体积和分布电容做得较小。

光耦合隔离放大器将输入信号放大（也可载波调制），并由耦合器中的发光二极管 LED 转换成光信号，再通过光耦合器中的光敏器件变换成电压或电流信号，最后由输出放大器放大输出。

2. 光隔离放大器

用光来耦合信号的器件称为光电耦合器，其内部有作为光源的半导体发光二极管和作为光接收的光敏二极管或三极管。图 3-20 给出了常见的几种光电耦合器的内部电路。

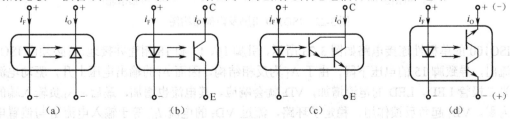

（a）　　　　　　（b）　　　　　　（c）　　　　　　（d）

图 3-20　常见光电耦合器的内部电路

图 3-21 给出了几种不同类型的光电耦合放大器的传输特性。由图可知，硅光敏二极管型具有良好的传输特性和较宽的线性范围，由于没有任何放大环节，故传输增益最小；硅光敏三极

管型具有一定的传输增益，但其小电流增益与大电流增益严重不一致，将导致传输线性较差；达林顿型由于经过两次电流放大，故其传输增益最大，但传输线性最差。

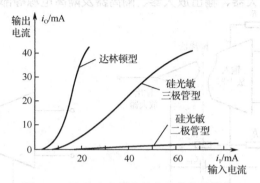

图 3-21　几种光电耦合放大器的传输特性

下面以美国 Burr-Brown 公司的集成芯片 ISO100 为例介绍光隔离放大器。ISO100 使用简单，主要技术指标为：隔离电压≥2500V；泄漏电流≤0.3μA；隔离电阻=$10^{12}\Omega$；CMRR≥90dB；带宽=60kHz。

芯片的引脚及内部结构如图 3-22 所示。芯片内的隔离器由一个发光二极管和一对光敏二极管构成，把输入和输出部分隔开。发光二极管和两个光敏二极管被设置成相同光强的光照射到两个光敏二极管上，因此信号传输功能取决于光匹配，而不是器件的绝对性能。芯片采用激光修正技术保证匹配，提高传输精度，采用负反馈改善线性。运放 A_1 的负反馈由 LED 和 VD_1 间形成的光通道实现，信号则通过隔离器传送到 VD_2。芯片内集成了两个参考电流源 I_{REF1} 和 I_{REF2}，这两个参考电流源是为实现双极性运算设置的，整个隔离放大器是同相放大器。

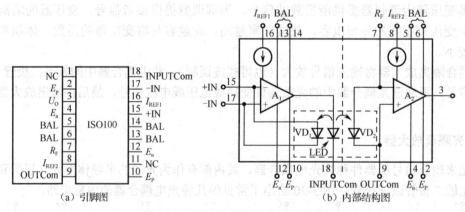

图 3-22　ISO100 引脚及内部结构图

ISO100 的单极性连接电路如图 3-23 所示，引脚 16、17 和 18 相连并接地，I_i 必须由 ISO100 向外流出，导致脚 15 的电压下降，由于 A_1 为反相结构，因而 A_1 的输出电压上升，驱动电流流过发光二极管 LED。LED 的电流增加，VD_1 就会响应，其电流也增加，最后，A_1 负输入端的总电流为零。VD_1 起负反馈作用，稳定了环路，流过 VD_1 的电流 I_{D1} 等于输入电流 I_i 与偏置电流之和，于是偏流不会流经信号源。由于光敏二极管 VD_1 和 VD_2 完全匹配，所以流过的电流相等（$I_{D1}=I_{D2}$），I_i 通过 VD_2 被复制到了输出。A_1 起到了单位增益电流放大器的作用，而 A_2 则起到了电流/电压转换器的作用。VD_2 产生的电流或流入 A_2 或流过 R_F，由于 A_2 的偏置电流 I_{B2} 被设计

得非常小（10nA），因此该电流全部流入 R_F，所以输出电压为

$$U_o = I_{D2}R_F = (I_{D1} + I_{B2})R_F \approx -(-I_i)R_F = I_iR_F \tag{3-26}$$

ISO100 的双极性连接电路如图 3-24 所示，引脚 16 和 15 相连、17 和 18 相连、7 和 8 相连，这时当 I_i=0 时，I_{REF} 流过 VD_1。由于 VD_1 和 VD_2 完全对称，所以流过的电流满足 $I_{REF1}=I_{REF2}$，因此无信号时（I_i=0），I_{REF2} 流过 VD_2，没有电流流过外接电阻 R_F，输出为零。当输入电流 I_i 增加输入节点电流或减少输入节点电流时，VD_1 的电流 I_{D1} 将满足 $I_{D1}=I_i+I_{REF1}$，由于 $I_{D1}=I_{D2}$，$I_{REF2}=I_{REF1}$，一个大小等于 I_i 的电流将流过 R_F，输出电压为 $U_o=I_iR_F$。

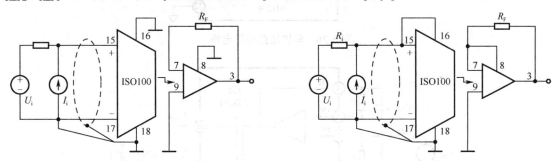

图 3-23 ISO100 的单极性连接电路　　　　图 3-24 ISO100 的双极性连接电路

3. 变压器隔离放大器

以美国 Analog Devices 公司的集成芯片 AD202 为例来介绍变压器隔离放大器。AD202 是一种低成本、高性能的小型隔离放大器，采取了新的电路设计和变压器结构，内部功能框图如图 3-25 所示。AD202 的内部分为两部分：输入部分是一个运算放大器，而隔离和输出部分只有单位增益。AD202 有 DIP 和 SIP 两种封装形式，主要技术参数为功率：75mW；高精度：最大±0.025%的非线性；高共模抑制比：130dB；带宽：5kHz。

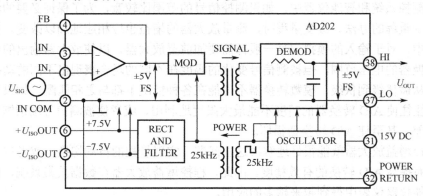

图 3-25 AD202 内部功能框图

图 3-26、图 3-27 所示分别是 AD202 的两种典型应用电路。图 3-26 所示为单位增益应用电路，这时 AD202 不起放大作用，只用于模拟量输入电压的信号隔离。

图 3-27 所示为增益可控的应用电路，放大增益 $G=1+R_F/R_G$。

在图 3-27 中，R_F 应在 20kΩ 以上，当增益大于 5 时，在 4 脚和 2 脚之间应接一个 100pF 的电容，低增益情况下可不接这个电容，但接上也不会产生副作用。

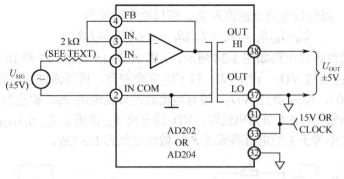

图 3-26   单位增益应用电路

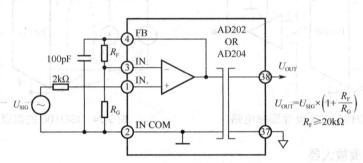

$$U_{OUT}=U_{SIG}\times\left(1+\frac{R_F}{R_G}\right)$$

$$R_F\geqslant20\text{k}\Omega$$

图 3-27   增益可控的应用电路

3.8   程控增益放大器

在自动测控系统和智能仪器中，如果测控信号的范围比较宽，为了保证必要的测量精度，常会采用改变量程的办法。改变量程时，测量放大器的增益也应相应地加以改变。另外，在数据采集系统中，对于输入的模拟信号一般都需要加前置放大器，以使放大器输出的模拟电压适合于模数转换器的电压范围，但被测信号变化的幅度在不同的场合表现出不同的动态范围，信号电平可以从微伏级到伏级，模数转换器不可能在各种情况下都与之相匹配。如果采用单一的增益放大，往往使 A/D 转换器的精度不能最大限度地利用，或者使被测信号削顶饱和，造成很大的测量误差，甚至使 A/D 转换器损坏。

使用程控增益放大器就能很好地解决这些问题，实现量程的自动切换，或者实现全量程的均一化，从而提高 A/D 转换的有效精度。因此，程控增益放大器在数据采集系统、自动测控系统和各种智能仪器仪表中得到越来越多的应用。

1. 基本工作原理

程控增益放大器（Programmable Gain Amplifier，PGA）的基本形式由运算放大器和模拟开关控制的电阻网络组成，模拟开关由数字编码控制。数字编码可用数字硬件电路实现，也可用计算机硬件根据需要来控制，如图 3-28 所示。

通过改变反馈网络的电阻值或输入端的电阻值，都能改变放大器的增益，在实际应用中，往往需要分段地改变放大器增益。

现代测控系统几乎无一例外地采用微处理器或微控制器作为系统的控制核心，因此程控增益放大器总是采用数控放大器的形式，如图 3-29 所示。

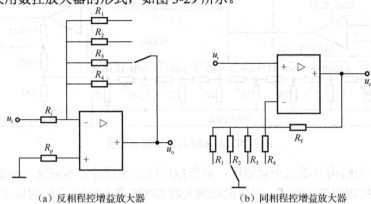

（a）反相程控增益放大器　　　　（b）同相程控增益放大器

图 3-28　程控增益放大器

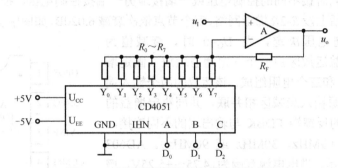

图 3-29　采用模拟开关的程控增益放大器

CD4051 为八路转换开关，控制端为 A、B、C，控制逻辑如表 3-3 所示，阻值各不相同，因此可获得不同的增益。

表 3-3　CD4051 控制逻辑图

A	B	C	接通通道
0	0	0	Y_0
1	0	0	Y_1
0	1	0	Y_2
1	1	0	Y_3
0	0	1	Y_4
1	0	1	Y_5
0	1	1	Y_6
1	1	1	Y_7

2. 集成程控增益放大器芯片 AD603

AD603 是美国 Analog Devices 公司生产的新型电压控制增益放大器，具有低噪声、宽频带、增益和增益范围可调整等特点，如图 3-30 所示为 AD603 的内部结构原理图。

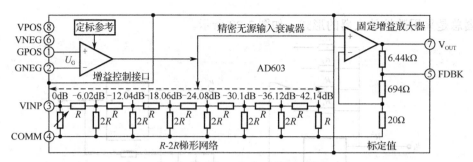

图 3-30　AD603 内部结构原理图

AD603 的内部结构分成三个功能区：增益控制区、无源输入衰减区、固定增益运放区。AD603 采用电压控制增益的方式，图中差动输入端 GPOS 和 GNEG 之间的电压差 U_G 就是控制电压，增益和电压的换算系数是 25mV/dB。例如，U_G 变化范围为 1V，增益变化范围为 40dB。GPOS 和 GNEG 可同时接不同的控制电压或一端接地另一端接控制电压，控制电压可正可负。无源输入衰减器包括七段 R-$2R$ 梯形网络，每个节点依次衰减 6.02dB，如图中从 0dB 到-42.14dB，

增益衰减值由控制电压决定，当 U_G=0 时，衰减值为 -21.07dB。固定增益运放区由一个固定增益运放（固定增益大小为 31.07dB）和三个电阻组成，该运放的两个输入端与增益控制区和无源输入衰减区相并联，共同决定增益的大小，并且由该区的反馈端 FDBK 与输出端的不同连接，可决定频带的宽度（9MHz、30MHz 或 90MHz）。AD603 引脚图如图 3-31 所示，供电电源范围为±4.75～±5.25V，增益控制口差动电压为-500mV≤U_G≤500mV。AD603 引脚定义如表 3-4 所示。

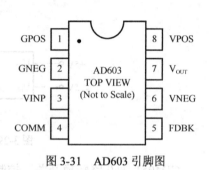

图 3-31　AD603 引脚图

表 3-4　引脚定义

引 脚 号	定 义	引 脚 号	定 义
1-GPOS	增益控制电压正向输入端	5-FDBK	反馈网络连接端
2-GNEG	增益控制电压反向输入端	6-VNEG	负供电电源端
3-VINP	运放输入端	7-V_{OUT}	运放输出端
4-COMM	运放接地端	8-VPOS	正供电电源端

AD603 的显著特点是增益可变，并且增益变化的范围也可变，不同的频带宽度决定不同的增益变化范围。频带宽度是由引脚的不同连接决定的，以下具体说明。

1）带宽为 90MHz

电路连接如图 3-32 所示，输出端与反馈端 FDBK 短接。

当连接方式如图 3-32 所示时，AD603 工作带宽为 90MHz，可调整增益范围为-10～30dB，基本增益公式为：$G(dB) = 40U_G + 10$，U_G 单位为伏特。

2）带宽为 30MHz

电路连接如图 3-33 所示，输出端与反馈端 FDBK 之间接 2.15kΩ 电阻，反馈端 FDBK 通过 5.6pF 电容接地。

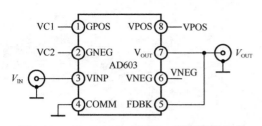

图 3-32 −10～30dB、90MHz 带宽连接方式

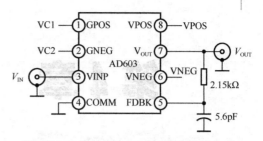

图 3-33 0～40dB、30MHz 带宽连接方式

当连接方式如图 3-33 所示时，AD603 工作带宽为 30MHz，可调整增益范围为 0～40dB，基本增益公式为：$G(\text{dB})=40U_G+20$，U_G 单位为伏特。

3）带宽为 9MHz

电路连接如图 3-34 所示，反馈端 FDBK 通过 18pF 电容接地。

当连接方式如图 3-34 所示时，AD603 工作带宽为 9MHz，可调整增益范围为 10～50dB，基本增益公式为：$G(\text{dB})=40U_G+30$，U_G 单位为伏特。

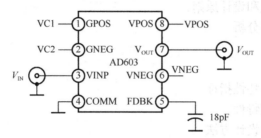

图 3-34 10～50dB、9MHz 带宽连接方式

思考题与习题

3-1 比较反相放大器与同相放大器的特点。

3-2 在什么情况下使用电荷放大器？为什么电荷放大器要求具有高的输入阻抗？

3-3 在测控系统中什么情况下要使用隔离放大器？使用时对供电电源有什么要求？

3-4 请选择合适的运放、电源，并设计一个同相放大器，要求其增益为 10 倍，信号源内阻为 100MΩ，信号幅值为 10mV。

3-5 请利用 AD202 设计两路电压信号的隔离放大电路，其中一路为 0～5V，无须放大，只需隔离；另一路为 0～20mV，要求放大倍数为 100 倍。

3-6 请利用 8031 单片机和 CD4051 及集成运算放大器设计一个增益可控的电路，并说明增益的控制范围和方法，编写程序。

3-7 某传感器为电流信号输出，输出范围为 0～4mA，请为其设计合理的电路将其转换为 0～5V，该传感器输出阻抗高，要求电路抗共模干扰能力强。

第4章

信号滤波

本章知识点：

- 滤波器的功用和分类方法
- 滤波器的幅频特性和逼近方法
- 巴特沃斯滤波器和切比雪夫滤波器的设计方法
- 有源滤波器的组成和设计原则
- 计算机辅助设计和分析

基本要求：

- 了解滤波器的功用
- 理解滤波器的主要特性指标
- 理解滤波器的幅频特性
- 掌握典型滤波器的设计方法
- 了解滤波器辅助分析和设计方法

能力培养目标：

通过滤波器相关理论知识的学习，培养学生理解、分析与设计滤波器的基本能力；强化学生的工程应用能力，使其学会根据实际工作情况合理选用或设计滤波器；通过 MATLAB 等软件的引入，加强学生对基本知识的理解，提高学生解决实际问题的能力。

滤波是指消除或减弱干扰噪声，从而提取有用信号的过程。测量系统从传感器拾取的信号中，除了有价值的信息之外，往往还包含许多噪声及其他与被测量无关的信号，并且原始的测量信号经传输、放大、各种形式的变换、运算及各种其他处理过程，也会混入各种不同形式的噪声，从而影响测量精度。这些噪声一般随机性很强，很难从时域中直接分离，但限于其产生的物理机理，噪声的功率是有限的，并按一定规律分布于频率域中某一特定的频带中。本章主要讲述滤波器的工作原理、设计和使用方法。

4.1 滤波器概述

非电量经传感器转换成电信号或其他被测电信号，一般都混有不同成分的干扰，严重情况下，这种干扰会淹没待提取的有用信号。信号的处理是由系统实现的，滤波也由特定的系统来完成，把实现信号滤波功能的特定系统称为滤波器。滤波的原理是根据有用信号与噪声信号的不同特性，实现二者的有效分离，从而消除或减弱噪声，提取有用信号。滤波问题在信号传输与处理中无处不在，如通信中的干扰消除、频分复用系统中的解复用与解调等都涉及滤波问题。

4.1.1　滤波器的分类

滤波器的种类很多，从不同的角度可有不同的分类方式。按照所处理信号形式的不同，滤波器可分为模拟与数字两大类。二者在功能特性方面有许多相似之处，在结构组成方面又有很大差别。前者的处理对象为连续的模拟信号，后者为离散的数字信号。

低通滤波器

按照构成元器件的不同可分为无源与有源滤波器，前者由无源元件（如电阻、电容、电感等）构成，后者含有有源元件，如运算放大器。

按照滤波器的频率特性，可分为四种不同的基本类型：

（1）低通滤波器，某一截止频率以下的信号能够顺利通过，而截止频率以上频带的信号具有很大的衰减。

高通滤波器

（2）高通滤波器，某一截止频率以上频带的信号能够顺利通过，而该截止频率以下频带的信号具有较大的衰减。

（3）带通滤波器，具有某一频带的信号通过，而该频带外的其他信号具有很大的衰减。

带通滤波器

（4）带阻滤波器，位于两个有限非零的上下限频率之间的信号幅值具有较大的衰减，而其他频带的信号能够顺利通过。

信号以很小的衰减通过滤波器的频率范围称为滤波器的通带，阻止信号通过滤波器的频率范围称为滤波器的阻带，通带与阻带之间的频率范围为过渡带。

各种滤波器的通带与阻带如图 4-1 所示，通带与阻带之间应具有一定范围的过渡带，其增益在这两个规定值之间。此外还有一种全通滤波器，各种频率的信号都能通过，但不同频率信号的相位有不同变化，它实际上是一种移相器，其作用在后面有简要介绍。

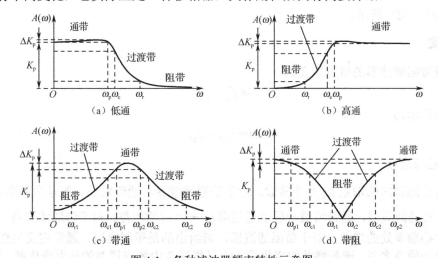

图 4-1　各种滤波器频率特性示意图

根据滤波器的输出与输入信号电压（或电流）间的微分方程阶数，滤波器可分为一阶、二阶和高阶滤波器。

4.1.2 滤波器的主要特性指标

理想滤波器

理想滤波器具有矩形幅频特性，但不可能物理实现，因为不能实现从一个频带到另一个频带的突变。因此，为了滤波器的物理可实现性，通常对理想的滤波器的特性做如下修改：

在通带与阻带之间具有一定的过渡带，滤波器的幅频特性在通带和阻带可以有一定的衰减范围，且幅频特性在这一范围内允许有起伏。

不同的滤波器对信号会产生不同的影响，根据信号的传输要求，对滤波器规定一些技术指标，主要包括以下几项。

1. 特征频率

中心频率 ω_0：滤波器上下两个截止频率的几何平均值。

$$\omega_0 = \sqrt{\omega_{c1}\omega_{c2}}$$

通带截止频率 ω_p：通带与过渡带边界点的频率，在该点信号的增益下降到一个人为规定的下限值。

阻带截止频率 ω_r：阻带与过渡带边界点的频率，在该点信号的衰减下降到一个人为规定的下限值。

工程中常常以信号功率衰减到初值的 1/2（或信号幅值衰减 3dB）时的频率 ω_c 作为通带和阻带的边界点，又称为转折频率。

ω_p 的位置与规定的增益下限有关，当选取 3dB 作为增益下降的下限值时，ω_p 就是 ω_c。图 4-1（a）、（b）分别表示出了低通和高通滤波器幅频特性中的 ω_p、ω_c 和 ω_r 的含义。而对于带通和带阻滤波器，在它们的通带和阻带中心频率 $\omega_o(f_o)$ 的两侧各有一组 ω_p、ω_c 和 ω_r，分别如图 4-1（c）、（d）所示。

2. 带宽

带通或带阻滤波器的带宽定义为

$$B = f_{c2} - f_{c1} \tag{4-1}$$

或用角频率表示为

$$\Delta\omega = \omega_{c2} - \omega_{c1} \tag{4-2}$$

3. 增益与衰减

滤波器在通带内的增益 K_p 并非常数。对于低通滤波器，通带增益一般是指频率 $\omega = 0$ 处的增益；对于高通滤波器，通带增益一般是指频率 $\omega \to \infty$ 时的增益；对于带通滤波器，通带增益一般是指中心频率处的增益；对于带阻滤波器，则给出的是带阻衰减，通常定义为通带与阻带中心频率处的增益之差。通带增益的变化量 ΔK_p 是指通带中各点增益的最大变化量，通常用 dB 值来表示。通带增益的变化量 ΔK_p 又常常称为通带波纹。

4. 阻尼系数与品质因数

阻尼系数 α 表征了滤波器对角频率为 ω_o 信号的阻尼作用，是滤波器中表示能量衰减的一项指标。它是与传递函数的极点实部大小相关的一项系数。α 的倒数称为品质因数 Q，它是评价

带通和带阻滤波器的频率选择性的一个重要指标。可以证明

$$Q = \frac{1}{\alpha} = \frac{\omega_o}{\Delta \omega} = \frac{f_o}{B} \qquad (4-3)$$

式中，ω_o 或 f_o 为滤波器中心频率，通常等于滤波器的固有频率；$\Delta \omega$ 或 B 为带通或带阻滤波器的 3dB 带宽。

5. 灵敏度

滤波器由若干元件构成，每个元件参数值的变化都会影响滤波器的性能。把滤波器某一性能指标 y 对某一元件参数 x 变化的灵敏度记作 S_x^y。定义为

$$S_x^y = \frac{\mathrm{d}y / y}{\mathrm{d}x / x} \qquad (4-4)$$

灵敏度可以按照定义确定，但在很多情况下直接计算往往是非常复杂的。在各种滤波器设计的工具书中，都一一给出了各种类型滤波器的灵敏度的具体表达式。

灵敏度是滤波电路设计中的一个重要参数，可以用来分析元件实际值偏离设计值时，电路实际性能与设计性能的偏离；也可以用来估计在使用过程中元件参数值变化时，电路性能的变化情况。该灵敏度与测量仪器或电路系统灵敏度不是一个概念。该灵敏度越小，标志着电路容错能力越强，稳定性也越高。灵敏度这项指标对其他电路也适用。

6. 群延时函数

在对信号波形失真有较高要求时，不仅滤波器的幅频特性应满足设计要求，滤波器的相频特性也要满足一定的要求。在滤波器的设计中常用滤波器的群延时函数来评价信号经滤波器后相位失真的程度。群延时函数定义为

$$\tau(\omega) = \frac{\mathrm{d}\varphi(\omega)}{\mathrm{d}\omega} \qquad (4-5)$$

理想滤波器 $\varphi(\omega) = \omega T_0 + \varphi_0$，$\tau(\omega) = T_0$，实际滤波器 $\tau(\omega)$ 是 ω 的非线性函数，该函数越接近常数，信号相位失真就越小。

7. 衰减函数 k

衰减函数又称为工作损耗，记为

$$k = 20\lg \frac{|H(0)|}{|H(\omega)|} = -20\lg|H(\omega)| = -10\lg|H(\omega)|^2 \qquad (4-6)$$

式中，$|H(0)|$ 已假定归一化。可见工作损耗取决于系统频率特性的幅度值，这也是设计滤波器时的一个主要依据。

4.1.3　滤波器的传递函数与频率特性

1. 滤波器的传递函数

模拟滤波电路的传递函数定义为：零初始条件下输出与输入信号电压（或电流）拉普拉斯变换之比。

$$H(s) = \frac{U_o(s)}{U_i(s)} = \frac{b_m s^m + b_{m-1} s^{m-1} + \cdots + b_1 s + b_0}{a_n s^n + a_{n-1} s^{n-1} + \cdots + a_1 s + a_0} = \frac{\sum_{k=0}^{m} b_k s^k}{\sum_{l=0}^{n} a_l s^l} \tag{4-7}$$

式中，各系数 a_l、b_k 由滤波器的结构和元件参数决定，均为实常数。在式（4-7）中很难直观看出这些常数与系统频率特性之间的关系。根据稳定性条件的要求，分母中各系数均应为正，并要求 $n \geq m$。

传递函数可写成零、极点形式：

$$H(s) = K \frac{(s - z_1)(s - z_2)\cdots(s - z_m)}{(s - p_1)(s - p_2)\cdots(s - p_n)} = K \frac{\prod_{k=1}^{m}(s - z_k)}{\prod_{l=1}^{n}(s - p_l)}$$

式中，K 为实常数；z_k 为滤波器的零点，是分子多项式的复根，可位于 s 平面的任意位置；p_l 为滤波器的极点，由于系统稳定性要求，只能位于 s 平面的左半部分。K、z_k、p_l 可由传递函数中各系数 a_l、b_k 确定，实际上也是由滤波器的结构参数决定的。传递函数零点、极点分布与频率特性有着更为直接的关系，但这些复常数与元器件实数参数的对应关系也很不直观。实际电路传递函数的系数 a_l、b_k 均为实数，任何复数的零点或极点必须共轭出现，因此该传递函数又可改写为

$$H(s) = \frac{\prod_{i=1}^{M}(b_{i2} s^2 + b_{i1} s + b_{i0})}{\prod_{j=1}^{N}(a_{j2} s^2 + a_{j1} s + a_{j0})} \tag{4-8}$$

当 m 或 n 为偶数时，分别有 $N = n/2$ 或 $M = m/2$；当 m 或 n 为奇数时，分别有 $N = (n+1)/2$ 或 $M = (m+1)/2$，但其中相应的二次分式必有一个退化为一次分式，即 a_{j2} 或 b_{i2} 为零，分母中各系数 a_{j1} 和 a_{j0} 必须为正值。

2. 滤波器的频率特性

在传递函数中，令拉普拉斯变量 $s = j\omega$ 可以得到频率特性函数为

$$H(j\omega) = H(s)\big|_{s=j\omega} = \frac{\sum_{k=0}^{m} b_k (j\omega)^k}{\sum_{l=0}^{n} a_l (j\omega)^l} = A(\omega) e^{j\varphi(\omega)}$$

频率特性 $H(j\omega)$ 是一个复函数，它的 $A(\omega) = |H(j\omega)|$ 的幅值称为幅频特性，滤波器的频率选择特性主要由其幅频特性决定。对于理想滤波器通带内信号应完全通过，即 $A(\omega)$ 在通带内应为常数，在阻带内应为零，没有过渡带。实际滤波器不可能具有理想特性，只能通过选择适当的电路阶数和零点、极点分布位置向理想滤波器逼近。例如，传递函数在 $j\omega$ 轴上的零点 ω_r 可使 $A(\omega_r) = 0$，使频率为 ω_r 的信号受到阻塞，相对于滤波器的阻带。传递函数的极点位置则对频率特性，特别是过渡带特性有很大影响。高性能滤波器当 n 为偶数时一般没有极点，当 n 为奇数时只有一个负实轴极点。

频率特性 $H(\mathrm{j}\omega)$ 的幅角 $\varphi(\omega) = \arctan H(\mathrm{j}\omega)$，其物理意义为输出信号与输入信号相位的变化。

对于理想滤波器，为使信号无失真地通过，即输出信号与输入信号具有相同波形，$\varphi(\omega)$ 应为 ω 的线性函数，即 $\varphi(\omega) = \omega T_0 + \varphi_0$，这样输出信号中各谐波分量相对输入只有一个固定延迟 T_0，否则输出信号波形相对输入将产生相位失真。实际滤波器也无法实现这种线性的相频特性，如果对信号保真度要求比较高，或滤波器相位失真比较严重，可以利用全通滤波器，即移相器进行相位修正。

设计模拟滤波器的中心问题：求出一个物理上可实现的传递函数 $H(s)$，使它的频率响应尽可能逼近理想的频率特性。

设计模拟滤波器的方法：根据给定的通带和阻带的工作损耗，由频率特性的幅度平方函数 $\left|H(\omega)\right|^2$，求滤波器的传递函数 $H(s)$。

3. 滤波器的物理可实现性

物理可实现的模拟滤波器的传递函数 $H(s)$ 必须满足下列条件：

● 极点分布在 s 的左半平面；

● 是一个具有实系数的 s 有理函数；

● 分子多项式的阶次必须不大于分母多项式的阶次。

由频率特性幅度平方函数 $\left|H(\omega)\right|^2$ 求系统传递函数 $H(s)$ 的方法如下：

由于 $H(\omega)$ 具有共轭对称特性，即 $H^*(\omega) = H(-\omega)$，则

$$\left|H(\omega)\right|^2 = H(\omega)H^*(\omega) = H(\omega)H(-\omega)$$

$$\left|H(\omega)\right|^2 = H(s)H(-s)\big|_{s=\mathrm{j}\omega} \tag{4-9}$$

根据 $H(s)$ 的可实现条件和 $H(s)H(-s)$ 的零、极点分布，可将给定的幅度平方函数以 $-s^2$ 代替 ω^2，确定 $H(s)H(-s)$ 的零、极点，$H(s)$ 的极点位于 s 的左半平面，$H(-s)$ 的极点位于 s 的右半平面。

【例 4-1】　给定滤波特性的幅度平方函数，求具有最小相位特性的滤波器传递函数。

$$\left|H(\omega)\right|^2 = \frac{(1-\omega^2)^2}{(16+\omega^2)(9+\omega^2)}$$

解：根据式（4-9），可得

$$H(s)H(-s) = \frac{(1+s^2)^2}{(16-s^2)(9-s^2)}$$

$$= \frac{(1+s^2)^2}{(s+4)(-s+4)(s+3)(-s+3)}$$

$H(s)$ 作为可实现滤波器的传递函数，取左半平面的极点及 $j\omega$ 轴上一对共轭零点，有

$$H(s) = \frac{1+s^2}{(s+4)(s+3)} = \frac{1+s^2}{s^2+7s+12}$$

4.2　滤波器特性的逼近

在工程上，常用逼近理论找出一些可实现的逼近函数，这些函数具有
较好的幅度逼近性能，通过它们可以设计出具有优良特性的低通滤波器。
理想滤波器对幅频特性 $A(\omega)$ 的要求为：在通带内为一常数，在阻带内为零，
没有过渡带；对相频特性 $\varphi(\omega)$ 的要求为：群延时函数 $\tau(\omega)$ 为一常量。这些
要求在物理上是无法实现的。理论上可以通过增加电路阶数，以及选择适
当的分子分母系数，即选择电路元件参数值，使其频率特性向理想滤波器
逼近。如果单纯增加
电路阶数，不仅增加了电路的复杂性，而且也难以全面达到理想要求。实践中，当电路阶数一
定时，设计滤波器时往往侧重于某一方面性能要求与应用特点，选择适当逼近方法，实现对理
想滤波器的最佳逼近。

典型逼近

下面仅以低通滤波器为例，对测控系统中常用的三种逼近方法做简单
的介绍。

4.2.1　巴特沃斯逼近

以巴特沃斯函数作为滤波器的传递函数，该函数以最高阶泰勒阶数的
形式逼近滤波器的理想矩形特性，即通带内特性最为平坦。其幅频特性为

巴特沃斯滤波器

$$A(\omega) = \frac{K_p}{\sqrt{1 + (\omega/\omega_c)^{2n}}} \tag{4-10}$$

式中，n 为滤波器的阶数；ω_c 为转折频率。n 阶巴特沃斯低通滤波器的传递函数可由下式确定：

$$H(s) = \begin{cases} K_p \prod\limits_{k=1}^{N} \dfrac{\omega_c^2}{s^2 + 2\omega_c \sin\theta_k s + \omega_c^2} & n = 2N \\[3mm] \dfrac{K_p \omega_c}{s + \omega_c} \prod\limits_{k=1}^{N} \dfrac{\omega_c^2}{s^2 + 2\omega_c \sin\theta_k s + \omega_c^2} & n = 2N+1 \end{cases} \tag{4-11}$$

式中，$\theta_k = (2k-1)\pi/2n$。

图 4-2 是 $n=2$、4、5 时巴特沃斯低通滤波器的幅频与相频特性。由图 4-2（a）可知 $A(\omega)$ 随
频率单调下降，随电路阶数 n 增加逐渐向理想的矩形逼近，这一结论对各种逼近方法都适用。
由图 4-2（b）可知，其相频特性随电路阶数增加线性度变差。

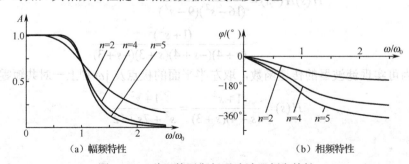

图 4-2　三种巴特沃斯低通滤波器频率特性

对于二阶巴特沃斯低通滤波器 $\theta_1 = \pi/4$，对应于 $\alpha = \sqrt{2} \approx 1.414$。这时其极点实部与虚部相等，

幅频特性处于出现过冲的临界状态，又称为临界阻尼。对于三阶低通滤波器，一个二阶环节具有较小的阻尼 $\alpha = 0.5$（欠阻尼），另一个环节为一阶环节。两者互相补偿，使其幅频特性在保持单调的前提下，通带最为平坦。如果阶数扩展到四阶，一个二阶环节具有较小阻尼 $\alpha \approx 0.765$（欠阻尼），另一个环节具有较大的阻尼 $\alpha \approx 1.848$（过阻尼），也满足单调平坦要求。

【例 4-2】 求三阶巴特沃斯低通滤波器的传递函数，设 $\omega_c = 1\text{rad/s}$，$K_p = 1$。

解： $n=3$ 为奇数，则频率特性的幅度值为

$$A(\omega) = \frac{1}{\sqrt{1 + \omega^6}}$$

令 $\omega^2 = -s^2$，则

$$H(s)H(-s) = \frac{1}{1 - s^6}$$

取位于 s 平面左半平面的极点，可得系统传递函数为

$$H(s) = \frac{1}{s^3 + 2s^2 + 2s + 1}$$

4.2.2 切比雪夫逼近

巴特沃斯滤波器的幅频特性无论在通带与阻带内部都随频率单调变化，当滤波器的阶数较小时，阻带幅频特性下降缓慢，与理想滤波器的特性相差较远。切比雪夫滤波器由切比雪夫多项式的正交函数推导而来。它采用了在通带内等波动、在通带外衰减单调递增的方法逼近理想滤波器特性。

切比雪夫滤波器可分为 I 型和 II 型。在通带内是等波纹的，在阻带内是单调下降的，称为切比雪夫 I 型。在通带内是单调的，在阻带内是等波纹的，称为切比雪夫 II 型。下面以 I 型低通滤波器为例，介绍其基本原理与设计方法，其幅频特性为

$$A(\omega) = \frac{K_p}{\sqrt{1 + \varepsilon^2 c_n^2(\omega / \omega_p)}} \tag{4-12}$$

式中，$\varepsilon = \sqrt{10^{K_p/10} - 1}$ 称为通带增益波纹系数；K_p 为通带内允许的波动幅度（单位为 dB）；ω_p 为通带截止频率，对应于波纹区终止频率。$c_n(\omega / \omega_p)$ 为 n 阶切比雪夫多项式，有

$$c_n(\omega / \omega_p) = \begin{cases} \cos[n \arccos(\omega / \omega_p)] & \omega \leq \omega_p \\ \cosh[n \operatorname{arccosh}(\omega / \omega_p)] & \omega > \omega_p \end{cases}$$

由上式可知，切比雪夫逼近在通带内（$\omega \leq \omega_p$）有 $[n/2]$（$[n/2]$ 表示 $n/2$ 取整）个等幅波动，通带增益在 $1 \sim 1/\sqrt{1 + \varepsilon^2}$ 之间变化。允许的波动幅度越大，其过渡带越陡峭，但 K_p 所产生的幅度失真也越大。在通带外 $\omega > \omega_p$，基本以指数规律衰减。

n 阶切比雪夫低通滤波器的传递函数可由下式确定：

$$H(s) = \begin{cases} K_p \displaystyle\prod_{k=1}^{N} \frac{\omega_p^2(\sinh^2\beta + \cos^2\theta_k)}{s^2 + 2\omega_p\sinh\beta\sin\theta_k s + \omega_p^2(\sinh^2\beta + \cos^2\theta_k)} & n = 2N \\ \dfrac{K_p\omega_p\sinh\beta}{s + \omega_p\sinh\beta} \displaystyle\prod_{k=1}^{N} \frac{\omega_p^2(\sinh^2\beta + \cos^2\theta_k)}{s^2 + 2\omega_p\sinh\beta\sin\theta_k s + \omega_p^2(\sinh^2\beta + \cos^2\theta_k)} & n = 2N+1 \end{cases} \tag{4-13}$$

式中，θ_k 与式（4-11）中意义相同；$\beta = [\operatorname{arcsinh}(1/\varepsilon)]/n$。

对于常用的二阶低通滤波器，只要阻尼 α 小于临界阻尼均属于切比雪夫逼近，不同的阻尼 α 对应不同的 K_p 值。在实际电路中阻尼系数 α 一般应控制在不低于 0.75，以免 K_p 值过大，使信号产生严重的失真。此外，二阶切比雪夫逼近 ω_p / ω_0 或 ω_p / ω_c 也各不相同，如表 4-1 所示。

表 4-1 二阶切比雪夫滤波器 α、ω_p / ω_0、ω_p / ω_c 与 K_p 的对应关系

K_p / dB	0.1	0.25	0.5	1	1.5	2	2.5
α	1.3031	1.2358	1.1578	1.0455	0.9588	0.8860	0.8227
ω_p / ω_0	0.5493	0.6878	0.8121	0.9524	1.0396	1.1023	1.1503
ω_p / ω_c	0.5146	0.6257	0.7196	0.8213	0.8844	0.9310	0.9682

4.2.3 贝塞尔逼近

这种逼近与前两种不同，它主要侧重于相频特性，其基本原则是使通带内相频特性线性度高，群时延函数 $\tau(\omega)$ 最接近于常量，从而使相频特性引起的相位失真最小。

图 4-3 所示是四种具有相同 3dB 转折频率的五阶单位增益低通滤波器的频率特性曲线。由图 4-3（a）所示幅频特性曲线可知，切比雪夫逼近过渡带最为陡峭，而贝塞尔逼近最差。如果在通带内不允许有波纹，显然巴特沃斯型比切比雪夫型更可取；反之，则切比雪夫型是最好的。由图 4-3（b）所示相频特性可知，切比雪夫逼近线性度最差，贝塞尔逼近线性度最高，而且贝塞尔逼近与其他逼近不同，阶数越高，群时延特性越好。

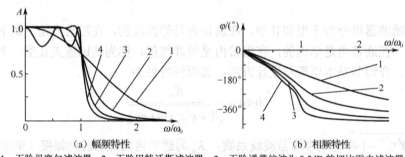

（a）幅频特性　　　　　　　　　　　（b）相频特性

1—五阶贝塞尔滤波器；2—五阶巴特沃斯滤波器；3—五阶通带纹波为 0.5dB 的切比雪夫滤波器；
4—五阶通带纹波为 2dB 的切比雪夫滤波器

图 4-3 四种五阶低通滤波器的频率特性

图 4-4 所示是三种二阶低通滤波器的单位阶跃响应，1 为贝塞尔逼近，2 为巴特沃斯逼近，3 是通带纹波为 2dB 的切比雪夫逼近。由该图可知，在阶跃输入情况下，三种逼近方式均存在一定的失真，其中贝塞尔逼近与巴特沃斯逼近失真较小，巴特沃斯逼近比贝塞尔逼近陡峭，但是贝塞尔逼近基本不存在过冲现象，而巴特沃斯逼近则出现了过冲。切比雪夫逼近过冲较大，失真也更大。

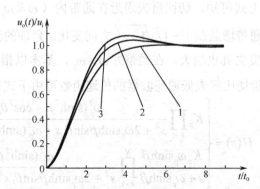

1—贝塞尔逼近；2—巴特沃斯逼近；3—通带纹波为 2dB 的切比雪夫逼近

图 4-4 三种二阶低通滤波器的单位阶跃响应

实际上，特性逼近理论是非常复杂的，本节针对一般测控系统应用做了简单讨论，上述讨论原则上也同样适用于高通、带通和带阻滤波器。

4.3　RC 滤波电路

目前在一般测控系统中，RC 滤波器，特别是由各种形式一阶与二阶有源电路构成的滤波器应用最为广泛。它们结构简单，调整方便，在实现的过程中可以不用电感，易于集成化。实用电路多采用运算放大器作为有源器件，几乎没有负载效应。RC 有源滤波器主要有两种实现方法：直接实现法和级联实现法，应用较多的是级联实现法。

有源和无源滤波器

4.3.1　一阶滤波电路

一阶滤波电路只能构成低通或高通滤波器，性能也较差。但是在许多实际应用中，对滤波器性能的要求并不是很高。例如，当载波频率远高于信号带宽时，解调后可以利用 RC 无源网络滤除残余的高频载波，电路十分简单，如图 4-5（a）所示。因为负载对于 RC 无源滤波器具有较大影响，常需后接运算放大器，构成一阶有源 RC 滤波电路，如图 4-6 所示。这两种传递函数的形式分别为

RC 滤波器 1

$$H(s) = \frac{K_\mathrm{p}\omega_0}{s + \omega_0} \tag{4-14}$$

$$H(s) = \frac{K_\mathrm{p}s}{s + \omega_0} \tag{4-15}$$

滤波器的参数为

$$K_\mathrm{p} = 1, \quad \omega_0 = \frac{1}{RC}$$

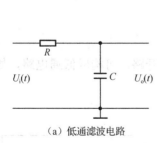

（a）低通滤波电路

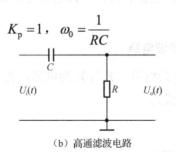

（b）高通滤波电路

图 4-5　一阶无源 RC 滤波电路

RC 滤波器 2

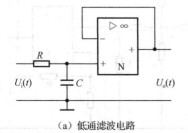

（a）低通滤波电路

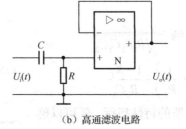

（b）高通滤波电路

图 4-6　单位增益一阶有源 RC 滤波电路

从无源到有源滤波器

图 4-6 所示电路后可接同相放大器，实现一定的增益。图 4-7 所示是另一种具有一定增益的反相一阶有源 RC 滤波电路，由于运放输入端没有共模电压作用，因此应用更为普遍。低通和高通滤波器相应参数分别为

$$K_{p1} = -\frac{R}{R_0}, \quad K_{ph} = -\frac{R_0}{R}, \quad \omega_0 = \frac{1}{RC}$$

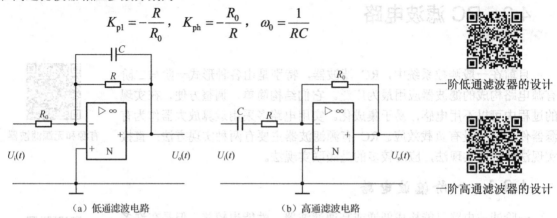

一阶低通滤波器的设计

一阶高通滤波器的设计

（a）低通滤波电路 　　　（b）高通滤波电路

图 4-7　具有一定增益的反相一阶有源 RC 滤波电路

4.3.2　压控电压源型滤波电路

图 4-8 所示是压控电压源滤波电路基本结构，双点画线框内由运算放大器与电阻 R 和 R_0 构成的同相放大器称为压控电压源，压控电压源可由任何增益有限的电压放大器实现，如使用理想运算放大器，压控增益 $K_f = 1 + R_0/R$，通过基尔霍夫定理可以得到，该电路传递函数为

$$H(s) = \frac{K_f Y_1 Y_2}{(Y_1 + Y_2 + Y_3 + Y_4)Y_5 + [Y_1 + (1-K_f)Y_3 + Y_4]Y_2} \tag{4-16}$$

式中，$Y_1 \sim Y_5$ 为所在位置元件的复导纳，对于电阻元件 $Y_i = 1/R_i$，对于电容元件 $Y_i = sC_i (i=1\sim5)$。

$Y_1 \sim Y_5$ 选用适当电阻 R、电容 C 元件，该电路可构成低通、高通与带通三种二阶有源滤波电路。

1. 压控电压源型低通滤波电路

在图 4-8 中，取 Y_1 与 Y_2 为电阻，Y_3 与 Y_5 为电容，$Y_4 = 0$ 开路，可构成低通电路，如图 4-9（a）所示。其传递函数的形式为

$$H(s) = \frac{K_p \omega_0^2}{s^2 + \alpha\omega_0 s + \omega_0^2} \tag{4-17}$$

滤波器的参数为

$$K_p = K_f = 1 + \frac{R_0}{R}, \quad \omega_0 = \frac{1}{\sqrt{R_1 R_2 C_1 C_2}},$$

$$\alpha\omega_0 = \frac{1}{C_1}\left(\frac{1}{R_1} + \frac{1}{R_2}\right) + \frac{1-K_f}{R_2 C_2}$$

通过以上三式及滤波器的特性指标，就可以确定相应元器件的参数。

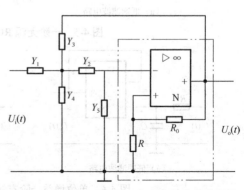

图 4-8　压控电压源型二阶滤波电路基本结构

2. 压控电压源型高通滤波电路

在图 4-8 中，取 Y_3 与 Y_5 为电阻，Y_1 与 Y_2 为电容，$Y_4 = 0$ 开路，可构成高通滤波电路，如图 4-9（b）所示，该电路相当于图 4-9（a）低通滤波电路中，电阻 R 与电容 C 位置互换。其传递函数为

$$H(s) = \frac{K_p s^2}{s^2 + \alpha\omega_0 s + \omega_0^2}$$

(4-18)

滤波器参数为

$$K_p = K_f = 1 + \frac{R_0}{R}, \quad \omega_0 = \frac{1}{\sqrt{R_1 R_2 C_1 C_2}}, \quad \alpha\omega_0 = \frac{1}{R_2}\left(\frac{1}{C_1} + \frac{1}{C_2}\right) + \frac{1-K_f}{R_1 C_1}$$

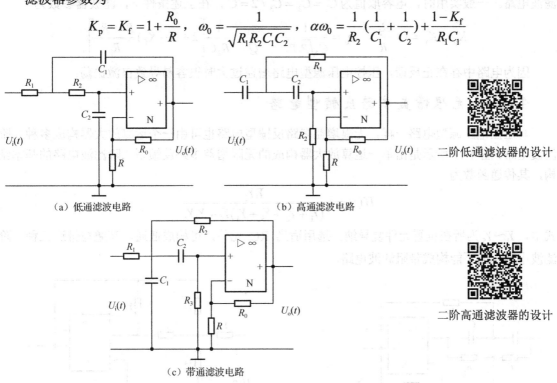

（a）低通滤波电路　　（b）高通滤波电路　　（c）带通滤波电路

二阶低通滤波器的设计

二阶高通滤波器的设计

图 4-9　压控电压源型二阶滤波电路

3. 带通滤波电路

用压控电压源构成的二阶带通滤波电路有多种形式，以图 4-8 为基本结构可构成两种。图中取 Y_2 与 Y_4 为电容，其余为电阻，即可构成一种带通滤波器，如图 4-9（c）所示，其传递函数形式为

$$H(s) = \frac{K_p(\omega_0 / Q)s}{s^2 + (\omega_0 / Q)s + \omega_0^2}$$

(4-19)

二阶带通滤波器

滤波器参数为

$$K_p = K_f\left[1 + \left(1 + \frac{C_1}{C_2}\right)\frac{R_1}{R_3} + (1-K_f)\frac{R_1}{R_2}\right]^{-1}$$

$$\omega_0 = \sqrt{\frac{R_1 + R_2}{R_1 R_2 R_3 C_1 C_2}}$$

(4-20)

$$\frac{\omega_0}{Q} = \frac{1}{R_1 C_1} + \frac{1}{R_3 C_1} + \frac{1}{R_3 C_2} + \frac{1-K_f}{R_2 C_1} \tag{4-21}$$

4. 带阻滤波电路

用压控电压源构成的二阶带阻滤波电路也有多种形式，图 4-10 所示是一种基于 RC 双 T 网络的二阶带阻滤波电路，建立具有平衡式结构的双 T 网络，即 $R_1 R_2 C_3 = (R_1 + R_2)(C_1 + C_2)R_3$，或 $R_3 = R_1 // R_2$，$C_3 = C_1 // C_2$。可以证明，在这样的电路中滤波 R、C 元件位置互换，仍为带阻滤波电路。一般实用时，电容取值为 $C_1 = C_2 = C_3/2 = C$，在上述条件下，滤波器参数为

$$K_p = K_f = 1 + \frac{R_f}{R}, \quad \omega_0 = \frac{1}{C\sqrt{R_1 R_2}}, \quad \frac{\omega_0}{Q} = \frac{1}{R_2 C}\left[2 + (1-K_f)\frac{R_1+R_2}{R_1}\right]$$

因为电路中存在正反馈，压控电压源型电路增益过大时很容易导致自激振荡。

4.3.3 无限增益多路反馈型电路

与压控电压源型电路一样，无限增益多路反馈型电路也可由一个运算放大器构成多种二阶滤波电路。图 4-11 所示是由单一运算放大器构成的无限增益多路反馈型二阶滤波电路的基本结构，其传递函数为

$$H(s) = -\frac{Y_1 Y_2}{(Y_1 + Y_2 + Y_3 + Y_4)Y_5 + Y_2 Y_3}$$

式中，$Y_1 \sim Y_5$ 为所在位置元件复导纳。选用适当 RC 元件，可构成低通、高通与带通三种二阶滤波电路，但不能构成带阻滤波电路。

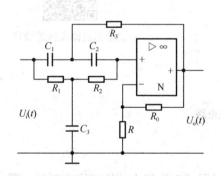

图 4-10　压控电压源型二阶带阻滤波电路

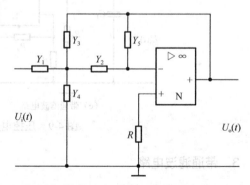

图 4-11　无限增益多路反馈型二阶滤波电路基本结构

1. 无限增益多路反馈型低通滤波电路

在图 4-11 中，取 Y_4 与 Y_5 为电容，其余为电阻，可构成低通滤波电路，如图 4-12（a）所示，其传递函数的形式与式（4-17）相同，滤波器参数为

$$K_p = -\frac{R_3}{R_1}, \quad \omega_0 = \frac{1}{\sqrt{R_2 R_3 C_1 C_2}}, \quad \alpha\omega_0 = \frac{1}{C_1}\left(\frac{1}{R_1} + \frac{1}{R_2} + \frac{1}{R_3}\right)$$

2. 无限增益多路反馈型高通滤波电路

在图 4-11 中，取 Y_4 与 Y_5 为电阻，其余为电容，可构成高通滤波电路，如图 4-12（b）所示，其传递函数的形式与式（4-18）相同，滤波器参数为

$$K_p = -\frac{C_1}{C_3}, \quad \omega_0 = \frac{1}{\sqrt{R_1 R_2 C_2 C_3}}, \quad \alpha\omega_0 = \frac{C_1 + C_2 + C_3}{R_2 C_2 C_3}$$

3. 无限增益多路反馈型带通滤波电路

在图 4-11 中，取 Y_2 与 Y_3 为电容，其余为电阻，可构成二阶带通滤波电路，如图 4-12（c）所示，其传递函数的形式与式（4-19）相同，滤波器参数为

多路反馈型二阶低通滤波器

$$K_p = -\frac{R_3 C_1}{R_1 (C_1 + C_2)}$$

$$\omega_0 = \sqrt{\frac{R_1 + R_2}{R_1 R_2 R_3 C_1 C_2}} \tag{4-22}$$

$$\frac{\omega_0}{Q} = \frac{1}{R_3}\left(\frac{1}{C_1} + \frac{1}{C_2}\right) \tag{4-23}$$

无限增益多路反馈型滤波电路由于不存在正反馈，因而总是稳定的。其不足之处在于，这种电路对运算放大器理想程度要求比较高，调整也不方便。

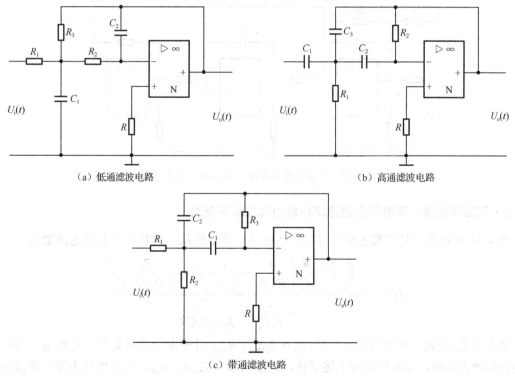

（a）低通滤波电路　　　　　　　　（b）高通滤波电路

（c）带通滤波电路

图 4-12　无限增益多路反馈型电路

4.3.4　双二阶环电路

双二阶环电路根据给定的传递函数或微分方程，通过状态变量法利用加法器与积分器直接可构成任意的滤波电路。一般来说，这样构成的电路都比较复杂。前面介绍的两种二阶电路只使用一个运算放大器，而双二阶环电路则要用两个、三个甚至四个运算放大器。双二阶环电路的特点是灵敏度低、调整方便、特性非常稳定，因而使用也很普遍，各种集成滤波器多以双二

环电路为原型。由于所选择的状态变量不同，电路结构也不一样，种类十分丰富。这里介绍三种典型的双二环电路。

1. 双二环低通与带通滤波电路

图 4-13 所示电路可实现两种滤波功能，从 u_3 点输出为带通滤波电路，从 u_2 与 u_1 点输出为低通滤波电路，滤波器参数为

$$K_{p1} = -\frac{R_1}{R_0}, \quad K_{p2} = \frac{R_1 R_4}{R_0 R_5}, \quad K_{p3} = -\frac{R_2}{R_0}$$

$$\omega_0 = \sqrt{\frac{R_5}{R_1 R_3 R_4 C_1 C_2}}$$

$$\alpha\omega_0 = \frac{\omega_0}{Q} = \frac{1}{R_2 C_1}$$

式中，K_{p1}、K_{p2}、K_{p3} 分别为由 u_1、u_2、u_3 输出时的通带增益。可以用 R_5 调节 ω_0，用 R_2 调节 Q，用 R_0 调节 $K_{pi}(i=1,2,3)$，各参数间互相影响很小。

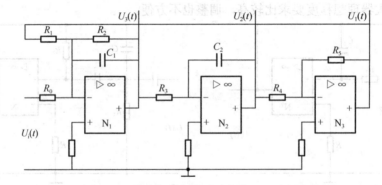

图 4-13   具有低通与带通功能的双二阶环电路

2. 可实现高通、带阻与全通滤波功能的双二阶环电路

图 4-14 所示是一种非常实用的双二阶环电路，该电路从 u_0 输出时，其传递函数为

$$H(s) = \frac{-\dfrac{R_4}{R_{02}} s^2 + \dfrac{R_4}{C_1}\left(\dfrac{1}{R_{01} R_3} - \dfrac{1}{R_{02} R_2}\right)s - \dfrac{R_4}{R_{03} R_1 R_3 C_1 C_2}}{s^2 + \dfrac{1}{R_2 C_1} s + \dfrac{R_4}{R_1 R_3 R_5 C_1 C_2}}$$

如果令 R_{03} 开路（虚线断开），并使 $R_3 = R_2 R_{02} / R_{01}$，分子多项式只剩下 $(-R_4 R_{02})s^2$，则该电路为高通滤波电路。如果仍保持上述条件，并接入 $R_5 = R_{03} R_4 / R_{02}$，则该电路为带阻滤波电路。如果同时接入 $R_5 = R_{03} R_4 / R_{02}$，$R_3 = R_2 R_{02} / (2R_{01})$，则该电路为全通滤波电路。该电路所实现的各种双二阶环电路，滤波器参数为

$$K_p = -\frac{R_4}{R_{02}}, \quad \omega_0 = \sqrt{\frac{R_4}{R_1 R_3 R_5 C_1 C_2}}, \quad \alpha\omega_0 = \frac{\omega_0}{Q} = \frac{1}{R_2 C_1}$$

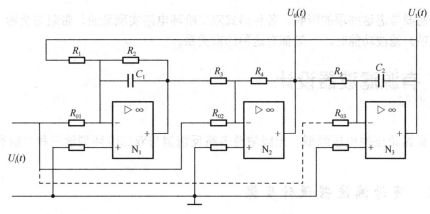

图 4-14　可实现高通、带阻与全通滤波功能的双二阶环电路

3. 低通、高通、带通、带阻与全通双二阶环滤波电路

在图 4-15 中，如果 $R_{01} = R_{02} = R_{03} = R_{04} = R_{05} = R_{06} = R_{07} = R_0$，则 u_1、u_b 与 u_h 分别为低通、带通与高通滤波电路的输出。滤波器参数为

$$K_{pl} = 1，\quad K_{pb} = -1，\quad K_{ph} = 1$$

$$\omega_0 = \frac{1}{\sqrt{R_1 R_2 C_1 C_2}}$$

$$\alpha\omega_0 = \frac{\omega_0}{Q} = \frac{1}{R_1 C_1}$$

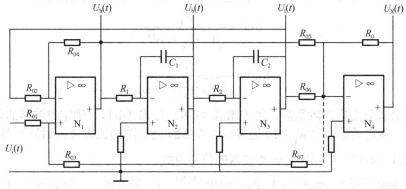

图 4-15　可实现低通、高通、带通、带阻与全通功能的双二阶环滤波电路

式中，K_{pl}、K_{pb} 与 K_{ph} 分别为构成低通、带通、高通滤波器时的通带增益。如果令 R_{07} 开路（虚线断开），则 u_x 为带阻滤波器的输出。如果接入 R_{07}，则 u_x 为全通滤波器的输出，增益均为 $K_{px} = -1$，ω_0 与 Q 不变。

该电路最为复杂，使用四个运算放大器，功能也最齐全。如果用运算放大器组成这样的电路并不是很实用，其价值在于可以用来设计通用性很强的集成滤波器。例如，在图 4-15 中，将除 R_1、R_2、C_1 及 C_2 之外的其他元器件全部集成到芯片内部，可以构成一个调整方便、通用性很强的集成滤波器。

在图 4-14 与图 4-15 所示的电路中，某些元件值必须满足一定的约束关系，并且这些约束关系的作用在于使分子中某些项相互抵消成为零。如果元件值有误差，将会影响电路特性，计算灵敏度时需要考虑这些项的影响。各种形式双二阶环电路实现高通、带阻与全通（传递函数分子含二次项）滤波功能时，一般都有这种约束关系。

4.4 有源滤波器设计

本节主要讨论压控电压源型、无限增益多路反馈型与双二阶环型这三种二阶有源滤波电路。

4.4.1 有源滤波器设计步骤

有源滤波器的设计主要包括确定传递函数、选择电路结构、选择有源器件与计算无源器件参数四个步骤。

1．传递函数的确定

确定电路传递函数应首先按照应用特点，选择一种逼近方法。由 4.3 节讨论可知，在电路复杂性一定的条件下，各方面特性难以兼顾。在一般测控系统中，巴特沃斯逼近与切比雪夫逼近应用较多。当阶数一定时，切比雪夫逼近过渡带最为陡峭，阻带衰耗比巴特沃斯逼近高约 $6(n-1)\,\mathrm{dB}$，但相位失真更严重，对元器件准确度要求也更高。

电路阶数一般可根据经验确定，对通带增益与阻带衰耗有一定要求时，应按照给定的通带截止频率 ω_p、阻带截止频率 ω_r、通带增益变化量 ΔK_p 来确定电路阶数。设计低通滤波器时可直接应用式（4-10）与式（4-12）。对于高通滤波器，这两个公式相应地变为

$$A(\omega) = \frac{K_\mathrm{p}}{\sqrt{1+(\omega_\mathrm{c}/\omega)^{2n}}}$$

$$A(\omega) = \frac{K_\mathrm{p}}{\sqrt{1+\varepsilon^2 c_n^2(\omega_\mathrm{p}/\omega)}}$$

根据上述公式确定电路阶数后，可根据式（4-9）与式（4-11）确定滤波器的传递函数。

【例 4-3】 确定通带增益 $K_\mathrm{p}=1$、通带纹波为 2dB 的三阶切比雪夫低通滤波器的传递函数。

解：按照式（4-11）可以确定该滤波器的传递函数。

$\theta_1 = \pi/6$，$\sin\theta_1 = 1/2$，$\cos\theta_1 = \sqrt{3}/2$，$\varepsilon = \sqrt{10^{\Delta K_\mathrm{p}/10}-1} = 0.7648$，$\beta = [\arcsin(1/\varepsilon)]/n = 0.3610$，$\sinh\beta = 0.3689$。

该滤波器的传递函数为

$$H(s) = \frac{0.3689\omega_\mathrm{p}}{s+0.3689\omega_\mathrm{p}} \frac{0.8861\omega_\mathrm{p}^2}{s^2+0.3689\omega_\mathrm{p}s+0.8861\omega_\mathrm{p}^2}$$

带通或带阻滤波器有宽带或窄带两种。在一般测控系统中宽带的带通或带阻滤波器应用远不如窄带普遍。例如，传输高频的调制信号或滤除 50Hz 工频干扰等，带宽都比较窄，宽带应用多见于通信领域。

窄带的带通或带阻滤波器一般要求较高的品质因数。不论采用哪种电路结构，单级电路品质因数均不宜过高。为了构成品质因数较高的窄带带通或带阻滤波器，可利用 n 级具有相同品质因数 Q 的电路级联，级联后总的品质因数 Q_{2n} 为

$$Q_{2n} = \frac{Q}{\sqrt{\sqrt[n]{2}-1}}$$

　　宽带的带通或带阻滤波器的设计理论是相当复杂的，在这里不做过多的讨论。一般来说，可以把带通滤波器等效成低通与高通滤波器的级联；把带阻滤波器等效成低通与高通滤波器的并联。这样设计出参数适当的低通与高通滤波器即可实现相应的带通或带阻滤波器。

多阶低通滤波器的设计

2. 电路结构的选择

　　同一类型的电路，特性基本相近，因此掌握各种基本电路性能特点对于滤波电路设计是十分重要的。

　　压控电压源型滤波电路使用元器件数目较少，对有源器件特性理想程度要求较低，结构简单，调整方便，对于一般应用场合性能比较优良，应用十分普遍。但压控电压源型电路利用正反馈补偿 RC 网络中的能量损耗，反馈过强将降低电路稳定性，因为在这类电路中，Q 值表达式均包含 $-K_f$ 项，表明 K_f 过大，可能会使 Q 值变负，导致电路自激振荡。此外，这种电路 Q 值灵敏度较高，且与 Q 成正比。电路 Q 值较高，外界条件变化将会使电路性能发生较大变化，如果电路在临界稳定条件下工作，会导致自激振荡。

　　无限增益多路反馈型滤波电路与压控电压源型滤波电路使用元器件数目相近，由于没有正反馈，稳定性很高。其不足之处是对有源器件特性要求较高，而且调整不如压控电压源型滤波电路方便。对于低通与高通滤波电路，两者 Q 值灵敏度相近，但对于图 4-12（c）所示的带通滤波电路，其 Q 值相对 R、C 变化的灵敏度不超过 1，因而可实现更高的品质因数。但考虑到实际运放开环增益并非无限大，特别是当信号频率较高时，受单位增益带宽的限制，其开环增益会明显降低。因此这种滤波电路也不允许 Q 值过高，一般不应超过 10。

　　此外，对于单电源供电的电路系统，无限增益多路反馈型滤波电路设计调整会更加复杂。

　　双二阶环电路使用的元器件数目稍多，但电路性能稳定，调整方便，灵敏度很低，以图 4-13 中从 u_1 输出的低通滤波电路为例，可求出电路灵敏度 $s_{R_1}^{K_p} = -s_{R_0}^{K_p} = 1$，$s_{R_1}^{\omega_0} = s_{R_3}^{\omega_0} = s_{R_4}^{\omega_0} = s_{C_1}^{\omega_0} = s_{C_2}^{\omega_0} = -s_{R_5}^{\omega_0} = -1/2$，$s_{R_1}^{Q} = s_{R_3}^{Q} = s_{R_4}^{Q} = s_{C_2}^{Q} = -s_{R_5}^{Q} = -s_{C_1}^{Q} = -1/2$，并且与电路参数 K_p、Q、ω_0 无关。实际上，所有的双二阶环电路，其灵敏度的绝对值均不超过 1，电路允许的 Q 值可达数百。高性能有源滤波器及许多集成的有源滤波器，多以双二阶环电路为原型。

　　电路结构类型的选择与特性要求密切相关。特性要求较高的电路应选择灵敏度较低的电路结构。设计实际电路时应特别注意电路的品质因数，因为许多电路当 Q 值较高时灵敏度也比较高，即使低灵敏度的电路结构，如果 Q 值过高，也难以保证电路稳定。一般来说，低阶的低通与高通滤波电路 Q 值较低，灵敏度也较低。高阶的低通与高通滤波电路某些基本环节 Q 值较高，如特性要求较高必须选择灵敏度较低的电路结构。窄带的带通与带阻滤波电路 Q 值较高，也应选择灵敏度较低的电路结构。从电路布局方面考虑，多级级联应将高 Q 值级安排在前级。

3. 有源器件的选择

　　有源器件是有源滤波电路的核心，其性能对滤波器特性有很大影响。本节所讨论的电路均采用运算放大器作为有源器件，被认为具有无限大的增益，其开环增益在传递函数中没有体现。实际应用时应考虑以下两个方面：

　　（1）器件特性不理想，如单位增益带宽太窄，开环增益过低或不稳定，这些将会改变其传递函数性质，一般情况下会限制有用信号频率上限。

（2）有源器件不可避免地会引入噪声，降低信噪比，从而限制有用信号幅值下限。

因此，有源器件的选择首先应该按照信号带宽范围，选择具有足够单位增益带宽的器件；其次按照信号幅值范围和信噪比要求，选择噪声足够低的器件。必要时还应考虑运放的共模抑制比及输入、输出阻抗。

目前受有源器件自身带宽的限制，有源滤波器只能应用于较低的频率范围，但对于多数实用的测控系统，基本能够满足使用要求。随着集成电路制造工艺的进步，这些限制也会不断得到改善。

4．无源器件参数的计算

当所选有源器件特性足够理想时，滤波电路特性主要由无源的 R 、C 元件值决定。由传递函数可知，电路元件数目总是大于滤波器特性参数的数目，因而具有较大的选择余地。考虑到无源元件公称值系列不是连续的，并且存在一定的误差，实际设计计算时往往非常复杂。

多阶高通滤波器的设计

传统上，滤波器设计计算多基于图表法，即由图决定电路结构，由表决定元件值。现代滤波器设计则多采用计算机进行优化设计，相应的实用程序也很多，限于篇幅，这里不做详细讨论。但对于一般简单电路设计，利用图表仍不失为一种方便实用的方法。下面以具有不同增益的无限增益多路反馈二阶巴特沃斯低通滤波器（见图 4-12 （a））为例，进行简单说明。

首先在给定的 f_c 下，参考表 4-2 选择电容 C_1 。设计其他各种二阶滤波器时，也可参考该表。

表 4-2　二阶有源滤波器设计电容选用表

f_c / Hz	<100	100~1000	(1~10) k	(10~100) k	>100k
C_1 / μF	10~0.1	0.1~0.01	0.01~0.001	$(1000~100)×10^{-6}$	$(100~10)×10^{-6}$

然后根据所选择电容 C_1 的实际值，按照下式计算电阻换标系数 K ：

$$K = \frac{100}{f_c C_1}$$

式中，f_c 以 Hz 为单位；C_1 以 μF 为单位。再按表 4-3 确定电容 C_2 与归一化电阻值 $r_1 \sim r_3$ ，最后将归一化电阻值乘以换标系数 K ，$R_i = Kr_i$ ，其中 i = 1、2、3，即可得到各电阻实际值，设计过程非常简单。

表 4-3　二阶无限增益多路反馈巴特沃斯低通滤波器设计用表

$|K_p|$	1	2	6	10
r_1 / kΩ	3.111	2.565	1.697	1.625
r_2 / kΩ	4.072	3.292	4.977	4.723
r_3 / kΩ	3.111	5.130	10.180	16.252
C_2 / C_1	0.2	0.15	0.05	0.033

实际设计中，电阻、电容设计值很可能与标称系列值不一致，而且标称值与实际值也会存在差异。对灵敏度较低的低阶电路，元件参数相对设计值误差不超过 5%一般可以满足设计要求；对三阶至六阶电路，元件误差应不超过 2%；对七阶或八阶电路，元件误差应不超过 1%。

如对滤波器特性要求较高或滤波器灵敏度较高，对元件参数精度要求还应进一步提高。

5．设计举例

要求设计两个通带增益 $K_p = -2$，转折频率分别为 $f_{c1} = 650\,\text{Hz}$、$f_{c2} = 750\,\text{Hz}$ 的无限增益多路反馈型二阶巴特沃斯低通滤波器。依照表 4-2 选择 $C_1 = 0.01\mu F$，通过计算得到电阻换标系数 $K_1 = 15.38$，$K_2 = 13.33$，查表 4-3 得到归一化电阻值：$r_1 = 2.565\,\text{k}\Omega$，$r_2 = 3.292\,\text{k}\Omega$，$r_3 = 5.130\,\text{k}\Omega$。对归一化电阻值分别乘以电阻换标系数可以得到实际电阻值。对于转折频率 $f_{c1} = 650\,\text{Hz}$ 的电路，$R_1 = 39.46\,\text{k}\Omega$，$R_2 = 50.65\,\text{k}\Omega$，$R_3 = 78.92\,\text{k}\Omega$；对于转折频率 $f_{c2} = 750\,\text{Hz}$ 的电路，$R_1 = 34.20\,\text{k}\Omega$，$R_2 = 43.89\,\text{k}\Omega$，$R_3 = 68.40\,\text{k}\Omega$，两个电路 C_2 均取 1500pF。

在实际电路中，R_1、R_2 与 R_3 可选用容差为 5%的金属膜电阻，电容容差可选 5%。对于转折频率 $f_{c1} = 650\,\text{Hz}$ 的电路，分别选用标称值为 39kΩ、51kΩ、82kΩ 的电阻；对于转折频率 $f_{c2} = 750\,\text{Hz}$ 的电路，分别选用标称值为 33kΩ、43kΩ、68kΩ 的电阻。C_1、C_2 分别选用标称值为 $0.01\mu F$、1500pF 的电容。

在不考虑元件参数误差的前提下，对电路参数进行校核。转折频率 $f_{c1} = 650\,\text{Hz}$ 的电路 $K_p = -2.1$，$f_{c1} = 635\,\text{Hz}$，$\alpha_1 = 1.439$；转折频率 $f_{c2} = 750\,\text{Hz}$ 的电路 $K_p = -2.06$，$f_{c2} = 760\,\text{Hz}$，$\alpha_2 = 1.431$。对于二阶巴特沃斯逼近，$\alpha = 1.414$。简单计算可以发现，比较关键的参数 f_c 和 α 的误差均在 1%～2%之间。K_p 误差稍大一些，但可以通过其他电路调整、补偿。

如果特性要求比较高，考虑元件参数误差，可采取如下措施：批量较大可采用定制的精密电阻与电容；批量较小可在装配之前对各元件值进行测试与选配；单件制造时可设置调整环节，装配之后对电路进行测试与调整。

4.4.2　滤波器辅助设计软件

目前涉及滤波器设计的软件主要有 MATLAB、FilterPro、Filter Solutions、Filter Wiz Pro、FilterCAD、FilterLab 等。本节以 MATLAB 和 FilterPro 为例介绍滤波器的计算机辅助设计过程。

1．基于 MATLAB FDATool 的滤波器辅助设计

由于 MATLAB 具有强大的数值计算分析能力和绘图功能，除了利用编程方式设计滤波器外，FDATool（Filter Design & Analysis Tool）提供了先进的可视化滤波器集成设计环境，用户可以方便地设计几乎所有的常规滤波器，接下来以 FDATool 为例讲解滤波器的设计方法。

1）启动 FDATool

单击 MATLAB 主窗口下方的"Start"按钮，选择菜单"ToolBox→Filter Design→Filter Design & Analysis Tool（FDATool）"命令，打开 FDATool，或在命令窗口中直接输入 FDATool，打开 FDATool，如图 4-16 所示。

2）FDATool 菜单主要功能介绍

FDATool 窗口的命令菜单包括 File、Edit、Analysis、Targets、View 等。

（1）File 菜单。使用菜单"File→Export"可导出或保存设计结果。可以选择导出的是滤波器的系数向量还是整个滤波器对象，可以选择把导出结果保存为 MATLAB 工作空间中的变量、文本文件或.MAT 文件，可以把滤波器系数保存为 C 语言格式的头文件，也可以把滤波器导出到信号处理工具 SPtool 中。

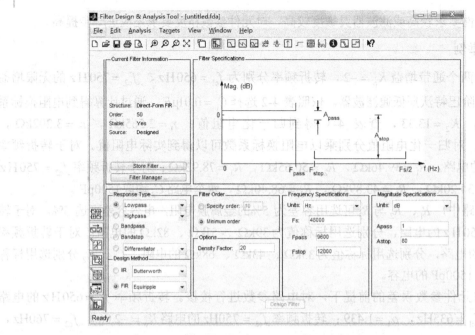

图 4-16 FDATool 的主界面

（2）Edit 菜单。使用菜单"Edit→Convert"可转换当前滤波器的实现结构。使用菜单"Edit →Convert to Second-order Sections"实现滤波器级联结构与直接型结构之间的转换。

（3）Analysis 菜单。使用该菜单可以对滤波器设计规格及各项性能进行分析，包括滤波器的阶次、通带频率、阻带频率、阻带、采样频率、通带衰减、阻带衰减等。

（4）Targets 菜单。使用该菜单可以生成滤波器的 MATLAB 脚本文件，建立 Simulink 模型，将滤波器输出到该代码生成集成开发环境，并可以下载到 DSP 芯片中。

（5）View 菜单。该菜单主要指定滤波器名称、图形放大、全屏显示等。

3）滤波器设计举例

设计一个 FIR 带通滤波器，要求：

● 采样频率（Sampling Frequency (Fs)）=2.0MHz;
● 下限截止频率（Fstop 1）= 270kHz;
● 下限通过频率（Fpass 1）= 300kHz;
● 上限通过频率（Fpass 2）= 450kHz;
● 上限截止频率（Fstop 2）= 480kHz;
● 双边通频带衰（Attenuation on both sides of the passband）= 54dB;
● 通频带脉动（Pass band ripple）= 1dB。

设计步骤如下：

（1）启动 FDATool。

（2）按图 4-17 所示设置滤波器参数。

（3）单击"Design Filter"按钮即可完成滤波器设计。

（4）最后，使用菜单"File→Export"可导出或保存滤波器系数。

4）滤波器性能分析

FDATool 提供了滤波器时域与频域的特性分析工具，如滤波器的幅频特性、相频特性、群延迟响应、相位延迟、脉冲响应、阶跃响应、零极点图、滤波器系数。

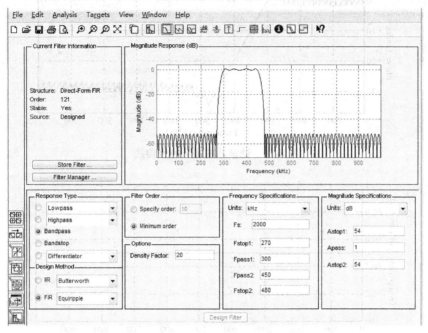

图 4-17　滤波器参数设置

（1）幅频特性。单击 FDATool 窗口界面快捷工具栏中的"Magnitude Response"按钮，或者选择菜单栏"Analysis/Magnitude Response"选项，便可得到滤波器的幅频特性曲线，如图 4-18 所示。

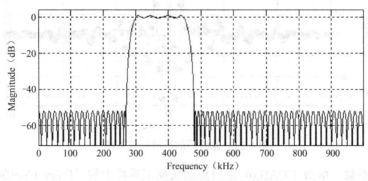

图 4-18　滤波器幅频特性曲线

（2）相频特性。单击 FDATool 窗口界面快捷工具栏中的"Phase Response"按钮，或者选择菜单栏"Analysis→Phase Response"选项，便可得到滤波器的相频特性曲线，如图 4-19 所示。

（3）群延迟。单击 FDATool 窗口界面快捷工具栏中的"Group Delay Response"按钮，或者选择菜单栏"Analysis→Group Delay Response"选项，便可得到如图 4-20 所示的滤波器的群延迟曲线。

（4）冲激响应。单击 FDATool 窗口界面快捷工具栏中的"Impulse Response"按钮，或者选择菜单栏"Analysis→Impulse Response"选项，便可得到如图 4-21 所示的滤波器的冲激响应曲线。

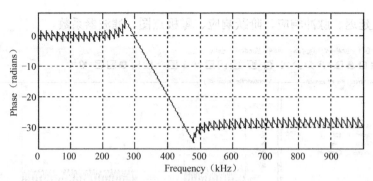

图 4-19 滤波器的相频特性曲线

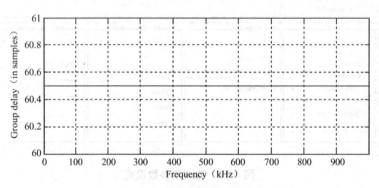

图 4-20 滤波器的群延迟曲线

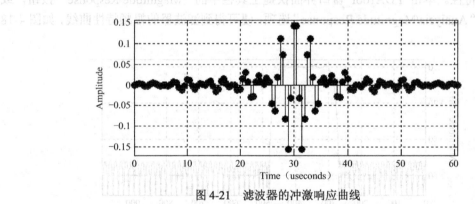

图 4-21 滤波器的冲激响应曲线

（5）滤波器系数。单击 FDATool 窗口界面快捷工具栏中的"Filter Coefficient"按钮，或者选择菜单栏"Analysis→Filter Coefficient"选项，便可得到如图 4-22 所示的滤波器的系数。

```
Numerator:
-0.0010868933546616185
 0.0014482124016025441
 0.0027498283199186
 0.0009252222561787986
-0.002905603569822415
-0.0035847564030851682
-0.0005332295488687427
 0.0041796510646217779
 0.0025575818730893536
-0.0014580615625967
-0.0022765679180744235
-0.0006557006726299610
```

图 4-22 滤波器的系数

2. 基于 FilterPro 的滤波器辅助设计

FilterPro 用于辅助有源滤波器设计，可以帮助用户设计 Sallen-Key 和多反馈（MFB）拓扑结构的多种类型和多种响应的有源滤波器。设计的滤波器类型包括低通、高通、带通、带阻和全通滤波器，滤波器响应包括巴特沃斯、切比雪夫、贝塞尔、高斯和线性相移等。

程序启动后，出现滤波器设计向导，如图 4-23 所示。

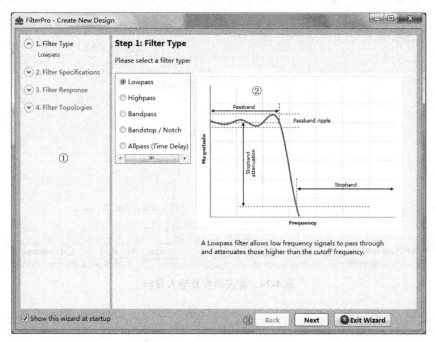

图 4-23　使用 FilterPro 设计向导

有三个区域：

（1）总结：本区域显示正处于设计的哪个阶段。

（2）有源滤波器设计区：该区域是交互式的，用户选择待设计的滤波器类型并输入相关参数。

（3）后退/前进和退出向导：在完成之前，单击后退或前进可以浏览设计。

1）设计步骤

（1）选择滤波器类型。选择需要的滤波器类型，设计向导提供的滤波器类型有低通、高通、带通、带阻、全通（时延）。选择了正确的滤波器类型以后，单击"Next"按钮进入第二步。

（2）确定滤波器参数。图 4-24 所示为滤波器参数输入窗口，在该窗口中输入第一步已选择的滤波器的特性参数。

（3）选择滤波器响应。图 4-25 所示为滤波器响应选择窗口，在该窗口中选择第一步已选择的滤波器的响应。

FilterPro 提供以下滤波器响应：

贝塞尔响应（Bessel）、巴特沃斯响应（Butterworth）、通带纹波为 0.5dB 的切比雪夫响应（Chebyshev 0.5dB）、通带纹波为 1dB 的切比雪夫响应（Chebyshev 1dB）、通带纹波为 12dB 的高斯响应（Gaussian to 12dB）、通带纹波为 6dB 的高斯响应（Gaussian to 6dB）等。

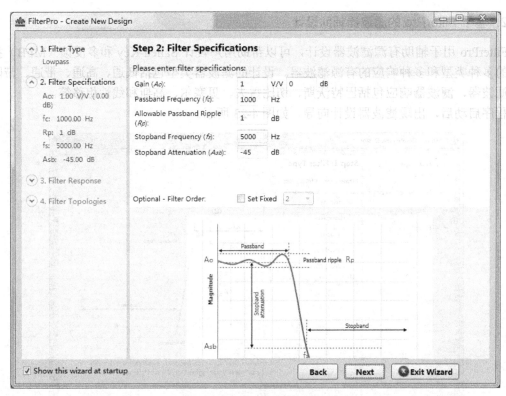

图 4-24　滤波器参数输入窗口

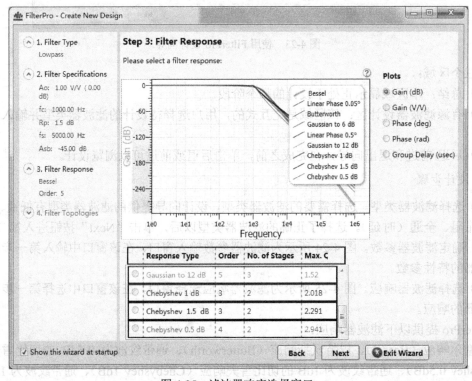

图 4-25　滤波器响应选择窗口

在图 4-25 所示选择窗口中选择相应的单选按钮来选择滤波器的响应类型。通过在右边的

"Plots"下选择相应的单选按钮，可分别显示幅频曲线（单位为分贝）、幅频曲线（单位为 V/V）、相频曲线（单位为度）、相频曲线（单位为弧度）和群延迟曲线。

（4）选择滤波器拓扑。图 4-26 所示为滤波器拓扑选择窗口，在该窗口中选择第一步已选择的滤波器的拓扑。

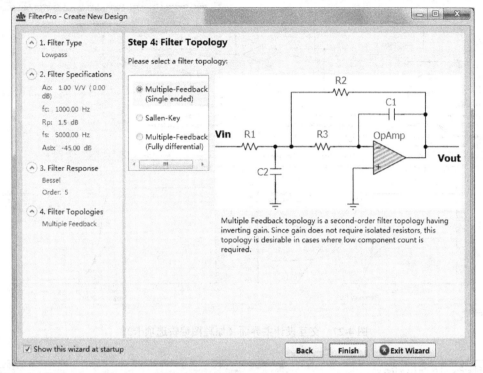

图 4-26　滤波器拓扑选择窗口

可选的拓扑包括多反馈（单端和全差分输入）和 Sallen-Key。根据所需的拓扑结构选择相应的单选按钮，右边窗口显示拓扑预览。单击"Finish"按钮完成一个新的滤波器设计的创建，该设计将会显示在屏幕上。

（5）交互设计。FilterPro 提供交互修改设计的功能。当通过以上四个步骤完成滤波器设计后，或者打开一个已完成的滤波器设计时，FilterPro 默认打开图 4-27 所示的交互设计主界面，共包括五个选项卡，即原理图编辑、数据（即参数）显示或导出、物料清单、添加注释、设计报告。

2）滤波器设计示例

以五阶 20kHz 的巴特沃斯响应为例，介绍 FilterPro 的使用步骤及不同响应类型、不同拓扑结构的滤波器的设计方法。

（1）五阶滤波器的设计步骤。

第一步：选择菜单"File→New→Design"，弹出设计向导，选择滤波器类型为低通滤波器，如图 4-28 所示，单击"Next"按钮进入下一步。

第二步：输入滤波器参数，通带增益为 0dB，通带频率为 20000Hz，允许的通带纹波为 3dB，设置滤波器阶数为 5，不需要输入阻带频率和阻带增益，如图 4-29 所示。

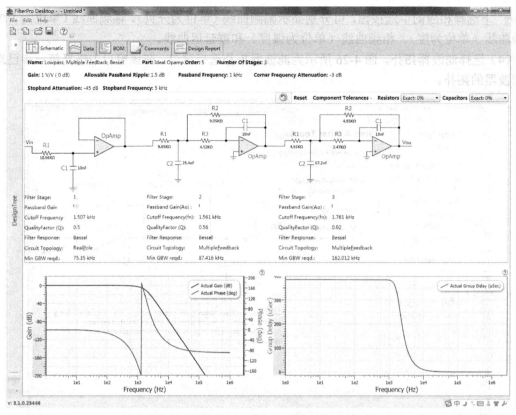

图 4-27　交互设计主界面（原理图编辑选项卡）

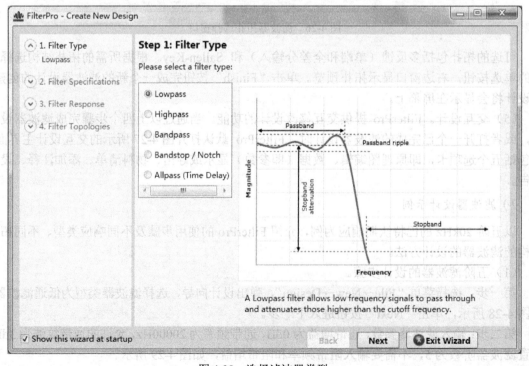

图 4-28　选择滤波器类型

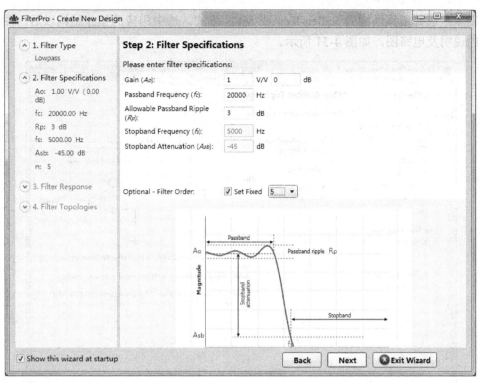

图 4-29　填写滤波器参数

第三步：选择滤波器响应为巴特沃斯，如图 4-30 所示。

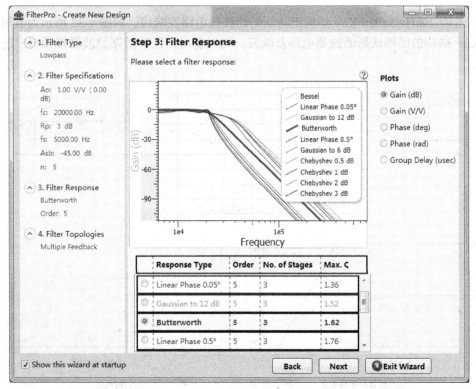

图 4-30　选择滤波器响应

第四步：选择拓扑结构为 Sallen-Key 或 MFB 形式。选中相应的拓扑结构以后，图中会给出简单的说明及电路图，如图 4-31 所示。

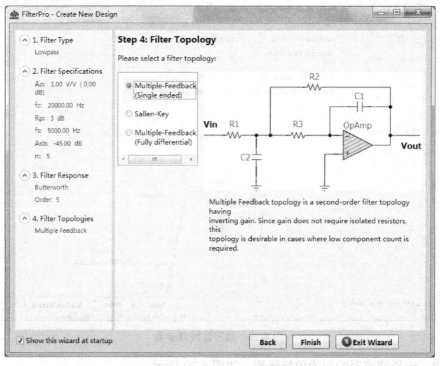

图 4-31　选择滤波器拓扑结构

（2）五阶 20kHz Sallen-Key 结构巴特沃斯滤波器电路及响应。如图 4-32 所示为五阶 20kHz Sallen-Key 结构的巴特沃斯滤波器电路及响应，可以看出，巴特沃斯滤波器幅频响应的通带没有纹波。

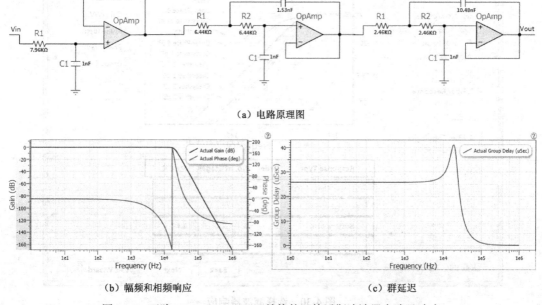

（a）电路原理图

（b）幅频和相频响应　　　　　　　　　　　（c）群延迟

图 4-32　五阶 20kHz Sallen-Key 结构的巴特沃斯滤波器电路及响应

如图 4-33 所示为五阶 20kHz MFB 结构的巴特沃斯滤波器电路及响应。

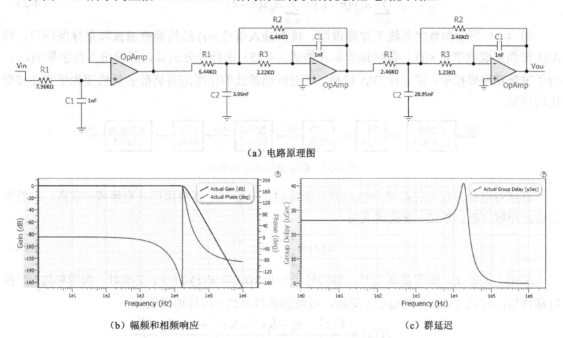

（a）电路原理图

（b）幅频和相频响应　　　　　　　　　　（c）群延迟

图 4-33　五阶 20kHz MFB 结构的巴特沃斯滤波器电路及响应

4.5　数字滤波器

与处理连续时间信号的模拟滤波器相对应，在处理离散时间信号时应用数字滤波器。数字滤波器的实现方法较多，既可以用硬件设备实现，也可以利用计算机软件完成。在现代测控系统中，数字系统应用与日俱增，可以预见，未来信号处理领域，数字系统应用将远超过模拟系统。本节从数字滤波器的数学描述、IIR 滤波器与 FIR 滤波器一般设计方法及数字滤波器的实现等几个方面进行简要讲述。

数字滤波器

4.5.1　数字系统的数学描述

从时域角度考虑，线性时不变模拟系统可由下面的常系数微分方程描述：

$$\sum_{l=0}^{n} a_l \frac{\mathrm{d}^l}{\mathrm{d}t^l} y(t) = \sum_{k=0}^{m} b_k \frac{\mathrm{d}^k}{\mathrm{d}t^k} x(t) \tag{4-24}$$

用计算机做数值计算时，选择足够小的时间间隔 $T_s = 1/f_s$，将各连续量离散化（相当于采样），并用算术运算近似代替微分运算，有

$$\frac{\mathrm{d}}{\mathrm{d}t} x(kT_s) = x'(kT_n) \approx \frac{x(kT_s) - x(kT_s - T_s)}{T_s}$$

$$\frac{\mathrm{d}^2}{\mathrm{d}t^2} x(kT_s) \approx \frac{x'(kT_s) - x'(kT_s - T_s)}{T_s}$$

可将式（4-24）转化成常系数差分方程（下文中数字量均略去采样周期 T_s）：

$$\sum_{n=0}^{N} A_k y(n-k) = \sum_{n=0}^{m} B_k x(n-k) \qquad (4\text{-}25)$$

图 4-34 所示为数字系统工作原理图。模拟输入信号 $x(t)$ 经抗混叠滤波和采样保持后，经 A/D 转换形成数字量 $x(t)$。数字运算单元按式（4-25）进行差分运算，其输出为数字量 $y(k)$。为了重新获得模拟量，需进行 D/A 转换。平滑低通滤波的作用是将离散的量值变为平滑连续变化的量值。

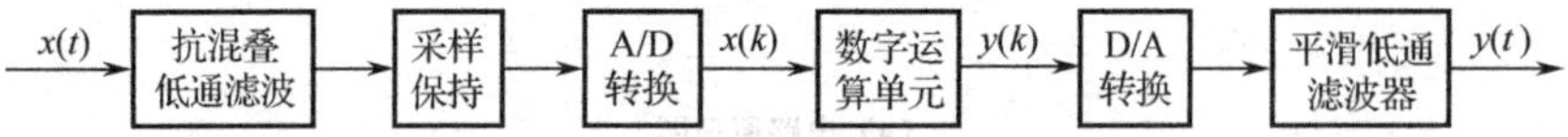

图 4-34　数字系统工作原理图

直接对差分方程进行频域分析是非常困难的，一般利用离散傅里叶变换或 z 变换，对数字量进行频域分析。单边 z 变换定义为

$$X(z) = \sum_{k=0}^{\infty} x(k) z^{-k} \qquad (4\text{-}26)$$

利用上述定义，很容易证明其位移特性：如果 $x(k)$ 与 $X(z)$ 为一 z 变换对，利用单边 z 变换时移性质，对式（4-26）两边取 z 变换，可得到离散系统 z 域传递函数为

$$\begin{aligned} H(z) = \frac{Y(z)}{X(z)} &= \frac{b_0 + b_1 z^{-1} + b_2 z^{-2} + \cdots + b_M z^{-M}}{1 + a_1 z^{-1} + a_2 z^{-2} + \cdots + a_N z^{-N}} \\ &= \frac{\displaystyle\sum_{k=0}^{M} b_k z^{-k}}{1 + \displaystyle\sum_{k=0}^{N} a_k z^{-k}} \end{aligned} \qquad (4\text{-}27)$$

更深入的分析表明，z 变换与拉氏变换有下述映射关系：

$$z = \mathrm{e}^{sT_s} \text{ 或 } s = \frac{1}{T_s} \ln z \qquad (4\text{-}28)$$

根据式（4-26）可知，z 变换将 s 平面左、右两半部分分别映射到 z 平面单位圆内、外，将 $\mathrm{j}\omega$ 轴映射到单位圆的圆周上。

4.5.2　数字滤波原理简介

数字滤波是数字信号处理基本内容之一，其本质就是对离散的数字量进行适当的运算处理，从频域实现信号分离功能。数字滤波器与模拟滤波器相比，主要优点如下：

（1）精度高。模拟器件（如 R、L、C 等）的精度一般很难做高，而数字滤波器的精度则由字长决定。如果要增加精度，只需增加字长即可。

（2）可靠性高。模拟滤波器中各种参数都有一定的温度系数，会随着环境条件的变化而变化，容易出现感应、杂散效应甚至振荡等。数字滤波器一般不受外界环境（如温度、湿度等）的影响，没有模拟电路的元器件老化问题。

（3）灵活性高。通过编程可以随时修改滤波器特性的设计，灵活性较高。

（4）便于大规模集成。设计数字滤波器具有一定的规范性，便于大规模集成、生产。数字滤波器可工作于极低频率，也可比较容易地实现模拟滤波器难以实现的线性相位系统。

根据式（4-25）选择适当系数 A_k、B_k 便可实现所需的滤波功能。式（4-25）改写为

$$y(n) + \sum_{k=1}^{N} a_k y(n-k) = \sum_{k=0}^{M} b_k x(n-k) \tag{4-29}$$

若 $a_k = 0$，则有

$$H(z) = \sum_{i=0}^{M} b_i z^{-i} \tag{4-30}$$

$$h(n) = b_0 \delta(n) + b_1 \delta(n-1) + \cdots + b_M \delta(n-M)$$

这时滤波器的脉冲传递函数是关于 z^{-1} 的有限项多项式，即单位冲激响应的时间长度是有限的。因此把脉冲传递函数具有式（4-30）形式的数字滤波器称为有限冲激响应滤波器（Finite Impulse Response，FIR）。若式（4-27）中至少有一个 a_k 不为零，且分式相除后为无穷多项，则对应的数字滤波器称为无限冲激响应滤波器（Infinite Impulse Response，IIR）。该类型滤波器的单位冲激响应为无限多项，时间长度持续到无限长。

IIR 数字滤波器的设计思路是首先构造一个具有相应频率特性的模拟滤波器，再寻找一种变换关系把 s 平面映射到 z 平面，使 $H(s)$ 变换成所需的数字滤波器的传递函数 $H(z)$。

为了使数字滤波器保持模拟滤波器的特性，这种由复变量 s 到复变量 z 之间的映射关系必须满足两个基本条件：

● s 平面的复频率轴必须映射到 z 平面的单位圆上；

● 为了保持模拟滤波器的稳定性，必须要求 s 平面的左半平面映射到 z 平面的单位圆以内。

把模拟滤波器离散成数字滤波器有一种常用变换方法，即双线性变换法，满足如下关系：

$$s = \frac{2}{T}\left(\frac{1 - z^{-1}}{1 + z^{-1}}\right) \tag{4-31}$$

$$z = \frac{1 + \dfrac{T}{2}s}{1 - \dfrac{T}{2}s} \tag{4-32}$$

IIR 数字滤波器的设计利用了模拟滤波器设计的成果，计算工作量小，设计方便，采用双线性变换法时没有频谱混叠现象。但 IIR 系统存在稳定性问题，而且其相频特性一般情况下都是非线性的。而许多信号处理系统，为了使信号传输时在通带内不产生失真，滤波器必须具有线性的相频特性，FIR 数字滤波器能够容易获得严格的线性相频特性。FIR 数字滤波器可用 FFT 实现，大大提高滤波器的运算效率。FIR 滤波器的主要缺点是：要充分逼近锐截止滤波器，则要求 FIR 滤波器有较长的冲激响应序列，会导致计算量大大增加。设计 FIR 数字滤波器的目标就是根据要求的频率响应 $H^*(\Omega)$，找出单位冲激响应 $h(n)$ 为有限长的离散时间系统，使其频率响应 $H(\Omega)$，尽可能地逼近 $H^*(\Omega)$。

【例 4-4】 用双线性变换法设计一个巴特沃斯 IIR 低通数字滤波器。设计指标参数为：采样周期 $T = 1\text{s}$，在通带截止频率为 0.5π 时，最大衰减不大于 1dB；在阻带截止频率为 0.75π 时，最大衰减不小于 15dB。要求利用 MATLAB 编程，绘制出数字滤波器的幅频特性曲线。

解：首先要设计出满足指标要求的模拟滤波器的传递函数 $H(s)$，再由 $H(s)$ 双线性变换得到 IIR 滤波器的系统函数 $H(z)$。变换步骤为：

（1）如果给定的指标为数字滤波器的指标，则首先要转换成模拟滤波器的技术指标，这里主要是边界频率 ω_p 和 ω_s 的转换，α_p 和 α_s 指标不变化。边界频率的转换关系为 $\omega = \dfrac{2}{T}\tan\left(\dfrac{1}{2}\Omega\right)$。

（2）按照模拟低通滤波器的技术指标根据相应设计公式求出滤波器的阶数 N 和 3dB 截止频率 ω_c。

（3）根据 N 阶数，得到归一化传输函数 $H_a(\bar{s})$。

（4）最后，将 $\bar{s} = \dfrac{s}{\omega_c}$ 代入 $H_a(\bar{s})$ 去归一化，得到实际的模拟滤波器传输函数 $H(s)$。之后，

通过双线性变换法转换公式 $s = \dfrac{2}{T}\dfrac{1-z^{-1}}{1+z^{-1}}$，得到所要设计的 IIR 滤波器的系统函数 $H(z)$。

程序如下：

```
rp=3;rs=15;
wp=0.5/T*pi;ws=.75/T*pi;
wap=tan(wp/2);was=tan(ws/2);
[n,wn]=buttord(wap,was,rp,rs,'s');%巴特沃斯滤波器阶数的选择
[z,p,k]=buttap(n);%构建巴特沃斯模拟低通滤波器
[bp,ap]=zp2tf(z,p,k);%零极点形式转传递函数形式
tf(bp,ap)
[bs,as]=lp2lp(bp,ap,wap);
[bz,az]=bilinear(bs,as,1);
[h,f]=freqz(bz,az,256,1);
Subplot(121)
plot(f,abs(h),'linewidth',1.5);
title('数字低通滤波器（频率归一化）');
xlabel('\omega/2\pi');
ylabel('低通滤波器的幅值');
axis([0 0.8 0 1.2])
grid;
figure;
[h,f]=freqz(bz,az,256,100);
ff=2*pi*f/100;
absh=abs(h);
subplot(122)
plot(ff(1:128),absh(1:128),'linewidth',1.5);
title('数字低通滤波器');
xlabel('\omega');
ylabel('低通滤波器的幅值');
grid on;
```

程序运行结果显示：

巴特沃斯模拟滤波器（归一化）传递函数为：

$$\frac{1}{s^2 + 1.414\,s + 1}$$

巴特沃斯模拟滤波器传递函数为：

$$\frac{4}{s^2 + 2.828\,s + 4}$$

巴特沃斯数字滤波器传递函数为：

$$\frac{z^2 + 2z + 1}{3.414\,z^2 + 0.5857}$$

滤波器幅频特性曲线如图 4-35 所示。

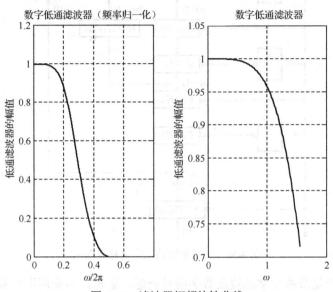

图 4-35　滤波器幅频特性曲线

4.5.3　数字滤波器的实现

各种形式的数字滤波运算处理均可由软件或硬件实现。利用软件运算处理时，可采用通用的计算机如 PC、单片机等实现，也可采用专用的数字处理器实现。前者硬件通用性很高，软件也很灵活。不足之处是计算机处理能力未能得到充分发挥，因而效率低，运算速度慢，资源浪费严重。后者是专门用来进行数字信号处理的计算机系统，其内部结构、存储系统与指令系统均与通用的计算机系统有较大区别，并且时钟频率较高。由于其应用目的性很强，用于信号数字处理时效率非常高，相对来说价格也比较高，多用于复杂数字信号处理系统。目前比较著名的有 TI 公司的 TMS320C×××系列数字信号处理系统。

对于比较简单的数字滤波运算，可根据式（4-26）与式（4-27），直接用通用的数字运算单元，如延时器、加法器、减法器、乘法器、除法器及适量的寄存器等构成运算电路。延时器可由通用的锁存器实现。例如，三角窗滤波运算可由图 4-36 所示电路实现。图中，四个锁存器在 A/D 转换器采样同步脉冲作用下实现延时功能。移位寄存器 1 左移一位可实现并行数据乘 2 运算，移位寄存器 2 右移两位可实现并行数据除 4 运算。若将数据线左移一位和将数据个位向左移两位就可省去这两个移位寄存器。采样同步脉冲上跳沿来到时，将锁存器 1 中的数送入锁存器 2，下跳沿到时将它送入锁存器 3。这样锁存器 3 中的值就是锁存器 1 上一周期的值。数字量的加法器、减法器也比较容易实现。数字量的乘除运算电路的实现相对比较复杂，但在某些特殊情况下，如与 2 的整数次幂的乘除则非常容易。这种由通用的数字运算器件组成的数字滤波电路响应速度快，可靠性高，但对于复杂的数字滤波与数字信号处理运算，运算电路将非常复杂。

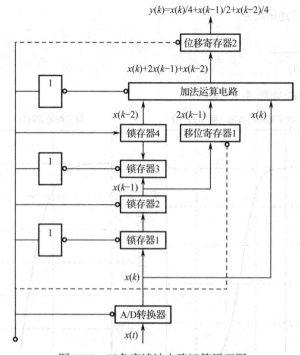

图 4-36   三角窗滤波电路运算原理图

目前，对于比较复杂的数字滤波及数字信号处理、运算，多采用面向算法的专用数字信号处理芯片，如 TRW 公司推出的超高速 FFT 处理器 TMC2310，它完成 1024 点复数 FFT 运算仅需 $512\mu s$，比通用计算机，如 PC、单片机等运算速度要快得多，常作为各种计算机系统的硬件补充，以提高其数字信号处理能力。

思考题与习题

4-1   简述滤波器的功能、分类及主要特性参数。

4-2   证明二阶电路传递函数分母系数均为正时电路是稳定的（提示：极点位置均位于 s 平面左半部分）。

4-3   具有图 4-3 所示特性的通带纹波为 0.5dB 的五阶切比雪夫低通滤波器可由一个一阶基本节与两个二阶基本节等效级联组成。试求两个二阶基本节的品质因数，并确定通带内增益相对直流增益的最大偏离为百分之几。

4-4   试确定一个巴特沃斯低通滤波器的传递函数，要求信号在通带 $f \leqslant 250\text{Hz}$ 内，通带增益最大变化量 ΔK_p 不超过 2dB，在阻带 $f > 1000\text{Hz}$，衰耗不低于 15dB。

4-5   用单一运放设计一个增益为-1，$f_c = 273.4\text{Hz}$ 的三阶巴特沃斯高通滤波器。

4-6   一电路结构如图 4-37 所示。其中 $R_0 = R_1 = R_5 = 10\text{k}\Omega$，$R_2 = 4.7\text{k}\Omega$，$R_3 = 47\text{k}\Omega$，$R_4 = 33\text{k}\Omega$，$C_1 = C_2 = 0.1\mu\text{F}$。试确定当电阻 R_0 断开与接入时电路功能分别是什么，并计算相应的电路参数 K_p、f_0 与 Q。

4-7   设计一个品质因数不低于 10 的多级带通滤波器，如要求每一级电路的品质因数不超过 4，需要多少级级联才能满足设计要求？

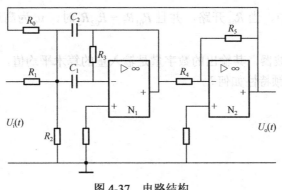

图 4-37　电路结构

4-8　按图 4-9（a）与图 4-12（a）设计两个二阶巴特沃斯低通滤波器，$f_c = 1\text{kHz}$，$K_p = 1$，其中无限增益多路反馈型电路按表 4-2 与表 4-3 设计，压控电压源型电路则要求 C_1 参考表 4-2 选择，并要求 $C_2 = 0.33C_1$。

4-9　一个二阶带通滤波器电路如图 4-9（c）所示，其中 $R_1 = 56\text{k}\Omega$，$R_2 = 2.7\text{k}\Omega$，$R_3 = 4.7\text{k}\Omega$，$R_0 = 20\text{k}\Omega$，$R = 3.3\text{k}\Omega$，$C_1 = 1\mu\text{F}$，$C_2 = 0.1\mu\text{F}$。求电路品质因数 Q 与通带中心频率 f_0。当外界条件使电容 C_2 增大或减小 1%时，Q 与 f_0 变为多少？当电阻 R_2 增大或减小 1%，或当电阻 R_2 减小 5%时，Q 与 f_0 变为多少？

4-10　图 4-38 所示是什么电路？试述其工作原理。为使其具有所需性能，对电阻、电容值有什么要求？写出其传递函数、品质因数、固有频率、通带增益。

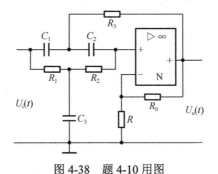

图 4-38　题 4-10 用图

4-11　如图 4-39 所示电路为无限增益多路反馈型二阶滤波电路还是压控电压源型二阶滤波电路？如果想构成二阶高通滤波电路，$Y_1 \sim Y_5$ 的 RC 元件该如何选取？

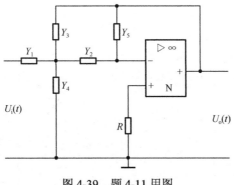

图 4-39　题 4-11 用图

4-12　在图 4-14 中，当 R_{03} 开路，并且 $R_{01}R_3 = R_{02}R_2$ 时，u_0 为高通输出，u_1 输出性质如何？

4-13　一个数字滤波器，其输出的数字量是输入量的算术平均值，这是一种什么类型的数字滤波器？其幅频与相频特性如何？

图 4-14　电路原理图

4-8　在图 4-9 (a) 和图 4-12 (c) 中作出两个二阶巴特沃思滤波电路，已知 $R=1k\Omega$，$K_f=1$，其中元件标注及参数均与第 4-3 及 4-7 题同，确定电路中相应电容值 C_f（参见 4-7 题），并求出 $C_f = 0.1C_f$。

4-9　一个二阶滤波器电路如图 4-9(c)所示，其中 $R_1 = 56k\Omega$，$R_2 = 2.1k\Omega$，$R_3 = 4.7k\Omega$，$R_4 = 20k\Omega$，$R_5 = 3.3k\Omega$，$C_1 = 1\mu F$，$C_2 = 0.1\mu F$。求电路品质因素 Q 与中心频率 f_0，当要求保证使用条件不变，品质因素 Q 增为原来 2 倍时，若电容 R_5 增大或减小？如要使得 R_5 值为 550mV，Q 与 f_0 如何变化？

4-10　图 4-33 所示未知什么电路？试说明其工作原理，列写其有关数学方程，作出框图，电压波形图？为什么？

图 4-33　（原 4-10 题图）

4-11　图 4-34 所示电路的输出波形及其占空比二者如何确定？若电路参数不变，其输出波形如何？为什么？该电路如何改变其占空比，K_1、K_2 各为 RC 充电与放电时间？

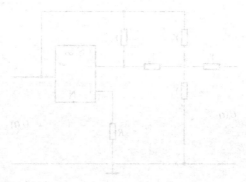

图 4-34　图 4-11 题图

第5章

信号运算电路

本章知识点：
- 加减法运算电路
- 对数与指数运算电路
- 乘除与乘方、开方运算电路
- 微分与积分运算电路
- 特征值运算电路

基本要求：
- 理解在运算电路中运算放大器的基本分析方法
- 掌握常用信号运算电路的工作原理

能力培养目标：

通过本章的学习，掌握测控电路中常见的加减法运算电路、对数与指数运算电路、乘除电路、乘方开方电路、微积分运算电路及特征值运算电路的基本构成特点及分析思路，信号运算电路的分析方法，提高测控电路的分析能力。

5.1 概述

运算放大器在各种测量线路中完成信号调理和运算功能。当今，第四代运算放大器已非常接近理想放大器特性，在前面信号放大电路中已经讲解。信号运算电路有着以下的功用：

- 获得被测参数：和、差、积、积分、平均值、峰值、任意函数；
- 实现控制：PID；
- 误差补偿：非线性补偿；
- 减小干扰影响：共模抑制、跟踪滤波；
- 调制解调：乘法运算。

本章主要介绍其在测控系统中的各种运算应用，包括：加减法运算电路，乘除与乘方、开方运算电路，对数与指数运算电路，微分与积分运算电路，特征值运算电路。

5.2 加减法运算电路

加减法运算电路就是用于对电压信号进行代数加减运算的电路。例如，采用热电偶测温时，要把热电偶的输出信号与补偿端（冷端）的信号相加。在进行光谱测量时，经常要扣除背景光强或进行差分测量以提高灵敏度和测量精度。更经常的情况是，要把信号进行电平平移，即把信号叠加一个固定电平，以方便后续电路的处理。

5.2.1 同相加法运算电路

同相加法运算电路可以实现输入信号的求和运算，如图 5-1 所示。

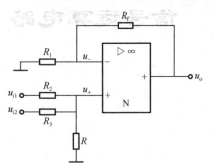

图 5-1 同相加法运算电路

信号 u_{i1}、u_{i2} 分别通过 R_2、R_3 接到同相端。同相端电压为

$$u_+ = \frac{R_3 // R}{R_2 + R_3 // R}u_{i1} + \frac{R_2 // R}{R_3 + R_2 // R}u_{i2}$$

反相端电压为

$$u_- = \frac{R_1}{R_1 + R_f}u_o$$

根据"虚短"特性，可得

$$u_o = \left(1 + \frac{R_f}{R_1}\right)\left(\frac{R_3 // R}{R_2 + R_3 // R}u_{i1} + \frac{R_2 // R}{R_3 + R_2 // R}u_{i2}\right)$$

若 $R_2 = R_3$，则有

$$u_o = \left(1 + \frac{R_f}{R_1}\right)\left[\frac{R_2 // R}{R_2 + R_2 // R}(u_{i1} + u_{i2})\right]$$

实现了信号 u_{i1}、u_{i2} 相加，且输入、输出同相。

5.2.2 反相加法运算电路

如图 5-2 所示为反相加法运算电路。

输入信号 u_{i1}、u_{i2} 分别通过 R_1、R_2 接到反相端。根据放大器的"虚地"特性，可得

$$u_+ = u_- = 0$$

$$i_1 = \frac{u_{i1}}{R_1}$$

$$i_2 = \frac{u_{i2}}{R_2}$$

$$i_f = -\frac{u_o}{R_f}$$

$$i_1 + i_2 = i_f$$

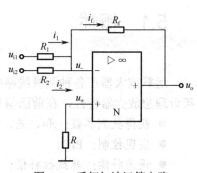

图 5-2 反相加法运算电路

所以有

$$u_o = -\frac{R_f}{R_1}u_{i1} - \frac{R_f}{R_2}u_{i2}$$

若有 $R_1 = R_2$，则

$$u_o = -\frac{R_f}{R_1}(u_{i1} + u_{i2})$$

实现了信号 u_{i1}、u_{i2} 相加，注意输入与输出反相。

5.2.3　减法运算电路

上面介绍的加法运算电路，可以通过适当的组合构成减法器。

【例 5-1】　试用运算放大器实现数值运算：$u_o = 8u_{i3} - 0.2u_{i2} - 5u_{i1}$。

解：分析上式运算关系，可写为 $u_o = 8u_{i3} - (0.2u_{i2} + 5u_{i1})$，可知要完成上式运算，需要一个加法运算和一个减法运算。信号在同相输入端实现求和运算，由反相端输入时，可对同相信号进行减法运算。由此设计图 5-3 所示电路。

根据叠加原理，推导其元件参数。当仅有 u_{i1} 作用时，有

$$u_{o1} = -\frac{R_f}{R_1}u_{i1} = -5u_{i1}$$

得 $R_f = 5R_1$。当仅有 u_{i2} 作用时，有

$$u_{o2} = -\frac{R_f}{R_2}u_{i2} = -0.2u_{i2}$$

得 $R_f = 0.2R_2$。当仅有 u_{i3} 作用时，有

$$u_{o3} = \frac{R_3}{R}\left(1 + \frac{R_f}{R_1 // R_2}\right)u_{i3} = 8u_{i3}$$

$$\frac{R_3}{R}\left(1 + \frac{R_f}{R_1 // R_2}\right) = 8$$

代入前两式，解出

$$R_3 = 1.29R$$

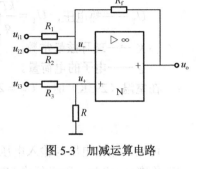

图 5-3　加减运算电路

按求得的关系式取电阻值，可实现所需的算术运算。注意按电阻系列标准选取电阻值时可能会有偏差，从而引入运算误差。为实现准确运算，需要引入调整环节（可以采用电位器进行调节）。

5.3　对数与指数运算电路

对数与指数运算电路属于非线性运算电路，通常采用具有非线性特性的器件作为放大器的负反馈回路构成。

5.3.1　对数运算电路

常用的有利用二极管的电压-电流特性或晶体管的集电极电流-发射极电压构成的对数运算电路。

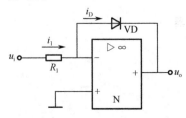

图 5-4 所示为对数放大器的原理电路，当工作于大信号时，二极管 VD 导通，起限幅作用，为限幅器。若工作于小信号，利用二极管 PN 结的非线性特性则可实现对数运算。根据运算放大器的"虚地"原理可得

$$i_1 \approx \frac{u_i}{R_1} \approx i_D$$

图 5-4　对数放大器的原理电路

而由二极管特性方程有

$$i_D = I_s \left(e^{\frac{u_D}{U_T}} - 1 \right) \approx I_s e^{\frac{u_D}{U_T}}$$

式中 I_s——PN 结的反向饱和电流；

U_T——热电压，$U_T = \dfrac{kT}{q}$，T 为热力学温度；

K——玻耳兹曼常数；

Q——电子的电荷量。

在室温（293K）时，$U_T = 26\text{mV}$。当 $u_D \geq U_T$ 时，可得运算放大器的输出电压为

$$u_o = -u_D = -U_T \ln \frac{u_i}{I_s R_1}$$

可见，输出电压与输入电压之间存在对数运算关系。上述对数放大器只在 $u_i > 0$ 时适用，如工作在 $u_i < 0$ 时，则必须将 VD 反接。

上面电路在实际应用中还存在一些问题，需要进行改进。

（1）失调补偿。对数放大器工作范围的下限通常取决于运算放大器的输入偏置电流和输入失调电压，为此，除应选用输入偏置电流和输入失调电压小的运算放大器外，必要时还需对输入偏置电流和输入失调电压进行补偿。

（2）温度补偿。运算电路中，I_s 和 U_T 都与温度有关，这将极大地影响运算精度，为此必须进行温度补偿。常规方法是选用对管补偿 I_s，而 U_T 用热敏电阻进行补偿。

（3）安全保护。为了防止输入电压极性偶然反向而导致 PN 结击穿，运算放大器输出必须增加反向限幅环节。

（4）校正环节。为了保证闭环稳定性，需加 RC 校正环节。

图 5-5 所示为一种具有温度补偿的对数放大器。N_1、N_2 都工作于负反馈状态。

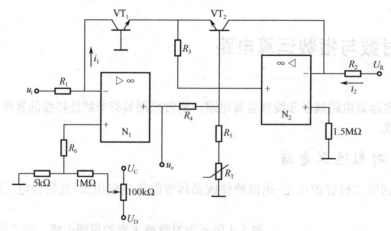

图 5-5   一种具有温度补偿功能的对数放大器

其中 VT_1 用来实现对数运算。流过 VT_1 的集电极电流为

$$i_{C1} \approx i_1 \approx \frac{u_i}{R_1}$$

VT_1 的发射结电压为

$$u_{BE1} = U_T \ln \frac{u_i}{R_1 I_{s1}}$$

VT_2 用作温度补偿，U_R 为基准电压。VT_2 的集电极电流为

$$i_{C2} \approx i_2 \approx \frac{U_R}{R_2}$$

i_{C2} 是一常量。VT_2 的发射结电压为

$$u_{BE2} = U_T \ln \frac{U_R}{R_2 I_{s2}}$$

u_o 通过 R_4、R_5 和热敏电阻 R_T 分压后加在 VT_1 和 VT_2 两发射结上，有

$$u_o \frac{R_5 + R_T}{R_4 + R_5 + R_T} = u_{BE2} - u_{BE1} = -U_T \ln \frac{u_i R_2 I_{s2}}{U_R R_1 I_{s1}}$$

所以

$$u_o = -U_T \frac{R_4 + R_5 + R_T}{R_5 + R_T} \ln \frac{u_i R_2 I_{s2}}{U_R R_1 I_{s1}}$$

若 VT_1、VT_2 为制作在同一芯片上的对称管（简称对管），$I_{s1}=I_{s2}$，则上式变为

$$u_o = -U_T \frac{R_4 + R_5 + R_T}{R_5 + R_T} \ln \frac{u_i R_2}{U_R R_1}$$

选用具有正温度系数的热敏电阻 R_T，使 $\dfrac{R_4 + R_5 + R_T}{R_5 + R_T}$ 与温度 T 成正比，即可对 U_T 实现补偿。

使用中，常通过适当选择参数，使得在室温时 $\dfrac{R_4 + R_5 + R_T}{R_5 + R_T}=16.7$，可实现以 10 为底的对数运算，有

$$u_o = -\lg\left(\frac{R_2}{U_R R_1} u_i\right)$$

5.3.2 指数运算电路

指数是对数的逆运算，在电路结构上也存在对偶性。将反馈回路的非线性器件移到输入端，而反馈环节采用电阻，则可实现指数运算。图 5-6 所示为指数运算的原理电路。

根据运算放大器的"虚地"原理，可得

$$i_f \approx -\frac{u_o}{R_f} \approx i$$

由图可知

$$i_f = i \approx I_s e^{\frac{u_{BE}}{U_T}} \approx I_s e^{\frac{u_i}{U_T}}$$

代入上式，解出

$$u_o = -I_s R_f e^{\frac{u_i}{U_T}}$$

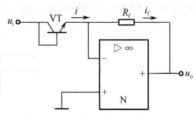

图 5-6 指数运算的原理电路

输出电压与输入电压之间存在指数运算关系。

对于指数运算电路，可以采用差动的办法改善温度稳定性，如图 5-7 所示。

图中 $I_{C1}=U_{ref}/R_1$，$I_{C2}=U_o/R_5$，当 R_3 较小时，$U_A=U_i R_3/(R_3+R_4)$，则有

$$U_o = \frac{U_{ref} R_5}{R_1} e^{\frac{R_3}{R_3+R_4}\frac{U_i}{U_T}}$$

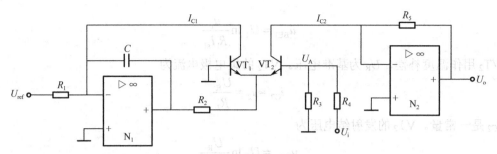

图 5-7　具有温度补偿功能的指数运算电路

当 R_4 断路时

$$U_o = \frac{U_{ref} R_5}{R_1} e^{\frac{U_i}{U_T}}$$

可见，U_o 与 I_s 无关，但应尽可能保证 VT_1 和 VT_2 的特性一致，否则不相等的反向饱和电流仍会带来一定的温度误差。R_2 的作用是用来限制电流 I_{C1}、I_{C2}。

上述指数运算电路具有以 e 为底的指数运算功能，即完成 $y = e^{ax}$ 形式的运算。根据 $b^{ax} = e^{ax\ln b}$，通过将输入信号 x 乘以系数 $\ln b$，就可以实现任意底数的指数运算。

5.4　乘除与乘方、开方运算电路

5.4.1　模拟乘法器组成的运算电路

模拟乘法器是可以实现两个模拟量相乘功能的电子器件。它不仅应用于模拟量的运算——乘、除等，还广泛地应用于无线电通信、电视、测量仪表等许多电子技术领域。例如，通信电路中的振幅调制、混频、倍频、同步检波、鉴相、鉴频等，均可以归纳为两个信号相乘或包含相乘的过程。使用集成模拟器完成上述信号处理功能，要比采用分立元件更为方便和有效。

1. 模拟乘法器的基本概念

模拟乘法器的功能为实现两个互不相关的模拟电信号（模拟电压或电流）相乘。它通常有两个输入端和一个输出端，是一个三端有源网络，其电路符号如图 5-8 所示。

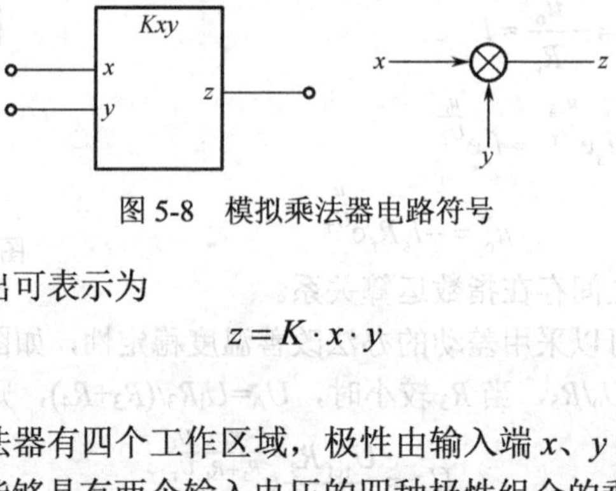

图 5-8　模拟乘法器电路符号

理想模拟乘法器的输出可表示为

$$z = K \cdot x \cdot y$$

式中，K 是乘积系数。

从代数性质考虑，乘法器有四个工作区域，极性由输入端 x、y 组合来决定；有四种组合，x-y 平面有四个工作象限。能够具有两个输入电压的四种极性组合的乘法器，称为四象限乘法器；若一个输入端能够适应正、负两种极性模拟量，而另一个输入端只能适应单一极性模拟量，则该乘法器称为二象限乘法器；当乘法器的两个输入信号都限定为某一种极性才能正常工作时，称为单象限乘法器，其工作象限只有一个。如果实际采用的乘法器是单象限或者是二象限乘法器，而所加的两个输入信号又都是正、负两种极性，这时要完成两个输入信号相乘，就需要通过一定的外电路，将单象限乘法器或二象限乘法器转化为四象限乘法器。

2．模拟乘法器在输入运算电路中的应用——除法运算

模拟乘法器的应用十分广泛，在模拟量的运算方面，除了乘法运算以外，还可以实现除法等基本运算。

将乘法器与集成放大器组合起来，构成的除法运算电路如图 5-9 所示。

由图可得乘法器的输出电压为

$$u_A = K u_y u_z$$

再利用放大器的"虚短"、"虚断"概念有

$$u_A = -\frac{R_2}{R_1} u_x$$

整理得

$$u_z = -\frac{R_2 u_x}{R_1 K u_y}$$

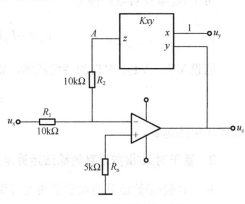

图 5-9　除法运算电路

可见输出电压 u_z 与两个输入电压 u_x、u_y 相除所得的商成正比。

必须注意的是，这里 u_y 必须为正极性，才能使 u_x 和 u_A 的极性相反，保证反馈是负反馈。u_x 可正可负，所以它是一个二象限除法器。

5.4.2　基于对数/指数运算的乘法/除法运算电路

1．基于对数/指数运算的乘法运算电路

乘法运算在数据运算、调制解调当中有广泛的应用。乘法运算可以基于对数/指数运算原理来实现，基于对数/反对数（指数）乘法器的实现原理是

$$u_o = e^{(\ln u_1 + \ln u_2)} = u_1 u_2$$

实现这种关系的运算电路见图 5-10。

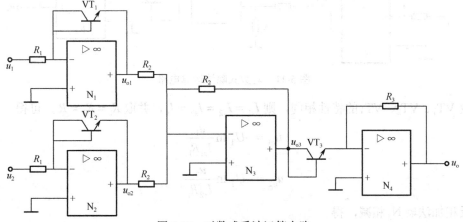

图 5-10　对数式乘法运算电路

图中 N_1、N_2 为对数放大器，它们的输出电压分别为

$$u_{o1} = -U_T \ln \frac{u_1}{I_{s1}R_1}$$

$$u_{o2} = -U_T \ln \frac{u_2}{I_{s2}R_1}$$

经反相加法器 N_3 相加，得

$$u_{o3} = -(u_{o1} + u_{o2}) = U_T \ln \frac{u_1 u_2}{I_{s1}I_{s2}R_1^2}$$

再由 N_4 取反对数，得

$$u_o = -I_{s3}R_3 e^{\frac{u_{o3}}{U_T}} = -\frac{I_{s3}R_3}{I_{s1}I_{s2}R_1^2} u_1 u_2$$

假设 VT_1、VT_2、VT_3 的特性相同，则 $I_{s1} = I_{s2} = I_{s3} = I_s$，并取 $R_1 = R_3 = R$，可得

$$u_o = -\frac{1}{I_s R} u_1 u_2$$

实现了乘法运算。

2. 基于对数/指数运算的除法运算电路

基于对数/指数运算的除法器的实现原理是

$$u_o = e^{(\ln u_1 - \ln u_2)} = \frac{u_1}{u_2}$$

实现这种关系的运算电路如图 5-11 所示。

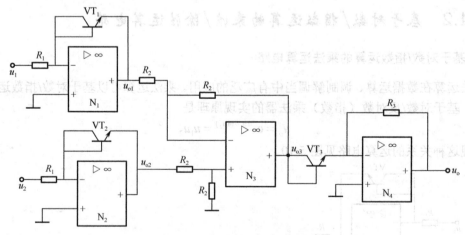

图 5-11　对数式除法运算电路

假设 VT_1、VT_2、VT_3 的特性相同，则 $I_{s1} = I_{s2} = I_{s3} = I_s$，并取 $R_1 = R_3 = R$，可得

$$u_{o1} = -U_T \ln \frac{u_1}{I_{s1}R_1}$$

$$u_{o2} = -U_T \ln \frac{u_2}{I_{s2}R_1}$$

经反相加法器 N_3 相减，得

$$u_{o3} = (u_{o2} - u_{o1}) = U_T \ln \frac{u_1}{u_2}$$

$$u_o = -RI_s e^{\frac{u_{o3}}{U_T}} = -I_s R \frac{u_1}{u_2}$$

实现了除法运算。

5.4.3　乘方、开方运算电路

图 5-12 所示为乘方与开方运算电路。

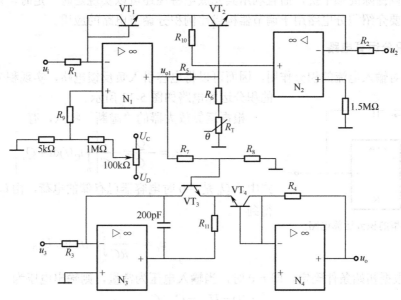

图 5-12　乘方与开方运算电路

图中 N_1、N_2 构成对数放大器。R_7、R_8、N_3、N_4 构成指数放大器。VT_1、VT_2 和 VT_3、VT_4 为对管，用以补偿 I_s。对数放大器与指数放大器级联，实现 U_T 补偿。经推导，可得 N_1 的输出电压为

$$u_{o1} = -\frac{R_5 + R_6}{R_6} U_T \ln\left(\frac{R_2}{u_2 R_1} u_i\right)$$

$$u_o = \frac{R_4 u_3}{R_3} e^{-\frac{R_3}{(R_7+R_8)U_T u_{o1}}} = \frac{R_4 u_3}{R_3} \left(\frac{R_2}{u_2 R_1} u_i\right)^{\frac{(R_5+R_6)R_8}{(R_7+R_8)R_6}}$$

令

$$\frac{(R_5 + R_6)R_8}{(R_7+R_8)R_6} = n, \quad \frac{R_4 u_3}{R_3}\left(\frac{R_2}{U_2 R_1}\right)^n = K$$

则上式简化成

$$u_o = K u_i^n$$

适当选取参数使 n 等于所要求的值。如果 n 为正整数，可以实现乘方运算；如果 n 为分数，则实现开方运算。利用这一电路还可以实现任意幂函数的运算。

5.5　微分与积分运算电路

5.5.1　常用积分运算电路

积分运算电路是指运放的输出与输入的积分成比例的电路，由于电容两端的电压是其输入电流的积分函数，因而可将运放的负反馈回路用电容实现，即可得到积分电路。积分电路的应用很广，它可以滤除高频干扰，而且利用其充放电特性还可以实现延时、定时，以及产生各种波形。这里主要介绍积分电路用于调节器构成比例积分调节电路的应用。

1. 反相积分运算电路

电容具有对输入电流的积分作用，因而可以将电容引入负反馈电路，实现积分运算。典型的积分运算电路如图 5-13 所示。

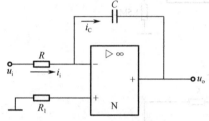

图 5-13　典型的积分运算电路

根据运算放大器的"虚断"特点，有

$$u_{\text{o}} = -\frac{Q}{C} = -\frac{1}{C}\left[\int_0^t i_{\text{C}}(t)\text{d}t + Q_0\right]$$

式中，Q_0 是 $t=0$ 时电容器已存储的电荷，由 $i_{\text{C}} = i_{\text{i}} = u_{\text{i}}/R$，得到

$$u_{\text{o}} = -\frac{1}{RC}\int_0^t u_{\text{i}}(t)\text{d}t + U_{\text{o0}}$$

常量 U_{o0} 根据初始条件确定，即 $t=0$ 时，当输入电压为常量，则输出电压为

$$u_0(t) = U_{\text{o0}} = Q_0/C$$

$$u_{\text{o}}(t) = -\frac{U_{\text{i}}}{RC}t + U_{\text{o0}} \tag{5-1}$$

可见输出 $u_{\text{o}}(t)$ 随时间线性上升，在阶跃输入信号 u_{i} 作用下，积分器输出 u_{o} 的阶跃响应曲线如图 5-14 所示。令 $T_{\text{I}} = RC$，称为积分常数，表明积分作用的大小。T_{I} 越大，积分速度越慢，积分作用越弱；反之，T_{I} 越小，积分作用越强。

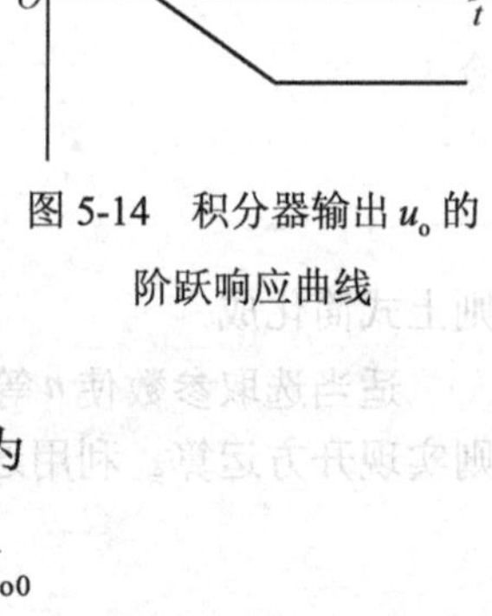

由式（5-1）可见，积分器的输出与输入信号存在的时间成正比，这一特点用于调节器时，可构成输入偏差调节器。只要输入偏差存在，输出就会随时间增加，直到偏差消除，积分器的输出才不变。因此，积分器能消除纯比例调节器固有的静差问题，这是其重要的优点之一。但是，积分器的积分作用动作缓慢，在偏差刚出现时，积分器输出很弱，不能及时克服扰动的影响，被调参数的动态偏差增大，调节过程拖长。因此，很少单独使用积分调节器。大多数是将积分和比例作用结合在一个调节器中实现比例积分调节。

图 5-14　积分器输出 u_{o} 的阶跃响应曲线

当输入信号为交流信号时，$u_{\text{i}}(t) = U_{\text{m}}\cos\omega t$，输出信号经积分后为

$$u_{\text{o}}(t) = -\frac{1}{RC}\int_0^t U_{\text{m}}\cos\omega t\text{d}t + U_{\text{o0}} = -\frac{U_{\text{m}}}{\omega RC}\sin\omega t + U_{\text{o0}}$$

由此可见，输出信号仍然为一交流信号，其幅值与角频率成反比，频率不变。其对数幅频特性曲线是一条 $-6\mathrm{dB}/\mathrm{dec}$ 的曲线。

实际运算放大器存在输入失调电压 U_{os} 和偏置电流 I_{b}，当没有信号时，积分电容将对失调电压和偏置电流进行积分，这将带来误差及积分饱和问题，使用时需采取抗饱和方法减小误差。

2．比例积分运算电路

图 5-15 所示为一种比例积分运算电路，它引入比例电阻，串接于积分电容上。其传递函数为

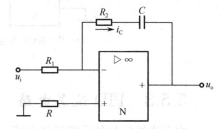

$$u_{\mathrm{o}} = -\frac{R_2}{R_1} - \frac{1}{R_1 C}\int_0^t u_{\mathrm{i}}\mathrm{d}t$$

上式中第一项正比于输入信号，第二项为积分项。

在输入阶跃信号 u_{i} 时，其输出为

$$u_{\mathrm{o}} = -\frac{R_2}{R_1}u_{\mathrm{i}} - \frac{1}{R_1 C}u_{\mathrm{i}}t$$

可见，第一项为比例调节作用，第二项为积分作用。

图 5-15　比例积分运算电路

作为调节器运算电路，在其输入端有偏差存在时，调节器有一比例输出 $-\dfrac{R_2}{R_1}u_{\mathrm{i}}$，接着在其上叠加一个与时间成比例的项 $-\dfrac{1}{R_1 C}u_{\mathrm{i}}t$。$T_{\mathrm{I}} = RC$ 为其积分常数，也称在调节时间。表明当输入为 u_{i} 时，先有一比例输出，对参数进行调节，当 $t = T_{\mathrm{I}}$ 时，积分器输出一个等于输入偏差的比例项，对偏差进行进一步调节。

5.5.2　常用微分运算电路

微分运算是积分运算的反运算，因此，可将处于积分运算电路中负反馈回路中的电容和输入电阻对调，得到微分运算电路。图 5-16（a）所示是基本微分运算电路。

当输入 u_{i} 时，其输出有

$$C\frac{\mathrm{d}u_{\mathrm{i}}}{\mathrm{d}t} + \frac{u_{\mathrm{o}}}{R} = 0$$

则

$$u_{\mathrm{o}} = -RC\frac{\mathrm{d}u_{\mathrm{i}}}{\mathrm{d}t} \tag{5-2}$$

输出为输入信号的微分，$T_{\mathrm{D}} = RC$ 称为微分时间常数。

当输入信号为交流正弦波 $u_{\mathrm{i}} = U_{\mathrm{m}}\sin\omega t$ 时，输出信号为

$$u_{\mathrm{o}} = -\omega RC U_{\mathrm{m}}\cos\omega t$$

输出仍为一交流信号，其幅值与输入比值为 ωRC，在对数幅频特性曲线中为一条 $+6\mathrm{dB}/\mathrm{dec}$ 的直线。

从式（5-2）可知，当在 t_0 输入阶跃信号时，理论上其输入变化速度无限大，理想微分输出为 $\delta(t)$ 函数，在 $t > t_0$ 后，输入无变化，微分输出为零。由此可见，微分运算只能反映输入信号的变化速度，当输入信号无变化时，其输出为零。因此，微分运算电路经常用于调节器运算电路中，实现对输入偏差信号的微分前馈调节。由于其特性决定其仅对输入偏差信号的变化速度有调节作用，对一个固定不变的偏差，无论多大，均无输出，因此，纯微分电路无法克服静差。当偏差信号变换缓慢，经长时间的积累到达相当大时，微分作用也无能为力。所以，在实用中，不能仅用纯微分电路，而需加入比例运算电路，构成比例微分运算电路，图 5-16（b）所示是

一种实用微分运算电路。

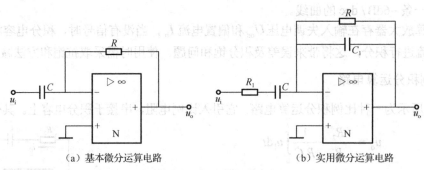

（a）基本微分运算电路　　　　　（b）实用微分运算电路

图 5-16　微分运算电路

5.5.3　PID 运算电路

由前述的各种负反馈运算电路，可以根据不同的组合构成 PID（比例、微分、积分）调节运算电路。本节将介绍两种 PID 调节器运算电路的构成方法及特点。

1. 比例、比例积分和比例微分运算电路串联构成的 PID 电路

图 5-17 所示电路为 P、PI、PD 三种运算电路串联构成的 PID 调节电路。假设各电路的输入阻抗很大，输出阻抗足够小，则各电路串联后，总的传递函数为各传递函数的乘积。

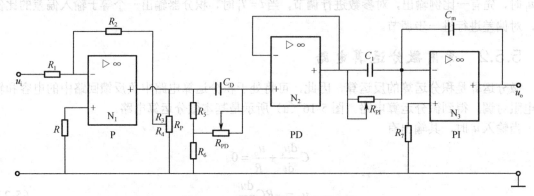

图 5-17　PID 调节器串联实现电路

比例部分的传递函数为

$$H_1(s) = -K_{P1}$$

比例微分部分的传递函数为

$$H_2(s) = K_{P2}\frac{1+T_{DS}}{1+\dfrac{T_{DS}}{K_D}}$$

比例积分部分的传递函数为

$$H_3(s) = -K_{P3}\frac{1+\dfrac{1}{T_{IS}}}{1+\dfrac{1}{K_IT_{IS}}}$$

PID 运算电路总的传递函数为

$$H(s) = H_1(s)H_2(s)H_3(s) = K_{P1}K_{P2}K_{P3}\frac{1+T_{DS}}{1+\dfrac{T_{DS}}{K_D}}\frac{1+\dfrac{1}{T_{IS}}}{1+\dfrac{1}{K_I T_{IS}}}$$

$$= K_{P1}K_{P2}K_{P3}\frac{1+\dfrac{T_D}{T_I}+\dfrac{1}{T_{IS}}+T_{DS}}{1+\dfrac{T_D}{K_D K_I T_I}+\dfrac{1}{K_I T_{IS}}+\dfrac{T_D}{K_D}s}$$

为实现正常微积分运算，要求 $\dfrac{T_D}{K_D K_I T_I} << 1$，可以忽略不计，因此可得

$$H(s) = K_P F\frac{1+\dfrac{1}{FK_{IS}}+\dfrac{T_D}{F}s}{1+\dfrac{1}{T_I K_{IS}}+\dfrac{T_D}{K_D}s}$$

式中　　K_P——比例系数，$K_P = K_{P1}K_{P2}K_{P3}$，其中 $K_{P1} = \dfrac{R_3}{R_4}\dfrac{R_2}{R_1}$，$R_3$ 为电位器 R_P 的全部阻值，R_4

为电位器 R_P 的下部阻值，$K_{P2} = \dfrac{R_6}{R_5+R_6} = \dfrac{1}{n}$，$K_{P3} = \dfrac{C_I}{C_m}$；

K_D——微分增益，$K_D = n$；

K_I——积分增益，$K_I = \dfrac{C_m}{C_I}$；

F——互调干扰系数，$F = 1+\dfrac{T_D}{T_I}$。

K_P、T_D、T_I 称为调节器的调节参数，可在一定范围内调节。三部分串联后，调节器运算电路的实际调节系数为

实际比例系数

$$K_P' = K_P F$$

实际积分时间

$$T_I' = T_I F$$

实际微分时间

$$T_D' = \frac{T_D}{F}$$

由此可见串联型的 PID 调节器，其各调节参数互相影响，F 的大小表示实际参数与理论参数之间相互影响的程度。当 $F = 1$ 时，K_P'、T_D' 和 T_I' 之间无干扰，即三个参数在调节时互不影响。当 $F \neq 1$ 时，K_P、K_D 和 T_I 之间相互影响，使得参数整定互相影响，整定困难。F 越大，这种影响也越严重。设计时，尽量使 $F = 1$，便于参数整定。实际使用时，有时省去比例部分，由 PD 或 PI 部分代替。

另外，由 PD 和 PI 运算电路串联构成的 PID 调节器，可实现测量值先行微分的方法，如图 5-18 所示。测量值经过微分电路后再与给定值比较，差值送入积分电路。这样，给定值不经过微分，在改变给定值时，调节器输出不会发生改变，避免给定值扰动。

串联构成的 PID 调节器的缺点是由于各回路串联，各级的误差必然累积到后级放大，为保

证整机的精度，要求各级的精度要高。

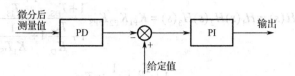

图 5-18　测量值先行微分调节器原理

2. 由 P、I、D 并联构成 PID 调节器

图 5-19 所示为由 P、I、D 三电路并联构成的 PID 调节器，三部分的输出求和作为调节器的输出。图 5-20 所示为 PID 调节器并联框图。

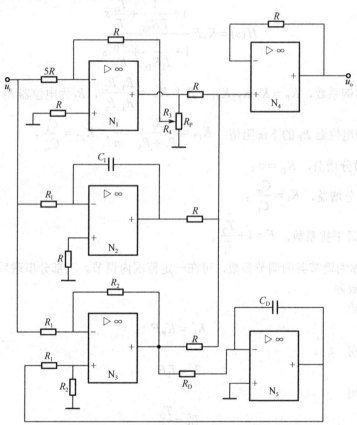

图 5-19　PID 调节器并联实现电路

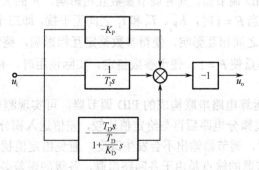

图 5-20　PID 调节器并联框图

PID 系统的传递函数为

$$W(s) = K_{\mathrm{P}} + \frac{1}{T_{\mathrm{I}}s} + \frac{T_{\mathrm{D}}s}{1 + \frac{T_{\mathrm{D}}}{K_{\mathrm{D}}}s} = K_{\mathrm{P}}\left(1 + \frac{1}{K_{\mathrm{P}}T_{\mathrm{I}}s} + \frac{\frac{T_{\mathrm{D}}s}{K_{\mathrm{P}}}}{1 + \frac{T_{\mathrm{D}}}{K_{\mathrm{D}}}s}\right)$$

式中，$K_{\mathrm{P}} = \dfrac{R_3 + R_4}{5R_4}$，这里 R_3、R_4 分别为电位器 R_{P} 上部和下部电阻；$T_{\mathrm{I}} = R_{\mathrm{I}}C_{\mathrm{I}}$；$T_{\mathrm{D}} = R_{\mathrm{D}}C_{\mathrm{D}}$；

$K_{\mathrm{D}} = \dfrac{R_2}{R_1}$。

并联构成的 PID 调节器，由于三个并联电路并联连接，避免了级间误差的累积放大，对保证整机精度有利。同时，并联构成可以消除参数 T_{I}、T_{D} 变化对整定参数的互相影响。

5.6 特征值运算电路

5.6.1 绝对值运算电路

从电路上看，取绝对值就是对信号进行全波或半波整流。绝对值运算电路的传输特性曲线应具有如图 5-21 所示的形式。整流二极管的非线性会带来严重影响，特别是在小信号的情况下。为了精确地实现绝对值运算，必须采用线性整理电路。在不少情况下，需要绝对值运算电路输出电流。图 5-22 所示为输出电流的全波线性绝对值电路。运算放大器构成了由电压控制的电流源，流过电流表的电流与二极管的截止电压无关，即

$$I_0 = \frac{|U_{\mathrm{i}}|}{R}$$

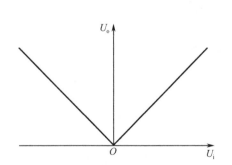

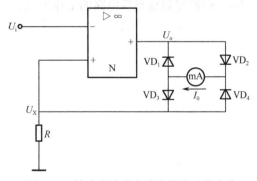

图 5-21 绝对值运算电路的传输特性曲线   图 5-22 输出电流的全波线性绝对值电路

5.6.2 峰值检测电路

峰值检测电路是一种检测信号在一周期内峰值的电路，当输入信号大于前次采样的信号时，电路工作于采样状态，并且跟踪输入信号。当输入信号下降时，保持采样值。其输出为一个采样周期内的峰值。图 5-23 所示为一种由同相运算放大器构成的峰值检测电路。

当 u_{i} 大于电容 C 两端电压时，VD_1 截止，VD_2 导通，电路进入采样周期，$u_{\mathrm{o}} = u_{\mathrm{i}}$。当 u_{i} 下降时，N_1 同相端电位低于反向端电位，N_1 输出为负，VD_1 导通，VD_2 截止，电路进入保持状态，

$u_o = u_i - u_D$，保持到下次采样。下一次采样前，u_R 瞬时接高电位，使 VT 导通，保持电容 C 复位。

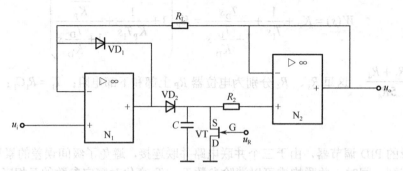

图 5-23 由同相运算放大器构成的峰值检波电路

思考题与习题

5-1 用运放设计一个同相加法器，使其输出为 $u_o = 6u_1 + 4u_2$。

5-2 设计一个比例运算电路，要求输入电阻 $R_i = 20\text{k}\Omega$，比例系数为 100。

5-3 试用运算放大器实现数值运算：$u_o = 20u_{i3} - 3u_{i2} - 2.2u_{i1}$。

5-4 解释具有温度补偿功能的对数放大器的工作原理。

5-5 解释指数运算电路的原理。

5-6 解释除法器的工作原理。

5-7 阐述积分电路的特点，试说明其应用场合。

5-8 解释 PID 电路几种构成形式的原理。

5-9 解释绝对值运算电路的工作原理。

第 6 章

信号转换电路

本章知识点:
- 采样/保持（S/H）电路的功能及实用电路
- 电压/电流变换电路的功能及设计方法
- 电压/频率变换电路的功能及设计方法
- 电压比较电路及设计方法
- 模拟数字转换电路的分析

基本要求:
- 了解实用采样保持电路
- 理解电压/频率变换电路的结构及特性
- 掌握电压比较电路的三要素和典型电路
- 掌握常用模数、数模转换电路的结构

能力培养目标:

通过学习信号转换电路相关理论知识，掌握电路中电压、电流和频率等相关参数的处理，培养学生理解、分析与设计信号转换电路的基本能力，丰富学生对信号转换电路知识的认知，为学生以后的研究实践提供扎实的理论基础。

6.1 采样/保持（S/H）电路

在数据采集系统中，通常需要将连续变化的模拟信号转换成离散的数字信号，这个过程称为 A/D 转换。在 A/D 转换前，需要及时跟踪采样模拟信号；在 A/D 转换过程中，需要保持采样值不变，直至 A/D 转换结束，然后开始下一个采样阶段。实现这种功能的电路称为采样保持电路（Sample and Hold，S/H）。

1. 电路工作原理

基本采样保持电路如图 6-1（a）所示，它由模拟电子开关 S、保持电容 C_h、输出缓冲器 A 及开关控制逻辑电路等组成。S 接通时为采样节拍，S 断开时为保持节拍。对理想 S/H 电路，当模拟开关 S 闭合（电路进入采样期）时，输出 u_o 应等于输入信号 u_i；当模拟开关 S 断开（电路进入保持期）时，输出 u_o 应保持开关断开时刻的 u_i 而始终不变。

在实际采样保持电路中，上述要求是很难实现的。如图 6-1（b）所示，设在 t_0 时刻，开关闭合，电路进入采样期，输出电压 u_o 随着 C_h 被输入信号 u_i 充电而逐渐上升，直到 t_1 时刻 u_o 才等

于 u_i，并在以后的时间里继续跟踪输入信号的变化。$t = t_1 - t_0$ 被称为捕捉时间，显然捕捉时间和信号源的输出电阻、模拟开关的导通电阻、保持电容 C_h 的容量有关。设在 t_2 时刻，模拟开关 S 断开，电路进入保持期，由于模拟开关 S、保持电容 C_h 和输出缓冲器 A 均存在漏电，C_h 上的电压并不能始终保持不变，而是随时间逐渐衰减的，衰减速度和漏电阻及电容 C_h 的容量均有关。减小 C_h 可提高捕捉速度，但不利于信号的保持；增大 C_h 可提高保持精度，但增加了捕捉时间。选择 C_h 时，应兼顾速度和精度两方面的要求。

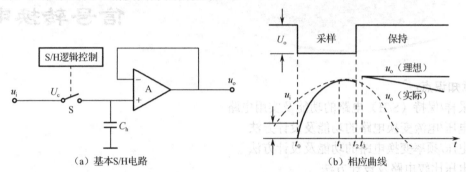

（a）基本 S/H 电路　　　　（b）相应曲线

图 6-1　基本 S/H 电路及相应曲线

2. 实用的采样保持电路

为了使信号源与 S/H 电路之间有良好的隔离，减小信号源内阻对捕捉时间的影响，通常信号先经一电压跟随器，再接入 S/H 电路，如图 6-2 所示。A_1 为输入缓冲器，A_2 为输出缓冲器，结型场效应管 VT 为电子开关，U_c 是它的控制电压。当 $U_c > U_{imax}$ 时，VD_1 截止，VT 导通，电路工作在采样期；当 $U_c < U_{imax} < U_{GS(off)}$ 时，VD_1 导通而 VT 截止，电路工作在保持期。在该电路中，A_1 和 A_2 各构成跟随器形式，整个电路是开环的，具有较高的工作速度。但是，由于场效应管栅-漏沟道电容将夺取保持电容 C_h 上的部分电荷，从而造成一定的电压误差。为了提高整个电路的精度，不得不适当地加大 C_h，而这又会降低工作速度。

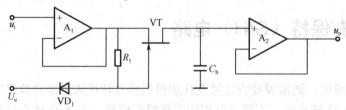

图 6-2　开环型 S/H 电路

在要求精度较高的情况下，可采用如图 6-3 所示的反馈型 S/H 电路。VD_1 和 VT 的作用与图 6-2 所示电路相同。

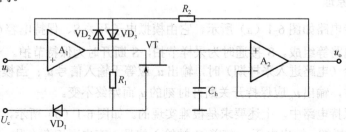

图 6-3　反馈型 S/H 电路

在采样期，VT 导通，输出电压 u_o 通过 R_2 反馈到输入缓冲放大器 A_1 的反相端，若 u_o 不等于 u_i，则插值将 A_f 放大，直至 u_o 等于 u_i。因此，可以消除模拟开关不理想及运放失调等因素带来的精度误差。在此阶段，由于 VD_2 与 VD_3 两端的电压近似相等，所以均不导通。

在保持期，u_o 维持不变，但因 VT 断开将使 A_1 处于开环状态，如果没有 VD_2 或 VD_3，A_1 的 u_{o1} 将趋于饱和值。VD_2 和 VD_3 的作用就是防止 A_1 进入饱和状态。当 u_{o1} 增大到一定值时，VD_2 和 VD_3 强制导通，使 A_1 变成跟随器，避免了饱和。

6.2　电压/电流变换电路

信号变换电路是将一种信号变换成另外一种信号的电路。例如，在控制系统和测量设备中，通常要用到电流—电压之间的互相变换，在遥控遥测系统和数字测量中，常常要进行电压—频率之间的相互变换。利用集成运放可较方便地实现上述信号变换。

1．电流—电压变换电路

电流—电压变换的原理电路如图 6-4 所示。设 A 为理想运算放大电路，则

$$i_1 = i_s, \quad u_o \approx -i_f R_F \approx -i_s R_F$$

输出电压 u_o 正比于输入电流，而与负载电阻无关。该电路要求电流源的内阻 R_s 很高。

2．电压—电流变换电路

1）负载不接地的电压—电流变换电路

最简单的电压—电流变换电路如图 6-5 所示。根据"虚地"原理有

$$i_L \approx i_1 \approx \frac{u_i}{R_1}$$

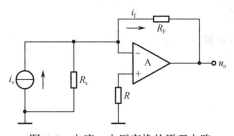
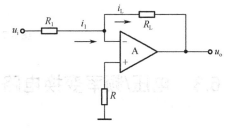

图 6-4　电流—电压变换的原理电路　　　　图 6-5　电压—电流变换电路

该电路最大负载电流受运放的最大输出电流的限制，最小电流受运放的输入电流 I_B 限制，输出电压 u_o 不得超出运放的最大输出电压。

2）负载不接地的电压—电流变换电路（恒流源型）

图 6-6 所示为两种负载不接地的电压—电流变换电路，由于输入信号改成直流电压 E，故称为恒流源。显然在图 6-6（a）中，负载电流为

$$I_L = I_R = E / R$$

在图 6-6（b）中，负载电流为

$$I_L = \beta I_B = \alpha(E / R)$$

运放输出电流为

$$I_o = I_L / \beta$$

因此输出恒电流 I_L 比 I_o 扩大了 β 倍。

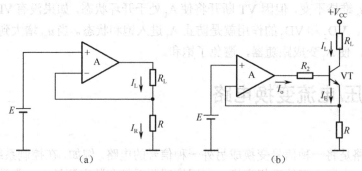

电压/电流转换器
AD694 原理及应用

图 6-6　两种负载不接地的电压—电流变换电路

3）负载接地的电压—电流变换电路

图 6-7 所示为负载接地恒流源。设 A 为理想运放，则输出电压为

$$U_o = E + I_L R_L = I_L (R + R_L)$$

从上式可解得恒流源输出电流 I_L 为

$$I_L = \frac{E}{R}$$

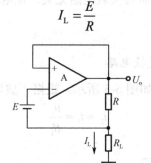

图 6-7　负载接地恒流源

6.3　电压/频率变换电路

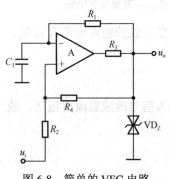

图 6-8　简单的 VFC 电路

电压/频率变换电路（VFC）把电压信号变换成相应的频率信号。该电路通常由积分电路、电压比较电路和自动复位开关电路三部分组成。各种类型的 VFC 电路只是复位方法及复位时间不同而已。下面讨论由运放构成的各种电路。

1. 简单的 VFC 电路

简单的 VFC 电路如图 6-8 所示。从图中可知，当外信号 $u_i = 0$ 时，电路为方波发生器，振荡频率为

$$f_o = \frac{1}{2R_1C_1 \ln\left(1 + \dfrac{2R_2}{R_4}\right)}$$

当 $u_i \neq 0$ 时，运放同相输入端的基准电压由 u_i 和反馈电压 $F_u u_o$ 确定。如 $u_i > 0$，则输出频率降低，$f < f_o$；如 $u_i < 0$，则输出频率升高，$f > f_o$，实现了电压/频率变换。

2. 复位型 VFC 电路

复位型 VFC 电路采用各种不同的模拟电子开关对 VFC 电路中的积分器进行复位。下面以场效应开关复位型 VFC 电路为例来说明该类电路的工作原理。

图 6-9 所示为场效应开关复位型 VFC 电路及其波形图。从图中看出，接通电源后，由于运放 A_2 反相输入端受 U_B（$U_B > 0$）的作用，其输出反向饱和，输出 $u_{o2} < 0$ 为低电平 u_{o2L}，复位开关管 VT_1 的栅极钳位在很大的负电平上而截止，此时输出管也截止，输出 u_o 为低电平 u_{oL}。VFC 电路处于等待状态。

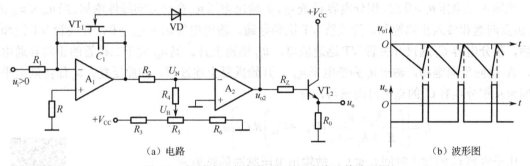

(a) 电路　　　　　　　　　　　　　(b) 波形图

图 6-9　场效应开关复位型 VFC 电路及其波形图

当输入正电压 u_i（$u_i > 0$）时，反向积分器输出电压 u_{o1} 线性下降。运放反相输入端 U_N 受 U_B 和 u_{o1} 共同作用（叠加）。若 $U_N < 0$，则运放 A_2 输出会立即翻转，u_{o2} 由负变正，VD 截止，VT_1 导通，C_1 通过 VT_1 迅速放电，使 u_{o1} 的电位迅速线性上升。当 $U_N > 0$ 时，又使 A_2 输出电压翻转，u_{o2} 又恢复到低电平。这个过程反复进行。

由电路可知，积分器的充电时间为

$$t_1 \approx R_1C_1\frac{U_B}{u_i}, \quad t_2 = \gamma_{dc}C_1$$

因为 $t_1 \gg t_2$，所以脉冲序列的频率为

$$f \approx \frac{1}{t_1} = \frac{1}{R_1C_1U_B}u_i$$

可见输出脉冲频率与输入正电压大小成正比。

3. 反馈型 VFC 电路

反馈型 VFC 电路及其波形图如图 6-10 所示。它是由积分器 A_1、比较电路 A_2 和开关管 VT 构成的。开关管 VT 不再与积分电容 C_1 连接，而是连接在运放输入的反相输入和地之间。

当接通电源，且 $u_i = 0$ 时，由于 U_R 影响，A_2 反向饱和，使得开关管 VT 截止，输出电压为

$$u_o = u_{oL} = \frac{R_2 + R_7}{R_2 + R_3 + R_7}U_R$$

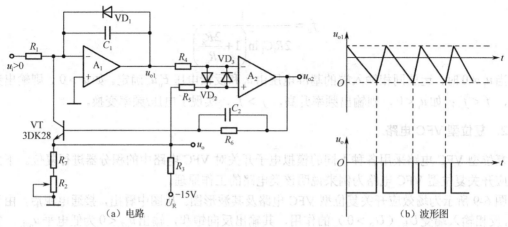

（a）电路   （b）波形图

图 6-10 反馈型 VFC 电路及其波形图

电路处于等待状态。

当输入正电压 $u_i > 0$ 时，积分电容 C_1 充电，其输出电压 u_{o1} 在负方向线性增加。当 $u_{o1} \leqslant u_{oL}$ 时，A_2 由反向饱和转入正向饱和。开关管 VT 饱和导通，输出电压 $u_o = u_{oH} = 0$。开关管 VT 饱和导通后，积分电容 C_1 通过开关管 VT 迅速放电，u_{o1} 迅速上升。当 u_{o1} 大于二极管的正向导通电压时，A_2 跳回反向饱和，输出 u_o 为低电平 u_{oL}。开始重复上述过程，如此反复。u_o 保持低电平的时间可从积分电容 C_1 的充电时间求得，有

$$t_1 = \left[\left(\frac{R_2 + R_7}{R_2 + R_3 + R_7} |U_R| + U_D \right) R_1 C_1 \right] u_i^{-1}$$

由于电容 C_1 的放电时间 $t_2 \ll t_1$，故输出电压脉冲的频率为

$$f = t_1^{-1} = u_i \left[\left(\frac{R_2 + R_7}{R_2 + R_3 + R_7} |U_R| + U_D \right) R_1 C_1 \right]^{-1}$$

输出信号频率与输入电压大小成比例变化，从而完成了电压/频率的变换。

LM2907/LM2917
电压/频率转换器

6.4 电压比较电路

电压比较电路是能够对输入的模拟量信号进行鉴别和比较的电路，它能够根据输入信号是大于还是小于参考电压而决定电路的输出状态。这种电路能把输入的模拟信号转换为输出的脉冲信号。电压比较电路是一种模拟量到数字量的接口电路，广泛应用于模数转换、数字仪表、自动控制和自动监测等技术领域，以及波形产生和变换等场合。对电压比较电路的基本要求是：①判别输入信号电平灵敏、准确；②判别可靠，具备抗干扰能力；③反应灵敏，即从检测出输入电平逾限开始，到输出完成状态翻转为止，时间尽可能短。

在电压比较电路中，绝大多数集成运放不是处于开环状态就是只引入了正反馈。对于理想运放，由于差模增益无穷大，只要同相输入端与反相输入端之间有无穷小的差值电压，输出电压就将达到正的最大值或负的最大值，即输出电压 u_o 与输入电压（$u_+ - u_-$）之间不再是线性关系，称集成运放工作在非线性工作区。如集成运放输出电压 u_o 的最大幅值为 $\pm U_{OM}$，则当 $u_+ > u_-$ 时，$u_o = +U_{OM}$；当 $u_+ < u_-$ 时，$u_o = -U_{OM}$。并且，由于理想运放的差模输入电阻为无穷大，故净输入电流为零，即 $i_+ = i_- = 0$。

电压比较电路是集成运放非线性应用的典型电路，可分为单阈值电压比较电路、滞回比较电路及窗口比较电路等。

在分析电压比较电路时，通常用阈值电压和电压传输特性来描述比较电路的工作特性。分析方法可大致归纳为以下步骤。

（1）求阈值电压 U_{TH}。阈值电压（又称门限电压）是比较电路输出电压发生跳变时的输入电压值，用符号 U_{TH} 表示。估算阈值电压主要应抓住输入信号使输出电压发生跳变时的临界条件，这个临界条件是令集成运放两个输入端的电位相等。即写出集成运放同相输入端、反相输入端电位 u_+ 和 u_- 的表达式，令 $u_+ = u_-$，解得输入电压就是阈值电压 U_{TH}。

应注意这不同于"虚短"，运放在负反馈条件下工作时，只要工作正常，两输入端间总是"虚短"；而运放在开环或正反馈条件下工作时，只能在瞬间经过这个状态转换点，而不能始终稳定工作于这一点。

（2）求输出低电平 U_{OL} 和输出高电平 U_{OH}。通过研究集成运放输出端所接的限幅电路来确定电压比较电路的输出低电平 U_{OL} 和输出高电平 U_{OH}。

（3）画电压传输特性曲线。电压传输特性曲线是以 u_i 为横坐标，u_o 为纵坐标画出的反映输出电压和输入电压关系的曲线。画电压传输特性曲线的一般步骤是：根据阈值电压，分析在输入电压由最低变到最高（正向过程）和输入电压由最高变到最低（负向过程）两种情况下，输出电压的变化规律，然后画出电压传输特性曲线。

u_o 在 u_i 过 u_{TH} 时的跃变方向决定于 u_i 作用于集成运放的哪个输入端。当 u_i 从反相输入端（或通过电阻）输入时，$u_i < U_{TH}$，$u_o = U_{OH}$，$u_i > U_{TH}$，$u_o = U_{OL}$；当 u_i 从同相输入端（或通过电阻）输入时，$u_i > U_{TH}$，$u_o = U_{OH}$，$u_i < U_{TH}$，$u_o = U_{OL}$。

LM393 温度报警器

6.4.1 过零比较电路和单阈值电压比较电路

1. 过零比较电路

电压比较电路是将一个模拟信号 u_i 与一个固定的参考电压进行比较和鉴别的电路。参考电压为零的比较电路称为过零比较电路。按输入方式不同，可分为反相输入和同相输入两种过零比较电路，如图 6-11（a）、（b）所示。

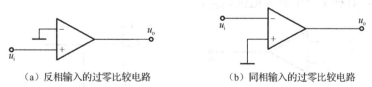

（a）反相输入的过零比较电路   （b）同相输入的过零比较电路

图 6-11 过零比较电路

因参考电压 $U_{REF} = 0$，故输入电压与零进行比较。当 u_i 变化经过零时，输出电压 u_o 从一个电平跳变至另一个电平，故称之为过零比较电路。

对于图 6-11（a）所示电路，输出信号发生跳变的输入信号条件是 $u_+ = u_-$，而 $u_+ = 0$，$u_- = u_i$，所以该电路阈值电压 $U_{TH} = 0$。

对于图 6-11（a）所示电路，电压传输特性表明，输入电压从低逐渐升高经过零时，输出电压将从高电平跳到低电平。相反，当输入电压从高逐渐降低经过零时，输出电压将从低电平跳到高电平。

实际应用过程中，为了限制集成运放的差模输入电压，保护其输入级，可加二极管限幅电路，如图 6-12（a）所示。同时，为了满足负载的需要，常在集成运放的输出端加稳压管限幅电路，从而获得合适的输出电压，如图 6-12（b）所示。

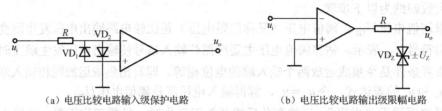

（a）电压比较电路输入级保护电路　　　　（b）电压比较电路输出级限幅电路

图 6-12　电压比较电路输入级保护电路和输出级限幅电路

限幅电路的稳压管还可跨接在集成运放的输出端和反相输入端之间，如图 6-13 所示。假设稳压管截止，则集成运放必然工作在开环状态，输出电压不是 $+U_{OM}$，就是 $-U_{OM}$。这样，必将导致稳压管击穿而工作在稳压状态，VD_Z 构成负反馈通路，使反相输入端为"虚地"，限流电阻上的电流 i_R 等于稳压管的电流 i_Z，输出电压 $u_o = \pm U_Z$。可见，虽然图 6-13 所示电路中引入了负反馈，但它仍具有电压比较电路的基本特征。

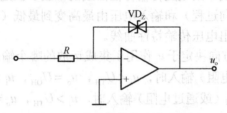

图 6-13　稳压管接在反馈通路中

2. 通用单阈值电压比较电路

将图 6-11 所示过零比较电路中的接地端改接为一个参考电压 U_{REF}。由于 U_{REF} 的大小和极性均可调整，电路成为通用电压比较电路。通用单阈值电压比较电路如图 6-14（a）所示。

当输入电压大于参考电压时输出为正的最大值，当输入电压小于参考电压时输出为负的最大值，即阈值电压 $U_{TH} = U_{REF}$。其电压传输特性曲线如图 6-14（b）所示，与过零比较电路的电压传输特性相比，右移了一个参考电压 U_{REF}。

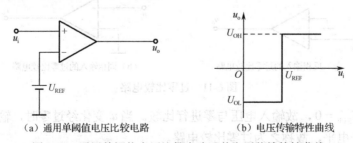

（a）通用单阈值电压比较电路　　　　（b）电压传输特性曲线

图 6-14　通用单阈值电压比较电路及其电压传输特性曲线

通用电压比较电路也可接成反相输入方式，如图 6-15（a）所示，U_{REF} 为外加参考电压。根据叠加原理，集成运放反相输入端的电位为

$$u_- = \frac{R_1}{R_1 + R_2} u_i + \frac{R_2}{R_1 + R_2} u_{REF} \tag{6-1}$$

根据前面介绍的基本理论，比较电路电压发生跳变的时刻实际上就是 $u_+ = u_-$ 的时刻，而 $u_+ = 0$，可以推出阈值电压为

$$U_{TH} = -\frac{R_2}{R_1} U_{REF}$$

当 $u_i < U_{TH}$ 时，$u_o = U_Z$；当 $u_i > U_{TH}$ 时，$u_o = -U_Z$。电压传输特性曲线如图 6-15（b）所示。

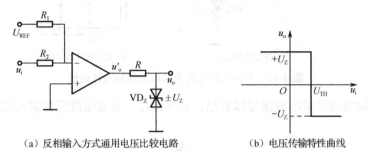

（a）反相输入方式通用电压比较电路　　　（b）电压传输特性曲线

图 6-15　反相输入方式通用电压比较电路及其电压传输特性曲线

根据式（6-1）可知，只要改变参考电压的大小和极性，以及电阻 R_1 和 R_2 的阻值，就可以改变阈值电压的大小和极性。

6.4.2　滞回比较电路

单阈值电压比较电路结构简单，灵敏度高，但它的抗干扰能力差。也就是说，如果输入信号因干扰在阈值电压附近变化，输出电压将在高、低两个电平之间反复跳变，如图 6-16 所示，造成检测结果不稳定，可能使输出状态产生误动作。为了提高电压比较电路的抗干扰能力，本节介绍有两个不同阈值电压的滞回比较电路。滞回比较电路具有迟滞特性，抗干扰能力强，是具有正反馈的电压比较电路，如图 6-17（a）所示。

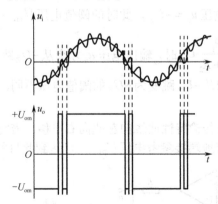

图 6-16　单阈值比较电路对有干扰信号的输出

滞回比较电路是在电压比较电路的基础上，通过 R_2 把输出电压反馈到放大器的同相输入端形成正反馈。输入电压加到反相输入端的迟滞比较电路为反相输入迟滞比较电路，加到同相输入端的称为同相迟滞比较电路。图 6-17（a）所示电路是反相输入迟滞比较电路，R_1、R_2 组成正反馈电路。当输入信号电压 u_i 增大到略大于同相端电压 u_+ 时，输出将由高电平下降，输出电压经 R_1、R_2 反馈到同相端，迫使同相端电压减小，致使输出电压进一步减小，从而加速输出电压的跳变过程。因此，正反馈的引入加速了比较电路的翻转过程，改善了波形在跃变时的陡度。

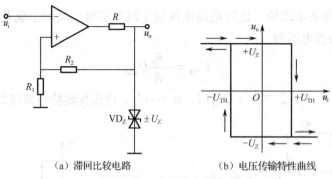

（a）滞回比较电路　　　　　　（b）电压传输特性曲线

图 6-17　滞回比较电路及其电压传输特性曲线

从集成运放输出端的限幅电路可以看出，$u_o = \pm U_Z$。集成运放反相输入端电位 $u_- = u_i$，同相输入端电位

$$u_+ = \frac{R_1}{R_1 + R_2} U_o$$

令 $u_- = u_+$，求出的 u_i 就是阈值电压。因此，得出

$$U_{TH} = \frac{R_1}{R_1 + R_2} U_o = \pm \frac{R_1}{R_1 + R_2} U_Z$$

从上式可以看出，与单阈值电压比较电路相比，滞回比较电路的阈值电平为两个。为了得到滞回比较电路的电压传输特性，下面分析一下输出电压在两个阈值工作下的变化情况。

假设 u_i 小于阈值电压，则输出电压 $u_o = \pm U_Z$，此时的阈值电压 $U_{TH} = \pm \frac{R_1}{R_1 + R_2} U_Z$。只有当输入电压大于阈值电压，即 $u_i > \frac{R_1}{R_1 + R_2} U_Z$ 时，输出电压 u_+ 才会从 $+U_Z$ 跳变为 $-U_Z$。同理，假设 u_i 大于阈值电压，则输出电压 $u_o = -U_Z$，此时的阈值电压 $U_{TH} = -\frac{R_1}{R_1 + R_2} U_Z$。只有当输入电压小于阈值电压，即 $u_i < -\frac{R_1}{R_1 + R_2} U_Z$ 时，输出电压 u_o 才会从 $-U_Z$ 跳变为 $+U_Z$。由上述分析可见，输出电压从 $+U_Z$ 跳变为 $-U_Z$ 和从 $-U_Z$ 跳变为 $+U_Z$ 的阈值电压不同，得到的电压传输特性曲线如图 6-17（b）所示。

为使滞回比较电路的电压传输特性曲线向左或向右平移，需将两个阈值电压叠加相同的正电压或负电压。把电阻 R_1 的接地端接参考电压 U_{REF}，可达到此目的。电路如图 6-18（a）所示。

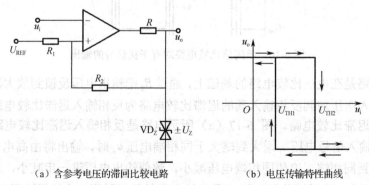

（a）含参考电压的滞回比较电路　　　　　　（b）电压传输特性曲线

图 6-18　含参考电压的滞回比较电路及其电压传输特性曲线

图 6-18（a）中同相输入端的电位为

$$u_+ = \frac{R_2}{R_1 + R_2}U_{REF} \pm \frac{R_1}{R_1 + R_2}U_Z$$

令 $u_- = u_+$，求出的 u_i 就是阈值电压。因此，得出

$$\begin{cases} U_{TH1} = \dfrac{R_2}{R_1 + R_2}U_{REF} - \dfrac{R_1}{R_1 + R_2}U_Z \\[3mm] U_{TH2} = \dfrac{R_2}{R_1 + R_2}U_{REF} + \dfrac{R_1}{R_1 + R_2}U_Z \end{cases}$$

当 $U_{REF} > 0$ 时，由上式可得电压传输特性曲线如图 6-18（b）所示，两个阈值的差值 $\Delta U_{TH} = U_{TH1} - U_{TH2}$ 称为回差。由上式可知，改变 R_1 和 R_2 的值可改变回差大小，改变 U_{REF} 的极性可改变曲线平移的方向。同理，为了使电压传输特性曲线上、下平移，则应该改变稳压管的稳定电压。滞回比较电路由于有回差电压存在，大大增强了电路的抗干扰能力。回差 ΔU_{TH} 越大，抗干扰能力越强。因为输入信号受干扰或其他原因发生变化时，只要变化量不超过回差 ΔU_{TH}，这种比较电路的输出电压就不会来回变化。

6.4.3 窗口比较电路

简单比较电路和滞回比较电路有一个共同特点，即输入信号 u_i 单方向变化（正向过程或负向过程）时，输出电压 u_o 只跳变一次，只能检测一个输入信号的电平。而窗口比较电路的特点是输入信号单方向变化时，可使输出电压跳变两次，典型电路如图 6-19（a）所示。

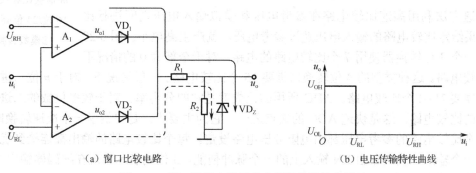

（a）窗口比较电路　　　　　　　　　　（b）电压传输特性曲线

图 6-19　窗口比较电路及其电压传输特性曲线

在图 6-19（a）所示窗口比较电路中，设外加参考电压 $U_{RH} > U_{RL}$。当输入电压 $u_i > U_{RH}$ 时，必然有 $u_i > U_{RL}$，所以集成运放 A_1 的输出 $u_{o1} = +U_{OM}$，A_2 的输出 $u_{o2} = -U_{OM}$，使得二极管 VD_1 导通，VD_2 截止，稳压管 VD_Z 工作在稳压状态，输出电压 $u_o = +U_Z$。

同理，当 $u_i < U_{RL}$ 时，集成运放 A_1 的输出 $u_{o1} = -U_{OM}$，A_2 的输出 $u_{o2} = +U_{OM}$，使得二极管 VD_1 截止，VD_2 导通，稳压管 VD_Z 工作在稳压状态，输出电压 $u_o = +U_Z$。

当 $U_{RL} < u_i < U_{RH}$ 时，$u_{o1} = u_{o2} = -U_{OM}$，所以 VD_1 和 VD_2 都截止，稳压管截止，$u_o = 0$。

根据上述分析，图 6-19（a）所对应的电压传输特性曲线如图 6-19（b）所示，它形似窗口，故称为窗口比较电路。窗口比较电路提供了两个阈值电压和两种输出稳定状态，可用来判断输入信号是否在某两个电平之间。

6.5　模拟数字转换电路

6.5.1　概述

由于数字电子技术的飞速发展，尤其是计算机在自动控制、自动检测及许多其他领域的广泛应用，应用数字电路处理模拟信号的情况也更加普遍。而用数字电路处理模拟电路的关键器件是：将模拟信号转换为数字信号的模数转换器（ADC）和将数字信号转换成模拟信号的数模转换器（DAC）。

目前常用的 ADC 中，可以分为直接 ADC 和间接 ADC 两大类。在直接 ADC 中，输入的模拟电压信号直接被转换成相应的数字信号；而在间接 ADC 中，输入的模拟信号首先被转换为某种中间变量（如时间、频率等），然后再将这个中间变量转换为输出的数字信号。

DAC 也有很多种，常见的有全电阻网络 DAC、倒 T 形电阻网络 DAC、权电流 DAC、权电容网络 DAC 及开关树型 DAC 等。而且，在 DAC 数字量的输入方式上，有并行输入和串行输入两种类型。相应地，在 ADC 数字量的输出方式上，也有并行输出和串行输出两种类型。

6.5.2　模数转换器（ADC）

1. 快速（同时）模数转换器

快速方法利用高速比较电路在参考电压和模拟输入电压之间进行比较。如果给定比较电路的输入电压超过参考电压，就产生高电平。图 6-20 给出了一个 3 位转换器使用 7 个比较电路的电路；对于全部为 0 的情况不需要比较电路。这种类型的 4 位转换器需要 15 个比较电路。一般情况下，对于 n 位二进制码的转换，需要 2^n-1 个比较电路。ADC 所用的位数就是它的分辨率。对于较多位数的二进制数需要大量的比较电路，这是快速 ADC 的缺点之一。它的主要优点是提供了一个快速转换时间。

高信噪比和失真的双 16 位/24 位高精度Δ-Σ模数转换器

每个比较电路的参考电压都由电阻分压电路设定。每个比较电路的输出都连接到优先权编码器的一个输入。编码器由 EN 输入上的一个脉冲使能，3 位码表示出现在编码器输出上的值。二进制数由最高级别输入的高电平决定。

二进制数的序列表示 ADC 的输入，转换的精度由使能脉冲的频率和二进制编码的位数确定。每次使能脉冲有效期间，输入信号得到采样。

2. 双积分模数转换器

双积分 ADC 在数字电压表和其他类型的测量仪器中很常见。一个斜坡发生器（积分器）用来产生双积分特性。基本双积分 ADC 的框图如图 6-21 所示。

图 6-22 解释了双积分的转换，一开始假设计数器复位，积分器的输出为零。这时假设正的输入电压 V_i 通过开关（S）加在积分器的输入端，这由控制逻辑选择。因为运算放大器 A₁ 的反相输入端处在"虚地"状态，并且假设输入电压 V_i 在一段时间是常数，这时通过输入电阻 R 的电流为常数，因此通过电容 C 的电流也是常数。因为电流是常数，所以电容线性充电，结果在运算放大器 A₁ 的输出端有一个向下的线性电压斜坡，如图 6-22（a）所示。

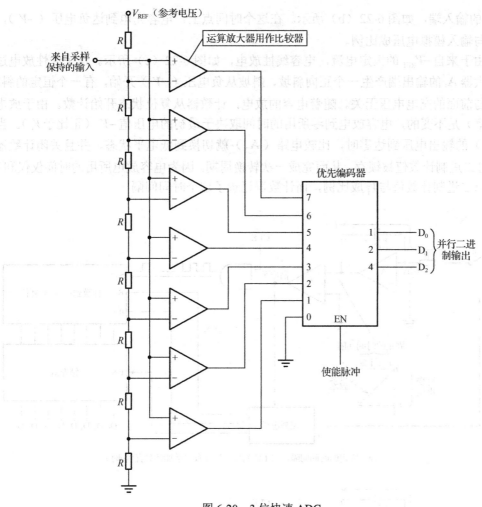

图 6-20　3 位快速 ADC

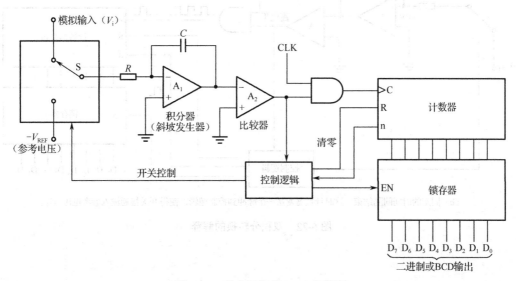

图 6-21　基本双积分 ADC 的框图

当计数器到达设定的计数值时，它就复位，控制逻辑电路把负的参考电压 $-V_{\mathrm{REF}}$ 切换到运算

放大器 A_1 的输入端，如图 6-22（b）所示。在这个时间点上，电容充电到达负电压（$-V$），这个负电压与输入模拟电压成比例。

这时由于来自 $-V_{REF}$ 的恒定电流，电容线性放电，如图 6-22（c）所示。这个线性放电过程在运算放大器 A_1 的输出端产生一个正向斜坡，斜坡从负电压（$-V$）开始，有一个恒定的斜率，这个斜率与前面的充电电压无关。随着电容的放电，计数器从复位状态开始计数。由于放电的速率（斜率）是不变的，电容放电到零所用的时间取决于最初的电压值 $-V$（正比于 V_i）。当积分器（A_1）的输出电压到达零时，比较电路（A_2）就切换到低电平状态，并且关闭计数器的时钟。这时二进制计数值被锁存，从而完成一次转换周期。因为电容放电所用的时间仅仅和 $-V$ 有关，所以二进制计数值与 V_i 成比例，而计数器记录了这个时间间隔。

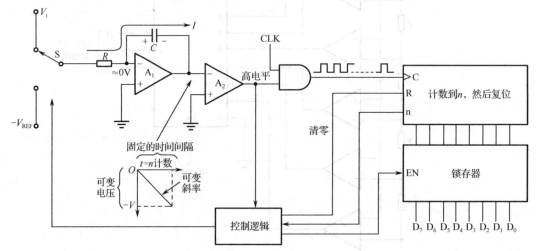

（a）固定的时间间隔，向下的斜坡（当计数器增加计数直到 n 时）

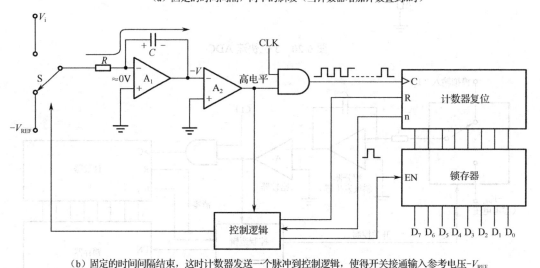

（b）固定的时间间隔结束，这时计数器发送一个脉冲到控制逻辑，使得开关接通输入参考电压 $-V_{REF}$

图 6-22　双积分转换的解释

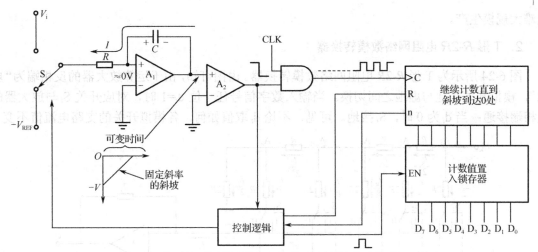

（c）固定的频率，当计数器再次计数时斜坡上走。当斜坡到达0时，计数器停止，计数器输出置入锁存器

图 6-22　双积分转换的解释（续）

6.5.3　数模转换器（DAC）

1. 二进制权输入数模转换器

数模转换器的一种方法是使用电阻网络，网络中的电阻值表示数字码
输入位的二进制权值。图 6-23 给出了这种类型的 4 位 DAC。每个输入电
阻可以有电流，也可以没有电流，这取决于输入电压的电平。如果输入电压为零（二进制数 0），
则电流也为零。如果输入电压为高电平（二进制数 1），则电流的大小取决于输入电阻的值，这
样对于每个输入电阻其电流不同。

AD5421 16 位 4～
20mA 数模转换器

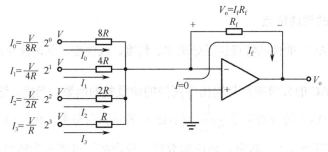

图 6-23　带有二进制权输入的 4 位 DAC

因为运算放大器的反相输入（−）几乎没有电流进入，所以所有输入电流将加在一起，并
经过电阻 R_f。因为反相输入为 0（虚地），所以 R_f 两端的电压降等于输出电压，因此 $V_o = I_f R_f$。

输入电阻值的选择和相应输入位的二进制权值成反比。电阻的最小值（R）对应于最大的
二进制权输入（2^3）。其他的电阻值为 R 的倍数（即 $2R$、$4R$ 和 $8R$），分别对应于二进制权值 2^2、
2^1、2^0。输入电流也和二进制权值成正比。因为输入电流的和经过 R_f，所以输出电流与二进制
权值的和成正比。

这种类型的 DAC 有缺点，就是不同电阻值的数目较多，所有输入的电压电平必须完全一
样。例如，一个 8 位转换器需要 8 个电阻，电阻值的范围以二进制权的步长从 $R\sim128R$。电阻
的范围需要 1/255（小于 0.5%）的允许误差，才能精确地转换输入，这使得这种类型的 DAC

很难大规模生产。

2. T形 *R-2R* 电阻网络数模转换器

图 6-24 所示为 T 形 *R-2R* 电阻网络数模转换器。由图可知，由于运算放大器的反相端为"虚地"，模拟开关在地与虚地之间切换。当输入数字信号任一位 $d_i=1$ 时，对应开关 S_i 与放大器的反相端接通；当 d_i 为 0 时，S_i 接地。可见，不论 d_i 取值如何，各模拟开关的支路电流值不变。

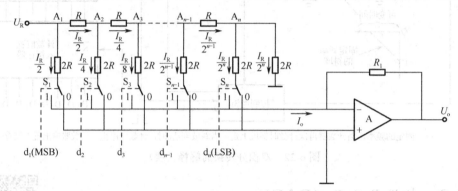

图 6-24　T 形 *R-2R* 电阻网络数模转换器

从图中 $A_1,A_2,\cdots,A_n$ 各节点往右看，对地的电阻值均等于 R。从左到右，各路电流分配规律是 $I_R/2, I_R/2^2, \cdots, I_R/2^n$，满足按权分布要求（其中 $I_R=U_R/R$）。考虑到模拟开关 $S_1 \sim S_n$ 对总电流的控制作用，将所有流入运算放大器反相端的电流求和，可得输出电压 U_o 为

$$U_o = -I_o R_1 = -\frac{U_R R_1}{R}(d_1 \times 2^{-1} + d_2 \times 2^{-2} + \cdots + d_n \times 2^{-n}) = -\frac{R_1}{R}U_R \sum_{i=1}^{n} d_i \times 2^{-i}$$

这种 DAC 在输入数字信号转换过程中，流过各支路的电流值不变，而且位值为"1"的各支路电流直接接到放大器的反相输入端，不仅转换速度快，而且有效地减小了动态误差。

3. 数模转换器的性能特点

数模转换器（DAC）的性能特点包括分辨率、精度、线性度、单调性及建立时间，下面对每种特性进行讨论。

（1）分辨率。DAC 的分辨率就是输出中离散的增量数的倒数。当然，这依赖于输入位的数目。例如，一个 4 位 DAC 的分辨率是 $\dfrac{1}{2^4-1}$（1/15）。表示为百分数，就是（1/15）×100%≈6.67%。离散阶梯数的总数等于 2^n-1，其中 n 是位的数目。分辨率还可表示为转换的位的数目。

（2）精度。精度是 DAC 实际输出和期望输出相比较而得到的，表示为满量程或最大输出电压的百分数。例如，一个转换器的满量程输出为 10V，精度为 ±0.1%，则任何输出电压的最大误差为 10V×0.001=10mV。理想情况下，精度应当不低于最低有效位的 ±1/2。对于一个 8 位转换器，最低有效位是满量程的 0.39%。精度大约为 ±0.2%。

（3）线性度。线性误差是偏离 DAC 理想直线输出的误差。一种特殊的情况就是偏移误差，它是输入位全部为零时输出的电压值。

（4）单调性。如果一个 DAC 顺序经历输入位的全部范围，没有获得任何相反的增量，则此 DAC 是单调的。

（5）建立时间。建立时间通常定义为从输入码发生变化，到 DAC 在最终值的 ±1/2 最低有效位以内稳定下来所花费的时间。

思考题与习题

6-1 判断题。

（1）用 ADC 把一个模拟信号转换为一个数字信号。 （   ）

（2）一个 ADC 近似于一台计算机。 （   ）

（3）对于一个给出的模拟信号，高采样速率比低采样速率精确。 （   ）

（4）近似逼近是一种模数转换的方法。 （   ）

（5）一个快速 ADC 来自于一个同步 ADC。 （   ）

6-2 简述题。

（1）信号转换电路有哪些？试举例说明其功能。

（2）试述 S/H 电路的作用及主要类型。

（3）解释模数转换的目的。

（4）解释数模转换的目的。

（5）信号转换电路有哪些？试举例说明其功能。

6-3 电压比较器的集成运放正常工作在_____。常用的比较器有_____比较器、_____比较器和_____比较器。

6-4 一个 8 位 DAC 的最小输出电压增量为 0.02V，当输入代码为 11011001 时，输出电压为多少伏？

6-5 某一控制系统中，要求所用 DAC 的精度小于 0.25%，试问应该选用多少位的 DAC？

6-6 电路如图 6-25 所示。当输入信号某位 D_i=0 时，对应的开关 S_i 接地；当 D_i=1 时，S_i 接基准电压 V_{REF}。试问：

（1）若 V_{REF}=10V，输入信号 $D_4D_3D_2D_1D_0$=10011，则输出模拟电压 V_o 为多少？

（2）电路的分辨率为多少？

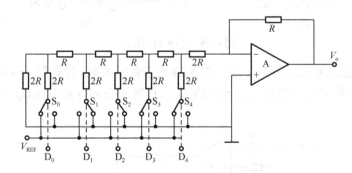

图 6-25 题 6-6 用图

6-7 DAC 如图 6-26 所示。

（1）试计算从 V_{REF} 提供的电流 I 为多少？

（2）若当 D_i=1 时，对应的开关 S_i 置于 2 位；当 D_i=0 时，S_i 置于 1 位，试写出 D_3=1，其余各位均为 0 时输出电压 V_o 的表达式。

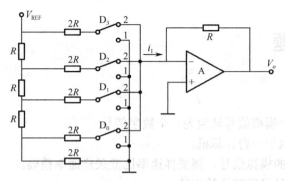

图 6-26　题 6-7 用图

6-8　某 A/D 转换系统，输入模拟电压 V_1 为 0～4V，信号源内阻为 300Ω，采样/保持芯片使用 HTS0025，其输入旁路电流为 14nA，输出电压下降率为 0.2mV/μs，A/D 转换时间为 100μs，试计算由采样/保持电路引起的最大误差。

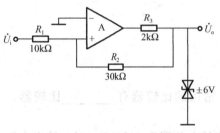

图 6-27　题 6-10 用图

6-9　11 位 ADC 分辨率的百分数是多少？如果满刻度电压为 10V，当输入电压为 50mV 时，输出的二进制代码为多少？

6-10　试求图 6-27 所示电压比较器的阈值，并画出其传输特性曲线。

6-11　设滞回比较器的传输特性曲线和输入电压波形分别如图 6-28（a）、（b）所示，试画出其输出电压波形。

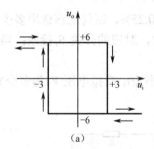

（a）

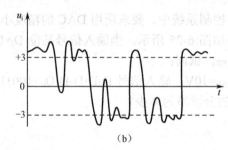

（b）

图 6-28　题 6-11 用图

6-12　若将正弦信号 $u_{OM} = \pm10V$ 加在图 6-29 所示的输入端，并设 $U_A = +10V$，$U_B = -10V$，集成运放 A_1、A_2 的最大输出电压 $U_{OPP} = \pm12V$，二极管的正向导通电压 $U_D = 0.7V$。试画出对应的电压波形。

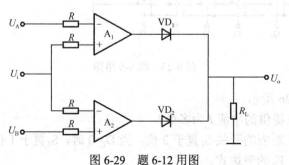

图 6-29　题 6-12 用图

6-13　在图 6-30（a）、（b）所示电路中，均为理想集成运算放大器。

（1）指出它们分别是什么类型的电路；

（2）画出它们的电压传输特性曲线。

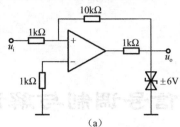 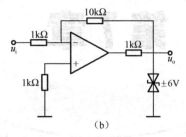

图 6-30　题 6-13 用图

6-14　试分析具有滞回特性的比较器电路，电路如图 6-31（a）所示，输入三角波如图 6-31（b）所示。设输出饱和电压 $u_{OM} = \pm 10V$，试画出输出波形。

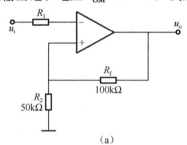 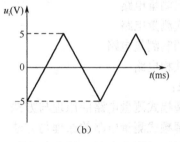

图 6-31　题 6-14 用图

6-15　一占空比可调的矩形波发生电路如图 6-32 所示。设运放 A 及两只二极管 VD_1、VD_2 的性能理想，已知 $R_1 = 5k\Omega$，$R_2 = 10k\Omega$，$R_3 = 4k\Omega$，$R_W = 5k\Omega$，$C = 0.1\mu F$，硅稳压管 VD_Z 的稳定电压 $U_z = 6V$。

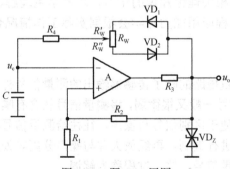

图 6-32　题 6-15 用图

（1）定性画出 u_c 和 u_o 的波形；

（2）通过调节电位器 R_W 滑动端的上、下位置，可以改变输出波形的占空比，求该电路输出脉冲占空比的可调范围；

（3）试问改变占空比时，输出信号的周期是否也会随之改变？

6-16　如果要将 4～20mA 的输入直流电流转换为 0～10V 的输出直流电压，试设计其转换电路。

第7章

信号调制与解调电路

本章知识点：
- 调幅式测量电路
- 调频式测量电路
- 调相式测量电路
- 脉冲调制测量电路
- 集成锁相电路

基本要求：
- 掌握调幅式测量电路的原理与方法
- 掌握调频式测量电路的原理与方法
- 掌握调相式测量电路的原理与方法
- 掌握脉冲调制式测量电路的原理与方法
- 理解集成锁相电路的原理

能力培养目标：

通过信号调制解调电路相关理论知识的学习，培养学生理解、分析与设计调制解调电路的基本能力；强化学生的工程应用能力，学会根据实际工作情况合理选用或设计信号调制解调电路。

在精密测量中，进入测量电路的除了传感器输出的测量信号外，还往往有各种噪声（含外界干扰）。而传感器的输出信号一般又很微弱，将测量信号从含有噪声的信号中分离出来是测量电路的一项重要任务。为了便于区别信号与噪声，往往给测量信号赋予一定特征，这就是调制的主要功用。在将测量信号进行调制，再经放大并与噪声分离等处理后，还要从已经调制的信号中提取反映被测量值的测量信号，这一过程称为解调。

调制和解调首先用于通信（包括广播、电视等）中，在通信中有许多路信号需要传输，为了使它们能得以互相区别，需要赋以不同的特征，例如选用不同频率的载波信号，从而让不同路信号占有不同的频段。在测量中，通常噪声含有各种频率，即近乎于白噪声。这时赋予测量信号一个特定的载波频率，只让以载波频率为中心的一个很窄的频带内的信号通过，就可以有效地抑制噪声，即减小噪声的影响。如果噪声集中在某一频带，如工频（50Hz），则调制中选用的载波频率应远离这一频率。

7.1　调制与解调的作用与类型

在通信中经调制的信号传输到接收端后，需要对已调信号解调、恢复调制信号，以获得所传输的声音、图像或其他信息。在测量中，不一定需要恢复原信号，而只需要将它所反映的量值提取出来即可，这是一个区别。下面将结合具体的调制解调方法予以说明。在信号调制中常以一个高频正弦信号作为载波信号。一个正弦信号有幅值、频率、相位三个参数，可以用所需要传递的信号对这三个参数之一进行调制，分别称为调幅（amplitude modulation）、调频（frequency modulation）和调相（phase modulation）。也可以用脉冲信号作为载波信号，并对脉冲信号的某一特征参数进行调制，最常用的是对脉冲的宽度进行调制，称为脉冲调宽（pulse width modulation）。调制就是用一个信号（调制信号）去控制另一个作为载体的信号（载波信号），让后者的某一参数（幅值、频率、相位、脉冲宽度等）按前者的值变化。解调是从已经调制的信号（称为已调信号）中提取反映被测量值的测量信号，称为解调。

调频和调相都使得高频载波信号的相位角受到调变，电子学中常将它们统称为角度调制或调角。调制和解调都引起信号频率的变化，电子学中常把调制和解调电路列为频率变换电路。

7.2　调幅式测量电路

7.2.1　调幅原理与方法

调幅的原理与方法

1. 调幅信号的一般表达

调幅是测量中最常用的调制方式，其特点是调制方法和解调电路比较简单。调幅就是用调制信号（代表测量值的信号）x 去控制高频载波信号的幅值。常用的是线性调幅，即让调幅信号的幅值按调制信号 x 的线性函数变化。线性调幅信号 u_s 的一般表达式可写为

$$u_s = (U_{m0} + mx) \cos \omega_c t \tag{7-1}$$

式中　　ω_c——载波信号的角频率；

U_{m0}——调幅信号中载波信号的幅值；

m——调制度。

图 7-1（c）绘出了这种调幅信号的波形。调制信号 x 可以按任意规律变化，为方便起见可以假设调制信号 x 为角频率为 Ω 的余弦信号，$x = X_m \cos \Omega t$。当调制信号 x 不符合余弦规律时，可以将它分解为一些不同频率的余弦信号之和。在信号调制中必须要求载波信号的频率远高于调制信号的变化频率，包括高于其高次谐波的变化频率。从式（7-1）可以看到，当调制信号 x 为角频率为 Ω 的余弦信号 $x = X_m \cos \Omega t$ 时，调幅信号可写为

$$u_s = U_{m0} \cos \omega_c t + m X_m \cos \Omega t \cos \omega_c t$$

$$= U_{m0} \cos \omega_c t + \frac{m X_m}{2} \cos(\omega_c + \Omega)t + \frac{m X_m}{2} \cos(\omega_c - \Omega)t$$

它包含三个不同频率的信号：角频率为 ω_c 的载波信号 $U_{m0} \cos \omega_c t$ 和角频率分别为 $\omega_c \pm \Omega$ 的上下边频信号。载波信号中不含调制信号，即不含被测量 x 的信息，因此可以取 $U_{m0} = 0$，即只

保留两个边频信号。这种调制称为双边带调制，对于双边带调制，有

$$u_s = \frac{mX_m}{2}\cos(\omega_c + \Omega)t + \frac{mX_m}{2}\cos(\omega_c - \Omega)t = mX_m \cos\Omega t \cos\omega_c t \qquad (7\text{-}2)$$

双边带调制的调幅信号波形如图 7-1 所示。图 7-1（a）为调制信号，图 7-1（b）为载波信号，图 7-1（d）为双边带调幅信号。双边带调制可以用调制信号与载波信号相乘来实现。

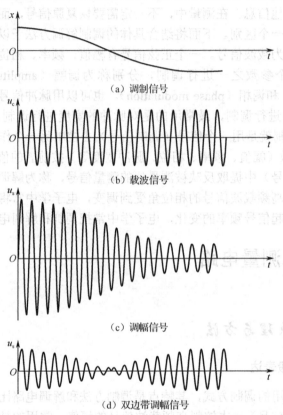

（a）调制信号

（b）载波信号

（c）调幅信号

（d）双边带调幅信号

图 7-1　调幅及双边带调幅信号的形成和波形

在测量中为了正确进行信号调制必须要求 $\omega_c \gg \Omega$。在一般信号调制中，这主要是防止产生混叠现象。在测量中，通常至少要求 $\omega_c > 10\Omega$。这样，解调时滤波器能较好地将调制信号与载波信号分开，检出调制信号。若被测信号的变化频率为 0～100Hz，则载波信号的频率 $\omega_c > 1000$Hz。调幅信号放大器的通频带应为 900～1100Hz。

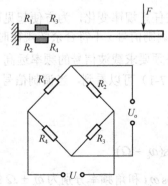

图 7-2　应变式传感器输出信号的调制

2. 传感器调制

为了提高测量信号的抗干扰能力，常要求从信号一形成就已经是已调信号，因此常常在传感器中进行调制。

1）通过交流供电实现调制

图 7-2 所示为通过交流供电实现调制的一个例子。这里用 4 个应变片测量梁的变形，并由此确定作用在梁上的力 F 的大小。4 个应变片接入电桥，并采用交流电压 U 供电，交流电压供电频率就是载波频率。设 4 个应变片在没有应力作用的情况下它们的阻值 $R_1 = R_2 = R_3 = R_4 = R$，电桥平衡；在

有应力作用的情况下，它们的阻值发生变化，电桥的输出为

$$U_o = \frac{U}{4}\left(\frac{\Delta R_1}{R} - \frac{\Delta R_2}{R} + \frac{\Delta R_3}{R} - \frac{\Delta R_4}{R} \right)$$

实现了载波信号 U 与测量信号的相乘，即实现了调制。

对于电感和电容式传感器采用交流供电，有时仅理解为这是电感和电容式传感器的需要，这只是问题的一个方面，它同时也是为了调制。对于电阻式传感器，问题就十分明显，采用交流供电就是为了调制。

2）用机械或光学的方法实现调制

除了通过对传感器用交流供电的方式引入载波信号实现信号调制外，还可以用机械或光学的方法实现信号调制，图 7-3 所示为用机械方法实现光电信号调制的例子。由激光器 4 发出的光束经光栏 3、调制盘 2 照到被测工件 1 上。工件表面的微观不平度使反射光产生漫反射。根据镜面反射方向与其他方向接收到的光能量之比可以测定被测工件 1 的表面粗糙度。光栏 5 与光电元件 6 一起转动，依次接收各个方向的反射光能。这样用同一光电元件接收各个方向的反射光能，可以消除用不同光电元件接收时光电元件特性不一致带来的测量误差。由于镜面反射方向接收到的光能量比其他方向强得多，会使光电元件饱和，为避免其饱和加入滤光片。为了减小杂散光的影响，采用多孔盘或多槽调制盘 2 使光信号得到调制，以提高信噪比。也可以不用多孔盘，而采用频闪灯做光源，同样可以实现信号调制。还常利用振子对信号进行调制。

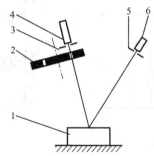

1—被测工件；2—调制盘；3、5—光栏；4—激光器；6—光电元件

图 7-3 光电信号的调制

3．电路调制

1）乘法器调制

如果传感器输出为非调制信号，也可以用电路对信号进行调制。由式（7-2）看到，只要用乘法器将与测量信号 x 成正比的调制信号 $u_x = U_{xm} \cos \Omega t$ 与载波信号 $u_c = U_{cm} \cos \omega_c t$ 相乘，就可以实现双边带调幅。图 7-4（a）是它的原理图，图中 K 为乘法器增益，其量纲为 V^{-1}，图 7-4（b）为用 MC1496 乘法器实现双边带调幅的具体电路。

2）开关电路调制

信号的调幅也可以利用开关电路来实现，图 7-5 为其一例。在输入端加入调制信号 u_x，VT_1 和 VT_2 是两个场效应晶体管，工作在开关状态。在它们的栅极分别加入高频载波方波信号 U_c 和 $\overline{U_c}$。当 U_c 为高电平、$\overline{U_c}$ 为低电平时，VT_1 导通，VT_2 截止。若 VT_1、VT_2 为理想开关，输出电压 $u_o = u_x$。当 U_c 为低电平、$\overline{U_c}$ 为高电平时，VT_1 截止、VT_2 导通，输出为零，其波形如

图 7-5（b）所示。经过调制 u_x 与幅值按 0、1 变化的载波信号相乘。归一化的方波正弦载波信号按傅里叶级数展开后可写为

$$K(\omega_c t)=\frac{1}{2}+\frac{2}{\pi}\sin\omega_c t+\frac{2}{3\pi}\sin 3\omega_c t+\cdots \tag{7-3}$$

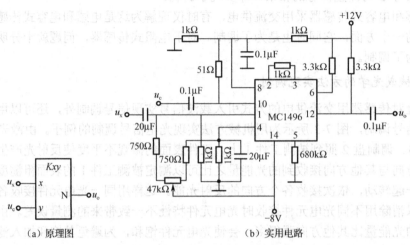

（a）原理图　　　　　　　　　　（b）实用电路

图 7-4　用乘法器实现双边带调幅

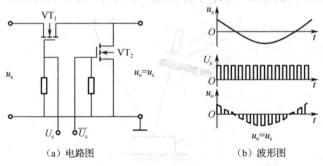

（a）电路图　　　　　　　　　（b）波形图

图 7-5　开关式相乘调制电路

将 $K(\omega_c t)$ 与输入信号 u_x 相乘后，用带通滤波器（图中未表示）滤掉低频信号 $\frac{1}{2}u_x$ 与高频信号 $\frac{2u_x}{3\pi}\sin 3\omega_c t$ 及更高次谐波后，得到相乘调制信号 $\frac{2}{\pi}u_x\sin\omega_c t$。图中 VT_1 也可用电阻代替。

3）信号相加调制

信号相加调制是就其电路形式而言的，在这种电路中调制信号 $u_x=U_{xm}\cos\Omega t$ 与载波信号 $u_c=U_{cm}\cos\omega_c t$ 相加后去控制开关器件，选取 $U_{cm}\gg U_{xm}$，实际起控制作用的是载波信号 u_c。如图 7-6 所示，调制信号 u_x 与载波信号 u_c 分别通过变压器 T_1 和 T_2 输入，加到两个起开关作用的二极管 VD_1 和 VD_2 的电压分别为 u_c+u_x 和 u_c-u_x。通过两个二极管 VD_1 和 VD_2 的电流分别为

$$i_1=(u_c+u_x)K(\omega_c t)/r$$
$$i_2=(u_c-u_x)K(\omega_c t)/r$$

式中，r 为二极管的内阻、电位器 R_P 串接的有效电阻与负载电阻折合到 T_3 一次侧的等效电阻之和。

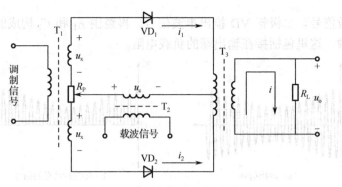

图 7-6　信号相加式调幅电路

这里电位器 R_P 串接的有效电阻是指与相应二极管相串接部分的电阻。式（7-3）是归一化的方波正弦信号傅里叶级数表达式，对于归一化的方波余弦信号有

$$K(\omega_c t) = \frac{1}{2} + \frac{2}{\pi}\cos\omega_c t - \frac{2}{3\pi}\cos 3\omega_c t + \cdots \tag{7-4}$$

于是有

$$
\begin{aligned}
i_3 &= n_3(i_1 - i_2) = 2n_3 u_x K(\omega_c t)/r \\
&= 2n_3 \frac{U_{xm}}{r}\cos\Omega t\left[\frac{1}{2} + \frac{2}{\pi}\cos\omega_c t - \frac{2}{3\pi}\cos 3\omega_c t + \cdots\right] \\
&= \frac{n_3 U_{xm}}{r}\cos\Omega t + \frac{4n_3 U_{xm}}{\pi r}\cos\Omega t\cos\omega_c t - \frac{4n_3 U_{xm}}{3\pi r}\cos\Omega t\cos 3\omega_c t + \cdots
\end{aligned}
$$

式中，n_3 为变压器 T_3 的电压比。

通过滤波，滤除角频率为 Ω 的低频信号与角频率为 $3\omega_c$ 及更高频率的高频信号后，就可以得到与 $U_{xm}\cos\Omega t\cos\omega_c t$ 成正比的双边带调幅信号。这里采用两个二极管 VD_1、VD_2 进行两路调制，两个载波电流以相反方向通过变压器 T_3 的一次侧，并靠调整电位器 R_P 使 u_c 在变压器 T_3 的两个一次侧产生的电流相等，从而使其影响消除。这种电路常称为平衡调制电路。两个信号线性相加是不能实现调制的，这里还是通过控制开关电路获得乘积项，实现调制。此外，要求乘积项中不含 U_{cm}，即它与载波信号的幅值无关，而只与幅值为 1 的载波信号相乘，获得乘积项 $U_{xm}\cos\Omega t\cos\omega_c t$。

7.2.2　包络检波电路

从已调信号中检出调制信号的过程称为解调（Demodulation）或检波。幅值调制就是让已调制信号的幅值随调制信号的值变化，因此调幅信号的包络线形状与调制信号一致。只要能检出调幅信号的包络线即能实现解调。这种方法称为包络检波。

1. 二极管与晶体管包络检波

从图 7-7 中可以看到，只要从图 7-7（a）所示的调幅信号中截去它的下半部，即可获得图 7-7（b）所示半波检波后的信号 u_o'。再经低通滤波，滤除高频信号，即可获得所需调制信号实现解调。包络检波就是建立在整流的原理基础上的。

从上述包络检波原理可以看到，只要采用适当的单向导电器件取出其上半部（也可取下半部）波形，即能实现包络检波。

图 7-8（a）中，调幅信号 u_s 通过由电容 C_1 与变压器 T 的一次侧构成的谐振回路输入，这

样有利于滤除杂散信号。二极管 VD 检出半波信号，再经由 R_L 和 C_2 构成的低通滤波器检出调制信号，实现解调。这里包括接在输出端的负载电阻。

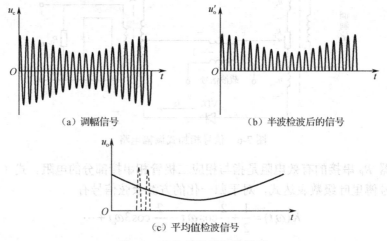

（a）调幅信号　　　　　　　　　　　（b）半波检波后的信号

（c）平均值检波信号

图 7-7　包络检波的工作原理

图 7-8（b）是利用晶体管作为检波元件的包络检波电路。图中晶体管 VT 只有在 u'_s 为负的半周期有电流通过，其余部分原理与图 7-8（a）相同。

图 7-8 中，低通滤波器的参数应这样选取，使 $(1/\omega) \ll R_L C_2 \ll (1/\Omega)$，以滤除载波信号，保留调制信号。

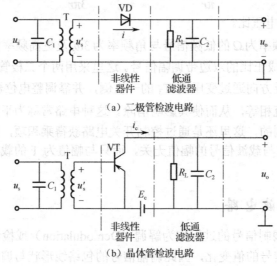

（a）二极管检波电路

（b）晶体管检波电路

图 7-8　包络检波电路

从图 7-8 可以看到，包络检波电路的输出不完全是调制信号，它还含有直流分量，其大小由载波信号的幅值 U_{m0} 决定［参看式（7-1）］。通信中，在一般情况下，调制信号如声像信号都是交流信号，可以通过隔直将直流成分去掉，以获得所需的声像信号。但在测控系统中，包络检波得到的信号直流与交流成分可以有不同含义。例如，在振动测量中直流分量对应于振动中心的位置，交流分量对应于振动的幅值，需要对其分别进行处理。

2．精密检波电路

在前面的讨论中，都假定二极管 VD 和晶体管 VT 具有理想的特性。但实际上它们都有一定死区电压，对于二极管来说是它的正向压降，对于晶体管来说只有它的发射结电压超过一定值时才导通，同时它们的特性也有一定的非线性。二极管 VD 和晶体管 VT 的特性偏离理想特性会给检波带来误差。在一般通信中，只要这一误差不太大，就不至于造成明显的信号失真。而在精密测量与控制中，则有较严格的要求。为了提高检波精度，常需采用精密检波电路，又称为线性检波电路。

1）半波精密检波电路

图 7-9 所示是一种由集成运算放大器构成的线性检波电路。在调幅波 u_s 为正的半周期，由于运算放大器 N_1 的倒相作用，N_1 输出低电平，因此 VD_1 导通，VD_2 截止，A 点接近于虚地，$u_A \approx 0$。在 u_s 的负半周，有 u_A 输出。若运算放大器 N_1 的输入阻抗远大于 R_2，则 $i \approx -i_1$。按图上所标注的极性，可写出下列方程组：

$$u_s = i_1 R_1 + u'_s = u'_s - i R_1$$
$$u'_A = u + u_A = u + i R_2 + u'_s$$
$$u'_A = -K_d u'_s$$

式中，K_d 为 N_1 的开环放大倍数。解以上联立方程组得到

$$u_s = -\left[\frac{R_1}{R_2} + \frac{1}{K_d}\left(1 + \frac{R_1}{R_2}\right)\right]u_A - \frac{1}{K_d}\left(1 + \frac{R_1}{R_2}\right)u$$

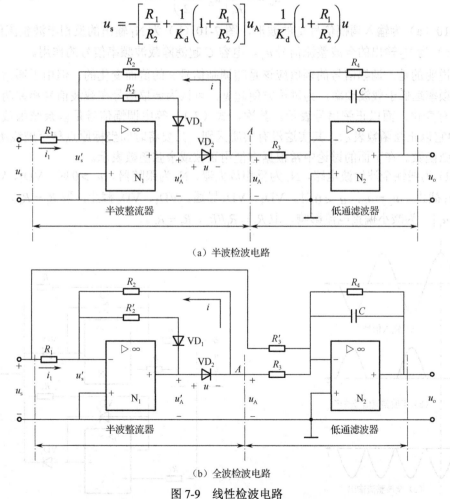

（a）半波检波电路

（b）全波检波电路

图 7-9　线性检波电路

通常，N_1 的开环放大倍数 K_d 很大，这时上式可以简化为

$$u_s = -\frac{R_1}{R_2}u_A$$

$$u_A = -\frac{R_1}{R_2}u_s$$

二极管的死区和非线性不影响检波输出。

图 7-9（a）中加入 VD_1 反馈回路，一是为了防止在 u_s 的正半周期因 VD_2 截止而使运放处于开环状态而进入饱和，另一方面也使 u_s 在两个半周期负载基本对称。图中 N_2 与 R_3、R_4、C 等构成低通滤波器。对于低频信号电容 C 接近开路，滤波器的增益为 $-R_3/R_4$。对于载波频率信号电容 C 接近短路，它使高频信号受到抑制。

2）全波精密检波电路

图 7-9（a）所示电路只在 u_s 为负的半周期检波器 N_1 有 u_A 输出，因此这种电路属于半波检波电路。为了构成全波精密检波电路，需要将 u_s 通过 R_3' 与 u_A 相加。图 7-9（b）中 N_2 组成相加放大器，取 $R_1 = R_2$，$R_3' = 2R_3$，在不加电容 C 时，N_2 的输出为

$$u_o = -\frac{R_4}{R_3}\left(u_A + \frac{u_s}{2}\right)$$

图 7-10（a）为输入调幅信号 u_s 的波形，图 7-10（b）为 N_1 输出的反相半波整流信号 u_A，图 7-10（c）为 N_2 输出的全波整流信号 u_o。电容 C 起滤除载波频率信号的作用。

需要说明的是，调幅信号的幅值应该是随调制信号 x 的值而变化的，但由于通常调制信号 x 变化的频率远低于载波频率，为讨论方便起见，可认为调幅信号在载波信号相邻两个周期幅值几乎没有变化，而以正弦信号表示。其次，式（7-1）等中调幅信号是以余弦函数表示的，图 7-10 中它以正弦函数表示，其实这没有实质区别，只要将时间坐标原点移至虚线所示位置，就成了余弦函数。在下面的讨论中常根据方便用正弦或余弦函数表示。

图 7-11 为线性全波检波电路，N_1 为反相放大器，N_2 为跟随器。$u_s > 0$ 时，VD_1、VD_4 导通，VD_2、VD_3 截止，$u_o = u_s$；$u_s < 0$ 时，VD_2、VD_3 导通，VD_1、VD_4 截止，取 $R_1 = R_4$，$u_o = -u_s$，所以 $u_o = |u_s|$。为减小偏置电流影响，取 $R_2 = R_1 // R_4$，$R_3 = R_5$。

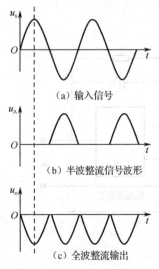

（a）输入信号

（b）半波整流信号波形

（c）全波整流输出

图 7-10　线性全波整流信号的形成

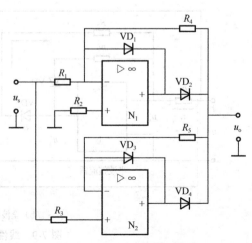

图 7-11　线性全波检波电路

图 7-12 为高输入阻抗线性全波精密检波电路，它采用同相端输入，$u_s > 0$ 时，VD_1 导通，VD_2 截止，其等效电路如图 7-12（b）所示，N_2 的同相输入端与反相输入端输入相同信号，得到 $u_o = u_s$；$u_s < 0$ 时，VD_1 截止，VD_2 导通，其等效电路如图 7-12(c)所示。取 $R_1 = R_2 = R_3 = R_4 / 2$，这时 N_1 的输出为

$$u_A = \left(1 + \frac{R_2}{R_1}\right) u_s = 2u_s$$

N_2 的输出为

$$u_o = \left(1 + \frac{R_4}{R_3}\right) u_s - u_A \frac{R_4}{R_3} = 3u_s - 4u_s = -u_s$$

所以 $u_o = |u_s|$，实现全波检波。

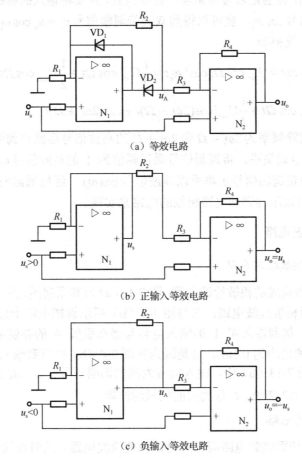

（a）等效电路

（b）正输入等效电路

（c）负输入等效电路

图 7-12　高输入阻抗线性全波精密检波电路

7.2.3　相敏检波电路

1. 相敏检波的功用和原理

　　包络检波由于原理简单、电路简单，故在通信中有广泛的应用。但是它有两个问题：一是解调的主要过程是对调幅信号进行半波或全波整流，无法从检波器的输出鉴别调制信号的相位；二是包络检波电路本身不具有区分不同载波频率的信号的能力。对于不同载波频率的信号它都

以同样方式对它们整流，以恢复调制信号，这就是说它不具有区别信号与噪声的能力，而这是测量中采用调制的主要目的。在图 7-8 所示包络检波电路中，在输入端加了一个谐振回路，使非所需频率的信号衰减，以提高信噪比。这种输入回路也可用于其他包络检波电路，但这不是包络检波电路本身的性能。

为了使检波电路具有判别信号相位和选频的能力，需采用相敏检波电路。从电路结构上看，相敏检波电路的主要特点是，除了需要解调的调幅信号外，还要输入一个参考信号。有了参考信号就可以用它来鉴别输入信号的相位和频率。参考信号应与所需解调的调幅信号具有同样的频率，采用载波信号或由它获得的信号作为参考信号就能满足这一条件。

由于相敏检波电路需要有一个与输入的调幅信号同频的信号作为参考信号，因此相敏检波电路又称为同步检波电路。

在介绍信号的调幅，特别是双边带调幅时曾经谈到，只要将输入的调制信号 $u_x = U_{xm} \cos \Omega t$ 乘以幅值为 1 的载波信号 $\cos \omega_c t$，就可以得到双边带调幅信号 $u_s = u_x \cos \omega_c t = U_{xm} \cos \Omega t \cos \omega_c t$。若将 u_s 再乘以 $\cos \omega_c t$，就得到

$$u_o = u_s \cos \omega_c t = U_{xm} \cos \Omega t \cos^2 \omega_c t = \frac{1}{2} U_{xm} \cos \Omega t + \frac{1}{2} U_{xm} \cos \Omega t \cos 2\omega_c t$$

$$= \frac{1}{2} U_{xm} \cos \Omega t + \frac{1}{4} U_{xm} [\cos(2\omega_c - \Omega)t + \cos(2\omega_c + \Omega)t]$$

利用低通滤波器滤除频率为 $2\omega_c - \Omega$ 和 $2\omega_c + \Omega$ 的高频信号后就得到调制信号 $U_{xm} \cos \Omega t$，只是乘上了系数 1/2。也就是说，将调制信号乘以幅值为 1 的载波信号 $\cos \omega_c t$ 就可以得到双边带调幅信号 u_s，将双边带调幅信号 u_s 再乘以载波信号 $\cos \omega_c t$，经低通滤波后就可以得到调制信号 u_x。也即相敏检波可以用与调制电路相似的电路来实现。

2．相乘式相敏检波电路

1）乘法器构成的相敏检波电路

图 7-13 为用乘法器构成的相敏检波电路，图 7-13（a）为其原理图，图 7-13（b）为用 MC1496 模拟乘法器构成的实用相敏检波电路。它与图 7-4（b）所示调幅电路十分相似，其主要区别，一是在图 7-4（b）中，接到输入端 1 的输入电容与接在引脚 4 的补偿电容均为 20μF，而在图 7-13（b）中，它们的值均为 0.1μF。这是因为在图 7-4（b）中接到输入端 1 的输入信号为低频调制信号 u_x，而在图 7-13（b）中，输入信号为高频调幅信号 u_s。二是在图 7-13（b）中增加了一级由运算放大器 F007 和 R、C 等构成的低通滤波器。

2）开关式相敏检波电路

图 7-5 所示开关式相乘调制电路同样可用作相敏检波电路。这时在输入端送入图 7-14（c）所示的双边带调幅信号，而在 VT_1、VT_2 的栅极输入方波参考信号。由于载波信号的频率远高于调制信号，可以认为载波信号与调幅信号具有相同的频率。在载波信号 u_c [见图 7-14（b）]为正的半周期，$U_c = 1$，$\overline{U_c} = 0$，VT_1 导通，VT_2 截止，有信号输出。这里 U_c 是 u_c 整形后的方波信号。在 u_c 为负的半周期，$U_c = 0$，$\overline{U_c} = 1$，VT_1 截止、VT_2 导通，输出为零。输出信号 u_o 的波形如图 7-14（d）所示。经低通滤波器滤除高频分量后得到与调制信号 u_x [见图 7-14（a）]成正比的输出。从图 7-14（d）中还可看出，当调幅信号 u_s [见图 7-14（c）]与载波信号 u_c [见图 7-14（b）]同相时，输出信号 u_o 为正；当调幅信号 u_s 与载波信号 u_c 反相时，输出信号 u_o 为

负。半波相敏检波电路的不足是输出信号的脉动较大，为了减小脉动量需采用全波相敏检波电路。图 7-14（e）是全波相敏检波输出波形。

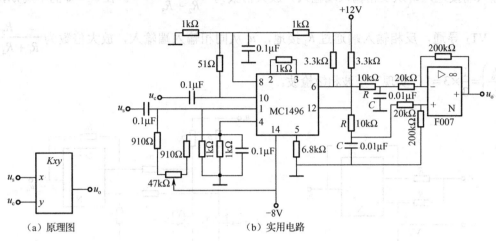

（a）原理图 （b）实用电路

图 7-13 用乘法器构成的相敏检波电路

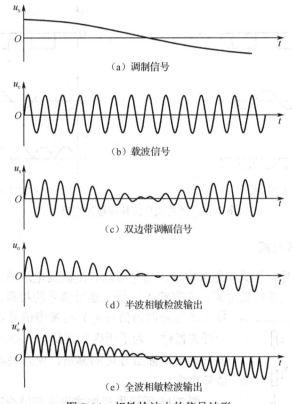

（a）调制信号

（b）载波信号

（c）双边带调幅信号

（d）半波相敏检波输出

（e）全波相敏检波输出

图 7-14 相敏检波中的信号波形

图 7-15 是开关式全波相敏检波电路。图 7-15（a）中，在 $U_c = 1$ 的半周期，同相输入端接地，u_s 只从反相输入端输入，放大器的放大倍数为-1，输出信号 u_o 如图 7-15（c）、（d）中实线所示。在 $U_c = 0$ 的半周期，VT 截止，u_s 同时从同相输入端和反相输入端输入，放大器的放大倍数为+1，输出信号 u_o 如图 7-15（c）、（d）中虚线所示。

图 7-15（b）中，取 $R_1 = R_2 = R_3 = R_4 = R_5 = R_6 / 2$。在 $U_c = 1$ 的半周期，VT_1 导通、VT_2 截止，同相输入端接地，u_s 从反相输入端输入，放大倍数为 $-\dfrac{R_6}{R_2 + R_3} = -1$。在 $U_c = 0$ 的半周期，VT_1 截止、VT_2 导通，反相输入端通过 R_3 接地，u_s 从同相输入端输入，放大倍数为 $\dfrac{R_5}{R_1 + R_4 + R_5}$ $\left(1 + \dfrac{R_6}{R_3}\right) = \dfrac{1}{3} \times 3 = 1$，实现了全波相敏检波。

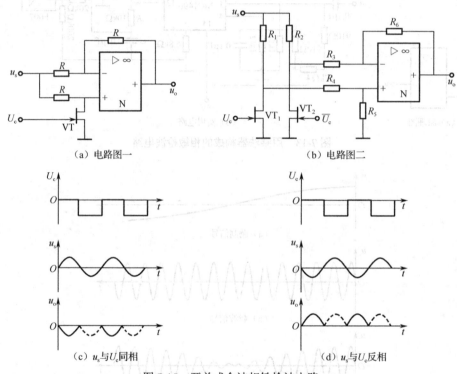

（a）电路图一　　　　　　　　　　　　　（b）电路图二

（c）u_s 与 U_c 同相　　　　　　　　　　　（d）u_s 与 U_c 反相

图 7-15　开关式全波相敏检波电路

3. 相加式相敏检波电路

相敏检波也可用信号相加式电路来实现。信号相加只是就其电路形式而言，就其实质还是利用参考信号去控制开关器件的通断，实现输入信号与参考信号的相乘。所不同的是，输入信号（这里是调幅信号 u_s）与参考信号以相加减的方式加到同一开关器件。为了正确实现解调，必须要求参考信号 u_c 的幅值远大于调幅信号 u_s 的幅值，使开关器件的通断完全由参考信号决定。

图 7-16 所示为相加式半波相敏检波电路，输出为低频信号（解调信号），它经电容滤波后输出。经放大后的调幅信号 u_s 经变压器 T_1 输入，而参考信号 u_c 经变压器 T_2 输入。由于参考信号 u_c 的幅值远大于调幅信号 u_s 的幅值，只有在 u_c' 的左端为正的半周期内二极管 VD_1、VD_2 才导通。按图中标定的极性，作用在 ad 两点的电压为 $u_c' + u_{s1}$，作用在 bd 两点的电压

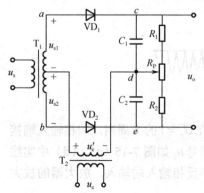

图 7-16　相加式半波相敏检波电路

为 $u_c' - u_{s2}$。在不接电容 C_1、C_2 的情况下，cd、ed 上的压降分别为

$$u_{cd} = \frac{R_1 + R_1'}{r_1 + R_1 + R_1'}(u_c' + u_{s1})$$

$$u_{ed} = \frac{R_2 + R_2'}{r_2 + R_2 + R_2'}(u_c' - u_{s2})$$

式中　r_1、r_2——分别为 VD_1、VD_2 的正向电阻；

R_1'、R_2'——分别为电位器 R_P 上半部和下半部的阻值。

调整电位器 R_P 使 $\dfrac{R_1 + R_1'}{r_1 + R_1 + R_1'} = \dfrac{R_2 + R_2'}{r_2 + R_2 + R_2'}$，令其值为 k_0，则在不接电容 C_1、C_2 的情况下，ce 两点的压降为 $u_o = u_{ce} = k_0(u_{s1} + u_{s2})$，这一电压值与 u_c 无关。当 $u_s = 0$ 时，$u_o = 0$。u_o 只与 u_c 的左端为正的半周期的 u_s 有关，即 u_s 与 u_c 同相时，输出 u_o 为正；u_s 与 u_c 反相时，u_o 为负，实现相敏作用。电容 C_1、C_2 起滤除载波频率信号的作用。

变压器体积较大，采用电容 C_0 耦合输出有利于采用集成运算放大器，减小体积。图 7-17 中经放大后的调幅信号 u_s 通过电容 C_0 耦合，送入相敏检波电路。图 7-17（b）是它在图示极性半周期的等效电路。在图 7-17（b）所示半周期内，作用在 VD_1、R_1 所经回路上的电压为 $u_{c1} + u_s$，作用在 VD_2、R_2 所经回路上的电压为 $u_{c2} - u_s$。先不考虑电容 C_1 的影响，并认为 C_D 很大，可将它视为短路，写出方程为

$$u_{c1} + u_s = i_1(r_1 + R_1) + (i_1 - i_2)(R_5 + r_A)$$

$$u_{c2} - u_s = i_2(r_2 + R_2) - (i_1 - i_2)(R_5 + r_A)$$

式中　r_1、r_2——分别为 VD_1、VD_2 的正向电阻；

r_A——电流表 A 的内阻。

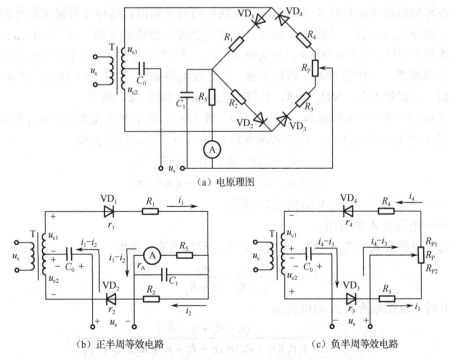

（a）电原理图

（b）正半周等效电路　　　　　　　　　（c）负半周等效电路

图 7-17　采用电容耦合输入的相加式半波相敏检波电路

通过选配电阻 R_1 与 R_2，使 $u_s=0$ 时，$i_1=i_2$，输出为零。这时

$$\frac{u_{c1}}{r_1+R_1}=\frac{u_{c2}}{r_2+R_2}$$

$u_s \neq 0$ 时，流经电流表 A 的电流为

$$i=i_1-i_2=\frac{(r_1+R_1+r_2+R_2)}{(r_1+R_1)(r_2+R_2)+(r_1+R_1+r_2+R_2)(R_5+r_A)}u_s$$

由 R_5 上输出电压为

$$u_o=\frac{(r_1+R_1+r_2+R_2)R_5}{(r_1+R_1)(r_2+R_2)+(r_1+R_1+r_2+R_2)(R_5+r_A)}u_s$$

这里需要注意的是，在图 7-17（b）所示的电路中只要 u_s 与 u_c 的相位极性关系不变，电流 i_1-i_2 总是从同一方向通过电容 C_0，使电容 C_0 按图示极性充电，很快使 VD$_1$ 阻塞，电路不能正常工作。为使电路正常工作需增加由 VD$_3$、VD$_4$、R_3、R_4、R_P 组成的回路。在另半周期其等效电路如图 7-17（c）所示，VD$_1$、VD$_2$ 截止，VD$_3$、VD$_4$ 导通，作用在 VD$_3$、R_3 所经回路上的电压为 $u_{c2}-u_s$，作用在 VD$_4$、R_4 所经回路上的电压为 $u_{c1}+u_s$。可以写出方程

$$u_{c2}-u_s=i_3(r_3+R_3+R_{P2})$$
$$u_{c1}+u_s=i_4(r_4+R_4+R_{P1})$$

式中　r_3、r_4——分别为 VD$_3$、VD$_4$ 的正向电阻；

　　　　R_{P1}、R_{P2}——分别为 R_P 中与 R_3、R_4 相串联部分的电阻。

在这个半周期流经电容 C_0 的电流为 i_4-i_3，方向与图 7-17（b）所示半周期相反。靠调节电位器 R_P 使 $i_4-i_3=i_1-i_2$。实际调整中，通过调整 R_P，使 $u_s=0$ 时流经电流表的电流为零来达到这一要求。图 7-17 中电容 C_1 用于滤除载波频率的信号。

在半波相敏检波电路只有半个周期内有反映 u_s 的信号输出，这样使得输出信号的波纹系数较大。为了减小波纹系数，并提高灵敏度，需采用全波相敏检波电路。图 7-18（a）所示为一种全波相敏检波电路。由于 $u_c(u_{c1}, u_{c2}) \gg u_s(u_{s1}, u_{s2})$，二极管 VD$_1 \sim$ VD$_4$ 的通断由 u_c 决定。在 u_c 的上端为正的半周期，二极管 VD$_1$、VD$_2$ 导通，其等效电路如图 7-18（b）所示。在 u_c 的上端为负的半周期，二极管 VD$_3$、VD$_4$ 导通，其等效电路如图 7-18（c）所示。

在图 7-18（b）所示的半周期内，作用在 VD$_1$、R_1 所经回路上的电压为 $u_{c1}-u_{s1}$，作用在 VD$_2$、R_2 所经回路上的电压为 $u_{c2}+u_{s1}$。先不考虑电容 C 的影响，可以写出方程

$$u_{c1}-u_{s1}=i_1(r_1+R_1)-(i_2-i_1)(R_5+r_A)$$
$$u_{c2}+u_{s1}=i_2(r_2+R_2)+(i_2-i_1)(R_5+r_A)$$

式中　r_1、r_2——分别为 VD$_1$、VD$_2$ 的正向电阻；

　　　　r_A——电流表 A 的内阻。

通过选配电阻及 R_1、R_2，使 $u_{s1}=0$ 时，$i_1=i_2$，输出为零。这时

$$\frac{u_{c1}}{r_1+R_1}=\frac{u_{c2}}{r_2+R_2}$$

$u_{s1} \neq 0$ 时，流经电流表 A 的电流为

$$i=i_1-i_2=\frac{(r_1+R_1+r_2+R_2)}{(r_1+R_1)(r_2+R_2)+(r_1+R_1+r_2+R_2)(R_5+r_A)}u_{s1}$$

输出电压为

$$u_o = (i_1 - i_2)(R_5 + r_A) = \frac{(r_1 + R_1 + r_2 + R_2)R_5}{(r_1 + R_1)(r_2 + R_2) + (r_1 + R_1 + r_2 + R_2)(R_5 + r_A)} u_{s1}(R_5 + r_A)$$

在图 7-18（c）所示半周期内，作用在 VD_3、R_3 所经回路上的电压为 $u_{c2} - u_{s2}$，作用在 VD_4、R_4 所经回路上的电压为 $u_{c1} + u_{s2}$。不考虑电容 C 的影响，可以写出方程

$$u_{c2} - u_{s2} = i_3(r_3 + R_3) - (i_4 - i_3)(R_5 + r_A)$$

$$u_{c1} + u_{s2} = i_4(r_4 + R_4) + (i_4 - i_3)(R_5 + r_A)$$

式中　r_3、r_4 ——分别为 VD_3、VD_4 的正向电阻。

流经电流表 A 的电流为

$$i = i_4 - i_3 = \frac{(r_3 + R_3 + r_4 + R_4)}{(r_3 + R_3)(r_4 + R_4) + (r_3 + R_3 + r_4 + R_4)(R_5 + r_A)} u_{s2}$$

输出电压为

$$u_o = (i_4 - i_3)(R_5 + r_A) = \frac{(r_3 + R_3 + r_4 + R_4)}{(r_3 + R_3)(r_4 + R_4) + (r_3 + R_3 + r_4 + R_4)(R_5 + r_A)} u_{s2}(R_5 + r_A)$$

当 $u_{c1} = u_{c2}$，$u_{s1} = u_{s2} = u_{s0}$，$r_1 + R_1 = r_2 + R_2 = r_3 + R_3 = r_4 + R_4 = R_0$ 时

$$u_o = \frac{(R_5 + r_A)u_{s0}}{R_0 / 2 + (R_5 + r_A)}$$

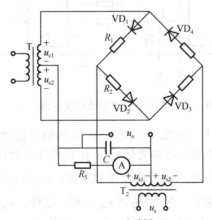

（a）电路图

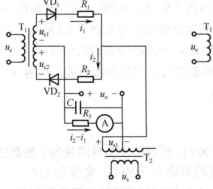

（b）正半周等效电路

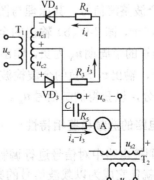

（c）负半周等效电路

图 7-18　相加式全波相敏检波电路

输出电压 u_o 只与 u_{s0} 有关，而与 u_c 无关，并且在两个半周期，流经电流表的电流方向相同，

实现全波检波。在u_c与u_s的极性关系如图 7-18 所示情况下，在两个半周期流经电表的电流方向均为由左向右；而在与图7-18所示情况相反，即当u_{c1}、u_{c2}的上端为正的半周期，u_{s1}、u_{s2}的左端为负的情况下，在两个半周期流经电流表 A 的电流方向均为由右向左，这就是相敏作用。u_{s1}、u_{s2}左端为负的情况下，在利用前面的公式计算 i 与 u_o 时应认为u_{s0}为负。电容 C 用来滤除经全波检波后u_{s1}、u_{s2}中的高频成分，以获得调制信号u_x。

4. 精密整流型相敏检波电路

在前面的讨论中，都把相敏检波电路中的开关器件视为理想开关器件。在图 7-15 中，我们忽略了用作开关的器件 VT 、VT_1、VT_2 导通时的等效内阻和截止时的漏电流，在图 7-16～图 7-18 中我们假设各个二极管导通时的内阻为一常量，也没有考虑它们截止时的漏电流。上述因素的存在和变化会引起一定的误差。为了减小由于开关器件不理想而带来的误差，可以仿照精密整流包络检波电路的原理构成精密整流型相敏检波电路。图 7-19 所示为精密整流型全波相敏检波电路。

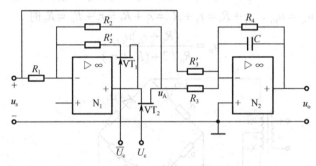

图 7-19　精密整流型全波相敏检波电路

它与图 7-9（b）的主要区别在于：在图 7-9（b）中 N_1 的输出接两个二极管 VD_1 与 VD_2，而在图 7-19 中接到 N_1 的输出端的是两个由参考信号U_c控制的开关器件 VT_1、VT_2。在U_c为正、$\overline{U_c}$为负的半周期，VT_1 截止、VT_2 导通，N_1用作反相放大器，u_A 为u_s的反相信号；在U_c为负、$\overline{U_c}$为正的半周期，VT_1 导通、VT_2 截止，N_1 的输出u_A 为零。这样，u_A 的波形为一半波整流信号。取 $R_1=R_2$，$R_3'=2R_3$，N_2 对u_A的放大倍数比对u_s的放大倍数大一倍，在不接电容 C 的情况下 N_2 的输出u_o为全波整流信号，其原理与图7-9（b）相同。图7-19与图 7-9（b）所示电路相比，其输出的区别在于，图 7-9（b）输出的全波整流信号的极性是固定的。而图 7-19 中，U_c 与u_s同相时，在U_c为正的半周期u_A 为负，输出u_o为正的全波检波信号；U_c与u_s反相时，在U_c为正的半周期u_A 为正，输出u_o为负的全波检波信号，实现相敏检波。电容 C 用来滤除经全波检波后u_s中的高频成分，以获得调制信号u_x。

5. 相敏检波电路的选频与鉴相特性

前面谈到，在测控电路中对信号进行调制、解调的主要目的是为了提高它抑制干扰的能力。对信号进行调幅后就使它成为以载波信号的频率ω_c为中心，宽度为2Ω 的窄频带信号。可以利用选频放大器只对这一频带的信号放大；也可以利用带通滤波器选取所需频带的信号，使噪声与干扰的影响得到抑制。另一方面，相敏检波电路本身也具有选取信号、抑制干扰的功能，这主要基于它的选频与鉴相特性。

1）相敏检波电路的选频特性

相敏检波的基本工作机理就是将输入信号与角频率为 ω_c 的单位参考信号相乘，再通过滤波将高频载波信号滤除。滤除载波信号在数学上可以用在载波信号的一个周期内取平均值来表示。由于 $\Omega \ll \omega_c$，可以认为调幅信号的角频率也是 ω_c，这样调幅信号的相敏检波可表示为

$$u_o = \frac{1}{2\pi}\int_0^{2\pi} u_s \cos\omega_c t\, d(\omega_c t) = \frac{1}{2\pi}\int_0^{2\pi} u_x \cos^2\omega_c t\, d(\omega_c t)$$

$$= \frac{1}{2\pi}\int_0^{2\pi} u_x \left(\frac{1+\cos 2\omega_c t}{2}\right) d(\omega_c t) = \frac{u_x}{2}$$

如果输入信号中含有高次谐波，设 n 次谐波为 $u_n \cos n\omega_c t$，其中 n 为大于 1 的整数，由它产生的附加输出为

$$u_{on} = \frac{1}{2\pi}\int_0^{2\pi} u_n \cos n\omega_c t \cos\omega_c t\, d(\omega_c t)$$

$$= \frac{1}{4\pi}\int_0^{2\pi} u_n [\cos(n-1)\omega_c t + \cos(n+1)\omega_c t] d(\omega_c t) = 0$$

即相敏检波电路具有抑制各种高次谐波的能力。

但需指出，在实用的相敏检波电路中，常采用方波信号作为参考信号。这时输入信号不是与单位参考信号 $\cos\omega_c t$ 相乘，而是与归一化的方波载波信号相乘。由式（7-4）输出电压为

$$u_{on} = \frac{1}{2\pi}\int_0^{2\pi} u_n \cos n\omega_c t \left[\frac{1}{2} + \frac{2}{\pi}\cos\omega_c t - \frac{2}{3\pi}\cos 3\omega_c t + \cdots\right] d(\omega_c t)$$

$$= \frac{1}{2\pi}\int_0^{2\pi} u_n \left[\frac{1}{\pi}\cos(n-1)\omega_c t - \frac{1}{3\pi}\cos(n-3)\omega_c t + \cdots\right] d(\omega_c t)$$

这时，对于所有 n 为偶数的偶次谐波输出均为零，即它有抑制偶次谐波的功能。对于 $n=1$、3、5 等奇次谐波，输出信号的幅值相应为 u_1/π、$u_3/(3\pi)$、$u_5/(5\pi)$ 等，即信号的传递系数随谐波增高而衰减，对高次谐波有一定抑制作用。这一结论也可由图 7-20 获得直观说明，图 7-20（a）为 $n=1$ 的情况，在 U_c 的一个周期内，u_s 与 U_c 始终有相同极性，输出电压为正。图 7-20（b）为 $n=2$ 的情况，在 U_c 为正的半周期内，u_s 变化一个周期，平均输出为零；在 U_c 为负的半周期内，u_s 同样变化一个周期，平均输出也为零。图 7-20（c）为 $n=3$ 的情况，在 U_c 为正的半周期内，u_s 变化 1.5 个周期，正负抵消后，仍有 1/3 的正信号输出；在 U_c 为负的半周期内，u_s 又变化 1.5 个周期，u_n 与 U_c 极性相同的情况为多半个周期，正负抵消后，仍有 1/3 的正信号输出，即 $n=3$ 时传递系数为 $n=1$ 时的 1/3。同样，可对 $n=5$、7 等情况进行讨论，容易看到传递系数分别减为 $n=1$ 时的 1/5 和 1/7。

下面讨论输入信号 u_s 的角频率 ω_s 与 ω_c 无倍数关系的情况，这时

$$u_o = \frac{1}{2\pi}\int_0^{2\pi} U_{sm}\cos\omega_s t \cos\omega_c t\, d(\omega_c t) = \frac{U_{sm}}{4\pi}\int_0^{2\pi}[\cos(\omega_s - \omega_c)t + \cos(\omega_s + \omega_c)t]d(\omega_c t)$$

式中，U_{sm} 为 u_s 的幅值。

总的来说，当 ω_s 与 ω_c 无倍数关系时，上述积分式的值不为零。但是：① $\omega_s + \omega_c$ 与 $\omega_s - \omega_c$ 值越大，积分式中正负相消的成分越多，积分值越小；② ω_s 接近为 ω_c 的不等于 1 的整倍数时，在 $\omega_c t$ 的一个周期，$\cos(\omega_s + \omega_c)$ 与 $\cos(\omega_s - \omega_c)$ 接近变化整数个周期，积分式中有正有负的成分大部分相互抵消，积分值接近为零。也就是说，除了 $\omega_s \approx \omega_c$ 的一个窄频带内，其他频率的输入信号均得到较大的衰减，这说明相敏检波电路具有抑制干扰的能力。

在与归一化的方波载波信号相乘的情况下，角频率接近 $3\omega_c$、$5\omega_c$ 等的干扰信号也会有一定影响。

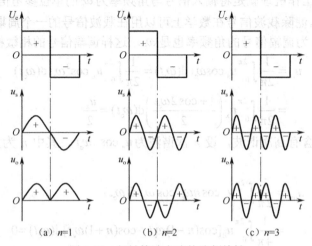

(a) $n=1$　　　　(b) $n=2$　　　　(c) $n=3$

图 7-20　相敏检波电路的选频特性

2）相敏检波电路的鉴相特性

如果输入信号 u_s 与参考信号 u_c（或 U_c）频率相同，但有一定相位差，这时输出电压为

$$u_o = \frac{1}{2\pi}\int_0^{2\pi} U_{sm}\cos(\omega_c t + \varphi)\cos\omega_c t\,\mathrm{d}(\omega_c t) = \frac{U_{sm}\cos\varphi}{2} \tag{7-5}$$

即输出信号随相位差 φ 的余弦而变化。

采用归一化的方波信号 U_c 作为参考信号对输出电压 u_o 没有影响，因为 $\cos(\omega_c t + \varphi)\cos 3\omega_c t$ 和 $\cos(\omega_c t + \varphi)\cos 5\omega_c t$ 等在 $\omega_c t$ 的一个周期内积分值为零。

相敏检波电路的鉴相特性可由图 7-21 获得直观说明，图 7-21（a）为 u_s 与 U_c 同相的情况，在 U_c 的整个周期内 u_s 与 U_c 始终有相同极性，输出电压为正。图 7-21（b）为 u_s 与 U_c 反相的情况，在 U_c 的整个周期内，u_s 与 U_c 始终有相反极性，输出电压为负。图 7-21（c）为 u_s 与 U_c 相位差 $90°$ 的情况，在 U_c 的半个周期，前 1/4 周期，u_s 与 U_c 有相同极性，输出电压为正；后 1/4 周期，u_s 与 U_c 极性相反，输出电压为负；在 U_c 的整个周期内，平均输出为零。图 7-21（d）为 u_s 与 U_c 相位差 $30°$ 的情况，多半周期 u_s 与 U_c 有相同极性，输出电压为正；少半周期 u_s 与 U_c 极性相反，输出电压为负。正负相消后，输出正电压，平均值为图 7-21（a）的 0.866 倍。

由式（7-5）看到，在输入到相敏检波电路的信号幅值 U_{sm} 确定的情况下，可以根据相敏检波器的输出确定输入信号 u_s 与参考信号 U_c 的相位差 φ，从而可以用作相位计。

相敏检波电路的鉴相特性除使它能用作相位计外，也有利于提高电路抑制干扰的能力。在干扰信号中，相位具有随机性。相敏检波电路的鉴相特性使频率与参考信号很接近的干扰也受到一定抑制。只要干扰的频率与参考信号略有差别，它与参考信号的相位差就不断变化，经低通滤波后平均输出接近零。

相敏检波电路的鉴相特性在测量中有抑制零点残余电压影响的作用。

6. 相敏检波电路的应用

相敏检波电路由于具有能较好地抑制干扰等作用，在测控系统中具有广泛应用。

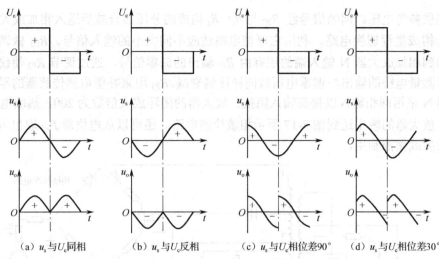

| （a）u_s 与 U_c 同相 | （b）u_s 与 U_c 反相 | （c）u_s 与 U_c 相位差90° | （d）u_s 与 U_c 相位差30° |

图 7-21　相敏检波电路的鉴相特性

1）对称判别电路

在测量与控制中，经常需要进行对称判别，并可在此基础上拾取峰值信号。例如，在光学和光电显微镜中，常以刻线像 1 对称于狭缝 2 作为瞄准状态（见图 7-22）。若用两个光电元件分别接收狭缝两侧的光通量，在两侧的光通量相等时发瞄准信号，则照明光斑不均匀，两个光电元件特性的差异都会影响瞄准精度。为提高瞄准精度，常采用信号调制的方法，将狭缝 2 固定在一个振子上，让它做 x 向振动，并只用一个光电元件 3 接收。当刻线处于瞄准状态，即刻线像 1 对称于狭缝 2 时，光电元件 3 输出图 7-22（b）所示信号；当刻线处于非瞄准状态，光电元件 3 输出图 7-22（c）所示信号，Φ 为光电元件 3 接收到的光通量，u 为经光电转换后的电压输出。以振子的激励信号为参考信号，对放大后的光电信号做相敏检波。在图 7-22（b）所示情况下，光电信号中不含频率为参考信号频率奇数倍的谐波信号，相敏检波电路输出为零；在图 7-22（c）所示情况下，光电信号中含有参考信号的基波频率和奇次谐波信号，相敏检波电路有输出。根据相敏检波电路的输出，可以确定显微镜是否瞄准被测刻线。

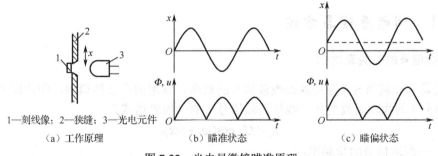

1—刻线像；2—狭缝；3—光电元件

| （a）工作原理 | （b）瞄准状态 | （c）瞄偏状态 |

图 7-22　光电显微镜瞄准原理

2）用于调幅电路的解调

由于幅值调制电路简单，在模拟式测量电路中有广泛的应用。在这类电路中常采用相敏检波器做它的解调电路，图 7-23 所示的调幅式电感测微仪电路就是一个例子。

晶体管 VT 与变压器 T、电容 C 等构成三点式 LC 振荡器。振荡器的输出一方面通过二次侧 4、5、6、7 给传感器供电，实现测量信号的幅值调制；另一方面通过二次侧 1、2、3 给相敏检波电路提供参考电压。调幅信号经 R_{P3} 与 $R_1 \sim R_4$ 构成的分压器衰减后送入相加放大器 N，分压器 $R_1 \sim R_4$ 构成量程切换电路，利用它可使电路适应不同大小的输入信号。R_{P3} 做调整仪器灵敏度用。送到相加放大器 N 输入端的还有由 R_{P2} 输出的调零信号，通过调节 R_{P2} 使仪器指零。变换量程时测量电桥的输出与调零电压按同样比例衰减。R_{P1} 用来补偿电感传感器的零点残余电压。放大器 N 采用同相输入以提高输入阻抗。放大器的闭环放大倍数为 200，热敏电阻 R_t 做温度补偿用。放大器的输出送到图 7-17 所示相敏检波电路。还可以从电位器 R_{P5} 取出电压信号，进行模数转换或做控制用。

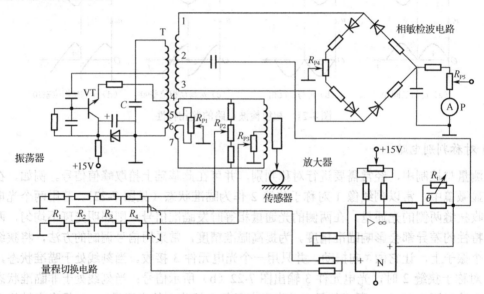

图 7-23 调幅式电感测微仪电路

7.3 调频式测量电路

7.3.1 调频原理与方法

1. 调频信号的一般表达式

调频就是用调制信号 x 控制高频载波信号的频率。常用的是线性调频，即让调频信号的频率按调制信号 x 的线性函数变化。线性调频信号 u_s 的一般表达式为

$$u_s = U_m \cos(\omega_c + mx)t \tag{7-6}$$

式中　ω_c——载波信号的角频率；

　　　U_m——调频信号中载波信号的幅度；

　　　m——调制度。

图 7-24 绘出了这种调频信号的波形。图 7-24（a）为调制信号 x 的波形，它可以按任意规律变化；图 7-24（b）为调频信号的波形，它的频率随 x 变化。若 $x = X_m \cos \Omega t$，则调频信号的频率可在 $\omega_c \pm mX_m$ 范围内变化。为了避免发生频率混叠现象，并且便于解调，要求 $\omega_c \gg mX_m$。

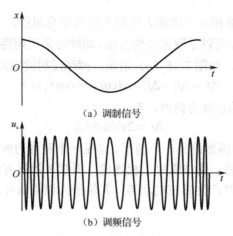

(a) 调制信号

(b) 调频信号

图 7-24　调频信号的波形

2. 传感器调制

与调幅的情况一样，为了提高测量信号的抗干扰能力，常要求从信号一形成就是已调信号，因此常常在传感器中进行调制。

多普勒测速是利用传感器实现调频的典型例子。当频率为 f_0 的波束 P 以速度 V 射向以速度 v 运动的物体 W 时 [见图 7-25 (a)]，反射波束产生多普勒频移，其频率 f 变为

$$f = f_0(1+v/V)/(1-v/V)$$

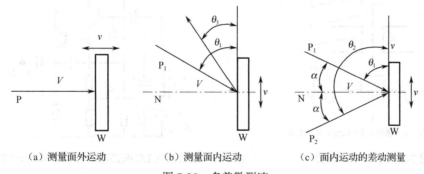

(a) 测量面外运动　　　(b) 测量面内运动　　　(c) 面内运动的差动测量

图 7-25　多普勒测速

这里的波束可以是电磁波（包括光波），也可以是机械波（如超声波）。当运动物体 W 向波源移动时，上式中的 v 取正值，反射波的频率增大；反之，当运动物体 W 由波源移开时，上式中的 v 取负值，反射波的频率减小。反射波的频率由物体运动速度 v 调制。在多数情况下 $V \gg v$，这时可将上式简化为

$$f = f_0(1+2v/V)$$

频率变化为

$$\Delta f = 2v/\lambda$$

式中　λ——入射波束的波长。

图 7-25 (a) 是测量面外运动的情形，即物体运动过程中反射面的位置发生变化，但是在生产和科学实践中经常需要测量面内运动。例如，在生产过程中测量钢带、布、纸等的运动速度，在物体运动过程中反射面的位置不变。这时波束 P_1 应当斜射，如图 7-25 (b) 所示，产生的多普勒频移为

$$\Delta f = v(\cos\theta_1 + \cos\theta_3)/\lambda$$

式中　θ_1、θ_3——分别为波束相对于运动方向的入射角和观测角。

为了消除观测角的影响，可以采取差动的方法，即同时采用两路波束 P_1 和 P_2 分别以 θ_1 和 θ_2 角入射，而沿法线方向观测，如图 7-25（c）所示。两路反射波束的频差为

$$\Delta f = \Delta f_1 - \Delta f_2 = v(\cos\theta_1 - \cos\theta_2)/\lambda$$

在 P_1 和 P_2 对称于运动的法线方向时，有

$$\Delta f = 2v\sin\alpha/\lambda$$

图 7-26 所示为振弦式传感器的另一个例子。这是一个测量力或压力的振弦式传感器，振弦 3 的一端与支承 4 相连接，另一端与膜片 1 相连接，振弦 3 的固有频率随张力 T 变化。振弦 3 在磁铁 2 形成的磁场内振动时产生感应电动势，其输出为调频信号。

3．电路调制

信号的调频也可用电路来实现。只要能用调制信号去控制产生载波信号的振荡器频率，就可以实现调频。载波信号可以用 LC、RC 或多谐振荡器产生，只要让决定其频率的某个参数，如电感 L、电阻 R 或电容 C 随调制信号（测量信号）变化，就可以实现调频。

图 7-27 所示为一个实现调频电路的例子。这是一个电容三点式 LC 振荡器，图中 C_T 为电容传感器电容，它随被测参数变化。C_T 的变化使振荡器输出频率变化，从而实现调频。同样，可以采用电感传感器的电感实现振荡器的调频。

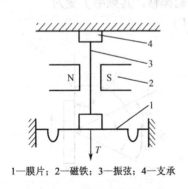

1—膜片；2—磁铁；3—振弦；4—支承

图 7-26　振弦式传感器

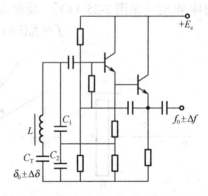

图 7-27　通过改变 LC 振荡器的 C 或 L 实现调频的电路

图 7-28 所示为通过改变多谐振荡器中的电容实现调频的电路。靠稳压管 V_S 将输出电压 u_o 稳定在 $\pm U_r$。若输出电压为 U_r，则它通过 $R + R_p$ 向电容 C 充电，当电容 C 的充电电压 $u_c > FU_r$ 时［其中 $F = R_4/(R_3 + R_4)$］，N 的状态翻转，使 $u_o = -U_r$。$-U_r$ 通过 $R + R_p$ 对电容 C 反向充电，当电容 C 上的充电电压 $u_c < -FU_r$ 时，N 再次翻转，使 $u_o = U_r$。这样就构成一个在 $\pm U_r$ 间来回振荡的多谐振荡器，其振荡频率 $f = 1/T_0$，它由充电回路的时间常数 $(R + R_p)C$ 决定。可以用一个电容传感器的电容作为图中的 C，这样就可使振荡器的频率得到调制。R_p 用来调整调频信号的中心频率。也可以用一个电阻式传感器的电阻作为 R，振荡器的频率随被测量的变化得到调制。

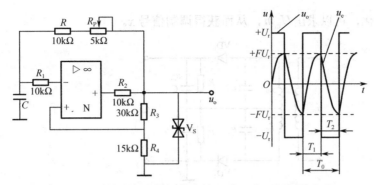

图 7-28 通过改变多谐振荡器的 C 或 R 实现调频的电路

除了通过改变 C、R、L 使振荡器的频率得到调制外，还可以通过电压的变化控制振荡器的频率。例如，可以利用变容二极管将电压的变化转换为电容的变化，实现振荡器的频率调制。也可以用电压去改变一个晶体管的等效内阻，使振荡器的频率发生变化，实现调制。这种频率随外加电压变化的振荡器常称为压控振荡器。前面介绍的电压/频率转换器，即 V/F 转换器都可用于频率调制。

7.3.2 鉴频电路

对调频信号实现解调，从调频信号中检出反映被测量变化的调制信号称为频率解调或鉴频。

1. 斜率鉴频

将一个调频信号送到一个具有变化的幅频特性的网络，就可以得到调频调幅信号输出，然后通过包络检波检出其幅值变化，就可以得到所需调制信号。鉴频网络的幅频特性斜率越大，同样大小的频率变化引起的幅值变化越大，幅值调制度越大，鉴频的灵敏度越高。由于调频信号的瞬时频率通常只在很小的一个范围内变化，为获得较高的鉴频灵敏度，常常用谐振电路做斜率鉴频网络。

图 7-29（a）所示为双失谐回路鉴频电路，两个调谐回路的固有频率 f_{01}、f_{02} 分别比载波频率 f_c 高和低 Δf_0。图 7-29（b）为两个调谐回路的幅频特性，图 7-29（c）是输入调频信号。随着输入信号 u_s 的频率变化，回路 1 的输出 u_{s1} 和回路 2 的输出 u_{s2} 如图 7-29（d）、（e）所示。在回路 1 的工作段内，其输出灵敏度，即单位频率变化引起的输出信号幅值变化 $\Delta U_m / \Delta \omega$ 随着频率升高而增大，而回路 2 在其工作段内的输出灵敏度随着频率升高而减小，总输出为二者绝对值之和。采用双失谐回路鉴频电路不仅使输出灵敏度提高一倍，而且使线性得到改善。图 7-29（a）中二极管 VD_1、VD_2 用于包络检波，电容 C_1、C_2 用于滤除高频载波信号，两个 R_L 为负载电阻。滤波后的输出如图 7-29（f）所示。

2. 微分鉴频

1）工作原理

调频信号 u_s 的数学表达式为：$u_s = U_m \cos(\omega_c + mx)t$，将此式对 t 求导数得到

$$\frac{\mathrm{d}u_s}{\mathrm{d}t} = -U_m(\omega_c + mx)\sin(\omega_c + mx)t$$

这是一个调频调幅信号。利用包络检波检出其幅值变化，就可以得到含有调制信号的信息 $U_m(\omega_c + mx)$。通过定零，即测定 $x = 0$ 时的输出，可以求出 $U_m\omega_c$。通过灵敏度标定，即测定 x

改变时输出的变化，可以求出 $U_m m$，从而获得调制信号 x。

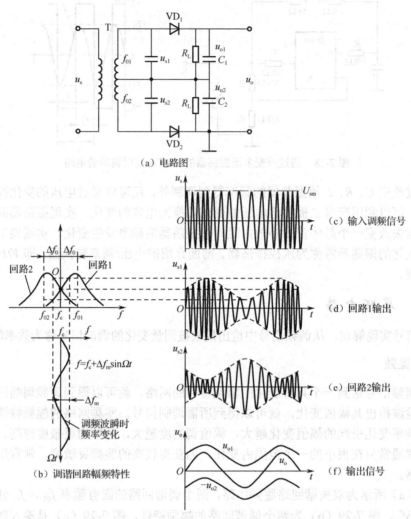

（a）电路图

（c）输入调频信号

（d）回路1输出

（e）回路2输出

$f = f_c + \Delta f_m \sin \Omega t$

调频波瞬时
频率变化

（b）调谐回路幅频特性

（f）输出信号

图 7-29 双失谐回路鉴频电路

2）微分鉴频电路

微分鉴频电路的原理如图 7-30 所示。电容 C_1 与晶体管 VT 的发射结正向电阻 r 组成微分电路。二极管 VD 一方面为晶体管 VT 提供直流偏压，另一方面为电容 C_1 提供放电回路。电容 C_2 用于滤除高频载波信号。

在微分电路中，微分电流 $i = C_1 \dfrac{\mathrm{d}u_s}{\mathrm{d}t}$。为了正确微分，要求 $C_1 \ll \dfrac{1}{\omega_c r}$，因而这种电路灵敏度较低。为了提高其性能，可用单稳形成窄脉冲代替微分。$u_d = ir$。

3）窄脉冲鉴频电路

窄脉冲鉴频电路的工作原理如图 7-31 所示。调频信号

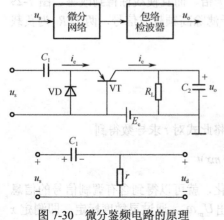

图 7-30 微分鉴频电路的原理

u_s 经放大后进入电平鉴别器，当输入信号超过一定电平时，电平鉴别器翻转，它推动单稳态触发器输出窄脉冲。u_s 的瞬时频率越高，窄脉冲越密，经低通滤波后输出的电压越高，它将频率变化转换为电压变化。为了避免发生混叠现象，要求单稳的脉宽

$$\tau < \frac{1}{f_m} = \frac{2\pi}{\omega_c + m x_m}$$

式中　f_m、x_m——分别为 u_s 的最高瞬时频率和 x 的最大值。

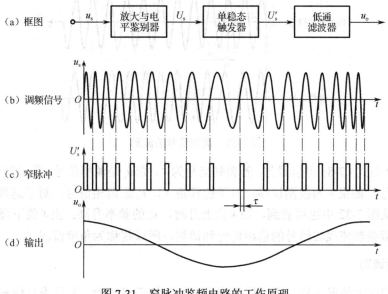

图 7-31　窄脉冲鉴频电路的工作原理

7.4　调相式测量电路

7.4.1　调相原理与方法

1. 调相信号的一般表达式

调相就是用调制信号 x 控制高频载波信号的相位。常用的是线性调相，即让调相信号的相位按调制信号 x 的线性函数变化。线性调相信号 u_s 的一般表达式为

$$u_s = U_m \cos(\omega_c t + m x) \tag{7-7}$$

式中　ω_c——载波信号的角频率；

　　　U_m——调相信号中载波信号的幅度；

　　　m——调制度。

图 7-32 所示为调相信号的波形。图 7-32（a）为调制信号 x 的波形，它可以按任意规律变化；图 7-32（b）为载波信号的波形，图 7-32（c）为调相信号的波形，调相信号与载波信号的相位差随 x 变化。当 $x<0$ 时，调相信号滞后于载波信号；当 $x>0$ 时，则超前于载波信号。实际上调相信号的瞬时频率也在不断变化，由式（7-7）可以得到调相信号的瞬时频率为

$$\omega = \omega_c + m\frac{\mathrm{d}x}{\mathrm{d}t} \tag{7-8}$$

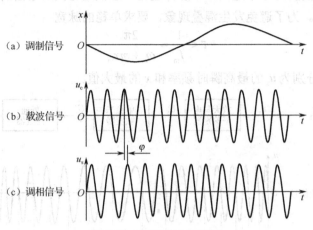

图 7-32 调相信号的波形

由式（7-7）与式（7-8）可以看到，若调制信号为 x，则 u_s 是调相信号；若调制信号为 $\mathrm{d}x/\mathrm{d}t$，则 u_s 是调频信号。如果 x 为被测位移，对于位移量 x，u_s 是调相信号；对于速度 $\mathrm{d}x/\mathrm{d}t$，u_s 就是调频信号。从图 7-32 中也可看到，当 x 值上升时，u_s 的频率升高；当 x 值下降时，u_s 的频率减小。调相和调频都使载波信号的总相角受到调制，所以以统称为角度调制。

2. 传感器调制

与调幅、调频的情况一样，为了提高测量信号的抗干扰能力，常要求从信号一形成就是已调信号，因此常常在传感器中进行调制。图 7-33 所示为感应式转矩传感器。在弹性轴 1 上装有两个相同的齿轮 2 与 5。齿轮 2 以恒速与弹性轴 1 一起转动时，在感应式传感器 3 中产生感应电动势。由于转矩 M 的作用，使弹性轴 1 产生扭转，齿轮 5 在传感器 4 中产生的感应电动势为一调相信号，它和传感器 3 中产生的感应电动势的相位差与转矩 M 成正比。

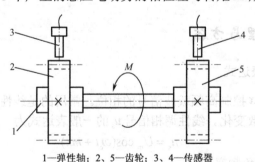

1—弹性轴；2、5—齿轮；3、4—传感器

图 7-33 感应式转矩传感器

图 7-34 所示为对增量码信号进行相位调制的例子。图 7-34（a）中 1 为标尺光栅，2 为指示光栅。两块栅距相同的光栅，当其刻线面互相靠近，其刻线方向相交成很小的夹角 θ 时，形成亮暗交替的莫尔条纹，其光通量 Φ 变化的曲线如图 7-34（b）所示。当标尺光栅 1 沿 X 方向移动时，莫尔条纹沿 Y 方向移动。如果沿 Y 方向在莫尔条纹宽度 B 范围内放置许多光电元件 $V_{P1} \sim V_{Pn}$，如图 7-34（c）所示，则 $V_{P1} \sim V_{Pn}$ 将输出不同相位的信号。当标尺光栅 1 静止时，这些光电元件输出不同的直流电平，这种直流信号容易受到干扰。可以用电子开关 $S_1 \sim S_n$ 将光

电元件 $V_{P1} \sim V_{Pn}$ 依次与运算放大器 N 接通 [见图 7-34 (d)]。这样当标尺光栅 1 静止时，经滤除电子开关切换造成的纹波后，放大器 N 输出余弦信号 $U_m \cos(\omega_c t + \varphi_0)$，其中 ω_c 为切换电子开关的角频率，φ_0 为信号的初相角。当标尺光栅 1 沿 X 方向移过 x 时，输出信号获得附加相位移 $2\pi x / W$，其中 W 为光栅栅距。输出信号为位移量 x 的调相信号，有

$$u_s = U_m \cos\left(\omega_c t + \varphi_0 + \frac{2\pi x}{W} \right)$$

适当选取位移量 x 的零点，使 $\varphi_0 = 0$，这时

$$u_s = U_m \cos\left(\omega_c t + \frac{2\pi x}{W} \right)$$

它也可写成光栅移动速度 v 的调频信号

$$u_s = U_m \cos\left(\omega_c + \frac{2\pi v}{W} \right) t$$

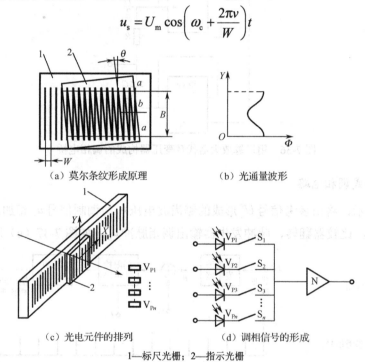

（a）莫尔条纹形成原理　　　　　（b）光通量波形

（c）光电元件的排列　　　　　（d）调相信号的形成

1—标尺光栅；2—指示光栅

图 7-34　莫尔条纹信号的调制

3．电路调制

1）调相电桥

图 7-35 所示为变压器式调相电桥。其电路如图 7-35（a）所示，靠变压器 T 在它的二次侧形成感应电动势 $\dot{U}$，在电桥的两臂是两个不同性质的阻抗元件。例如，C 为电容式传感器的电容，而 R 为一个固定电阻；也可以 C 为固定电容，而 R 为电阻式传感器的电阻。由于电容 C 上的压降 $\dot{U}_C$ 和电阻 R 上的压降 $\dot{U}_R$ 相位差为 90°，当传感器的电阻或电容变化时，输出电压矢量 $\dot{U}_s$ 的末端在以 O 为圆心、以 U/2 为半径的半圆上移动，如图 7-35（b）所示。$\dot{U}_s$ 的幅值不变，其相位随传感器的电阻或电容变化，输出调相信号。

由于变压器制作麻烦、体积较大，可用运算放大器代替变压器，如图 7-36 所示。靠运算放大器 N_1、N_2 形成两个幅值相同、极性相反的电压 $\dot{U}/2$ 与 $-\dot{U}/2$，其余原理与图 7-35 相同。

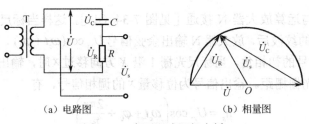

（a）电路图　　　　　　　（b）相量图

图 7-35　变压器式调相电桥

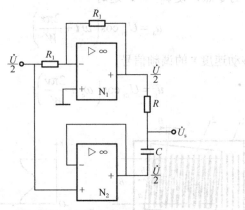

图 7-36　用运算放大器代替变压器构成的调相电桥

2）脉冲采样式调相电路

如图 7-37 所示，将由参考信号 U'_c 形成的锯齿波电压 u_j 与调制信号 u_x 相加，当它们之和达到门限电平 U_0 时，比较器翻转，脉冲发生器输出调相脉冲 u_s，如图 7-37（e）所示。

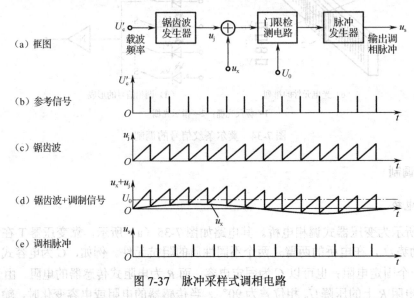

图 7-37　脉冲采样式调相电路

7.4.2　鉴相电路

鉴相就是从调相信号中将反映被测量变化的调制信号检出来，实现调相信号的解调，又称为相位检波。

1．乘法器鉴相

用乘法器实现鉴相的基本原理见图 7-13。乘法器的两个输入信号分别为调相信号 $u_s = U_{sm}\cos(\omega_c t + \varphi)$ 与参考信号 $u_c = U_{cm}\cos\omega_c t$。乘法器的输出送入低通滤波器滤除由于载波信号引起的高频成分，低通滤波相当于求平均值，整个过程可用下述数学式表示，输出电压

$$u_o = \frac{K}{2\pi}\int_0^{2\pi} U_{sm}\cos(\omega_c t + \varphi)U_{cm}\cos\omega_c t\, \mathrm{d}(\omega_c t) = \frac{KU_{sm}U_{cm}\cos\varphi}{2} \tag{7-9}$$

其中乘法器的增益 K 的量纲为 V^{-1}，由式（7-9）可见输出信号随相位差 φ 的余弦而变化。在 $\varphi = \pi/2$ 附近，有较高的灵敏度与较好的线性。这种乘法器电路简单，其不足之处是输出信号同时受调相信号与参考信号幅值的影响。

2．相敏检波电路鉴相

相敏检波器具有鉴相特性，因此可以用相敏检波器鉴相。

1）开关式相敏检波电路鉴相

开关式相敏检波电路见图 7-15。前面谈到，开关式相敏检波电路中采用归一化的方波信号 U_c 作为参考信号，用它与调相信号相乘。归一化的方波信号 U_c 中除频率为 ω_c 的基波信号外，还有频率为 $3\omega_c$ 和 $5\omega_c$ 等的奇次谐波成分。但它们对输出电压 u_o 没有影响，因为 $\cos(\omega_c t + \varphi)\cos 3\omega_c t$ 和 $\cos(\omega_c t + \varphi)\cos 5\omega_c t$ 等在 $\omega_c t$ 的一个周期内积分值为零。其输出信号仍可用式（7-9）表示，只是取 $KU_{cm}=1$。在开关式相敏检波电路中参考信号的幅值对输出没有影响，但调相信号的幅值仍然有影响。

2）相加式相敏检波电路鉴相

相加式相敏检波电路同样具有鉴相特性，即它能用于调相信号的解调。这里以图 7-38（a）所示相敏检波电路为例进行说明。相加式相敏检波电路用于调相信号的解调与用于调幅信号的解调有一个区别：在用于调幅信号的解调时，要求参考信号 u_c 的幅值 U_{cm} 远大于调幅信号 u_s 的幅值 U_{sm}，使开关器件的通断完全由参考信号决定；而在用于相位测量时常取 $U_{cm}=U_{sm}$。作用在 ad 两点和 bd 两点上的电压分别为 $\dot{U}_1 = \dot{U}_c + \dot{U}_s$ 和 $\dot{U}_2 = \dot{U}_c - \dot{U}_s$（这里设 $\dot{U}_{s1} = \dot{U}_{s2} = \dot{U}_s$），如图 7-38（b）所示。它的幅值

$$U_{1m} = \sqrt{(U_{cm} + U_{sm}\cos\varphi)^2 + (U_{sm}\sin\varphi)^2}$$

$$U_{2m} = \sqrt{(U_{cm} - U_{sm}\cos\varphi)^2 + (U_{sm}\sin\varphi)^2}$$

当 $U_{cm}=U_{sm}$ 时，以上二式分别可以简化为

$$U_{1m} = 2U_{cm}\left|\cos\frac{\varphi}{2}\right|$$

$$U_{2m} = 2U_{cm}\left|\sin\frac{\varphi}{2}\right|$$

先讨论 $0 \leqslant \varphi \leqslant \pi$ 的情形，输出电压

$$u_o = k(U_{1m} - U_{2m}) = 2kU_{cm}\left(\cos\frac{\varphi}{2} - \sin\frac{\varphi}{2}\right) = 2\sqrt{2}kU_{cm}\sin\left(\frac{\pi}{4} - \frac{\varphi}{2}\right)$$

式中，k 是半波（或者全波）整流器的整流系数，其输出特性如图 7-38（c）所示。这种鉴相器的特性比 $U_{cm} \gg U_{sm}$ 时要好，因为正弦函数的自变量变化范围减小了一半。因此，在用作鉴相

器时，常取 $U_{cm} = U_{sm}$。

当 $\varphi < 0$ 时，输出与 $\varphi > 0$ 时相同，如图 7-38（c）所示，鉴相器不能鉴别相位超前与滞后，用相敏检波电路构成的鉴相器都有这一特点。它们工作在 $\pi/2 \pm \pi/2$ 范围内，在 $\varphi = \pi/2$ 附近，鉴相器线性最好，灵敏度最高。

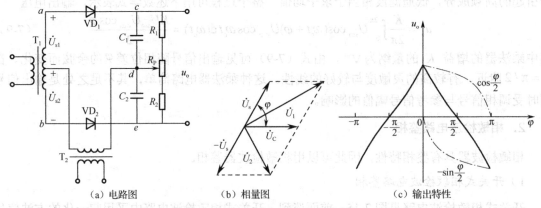

图 7-38　相加式相敏检波电路鉴相

3. 通过相位-脉宽变换鉴相

1）异或门鉴相

异或门鉴相的工作原理如图 7-39 所示。将调相信号与参考信号整形后形成占空比为 1∶1 的方波信号 U_s 和 U_c，将它们送到异或门 D_{G1}，异或门输出 U_o 的脉宽 B 与 U_s 和 U_c 的相位差 φ 相对应，如图 7-39（b）所示。这一脉宽有两种处理方法。

一种方法是将 U_o 送入一个低通滤波器，滤波后的输出 u_o 与脉宽 B 成正比，也即与相位差 φ 成正比，根据 u_o 可以确定相位差 φ。

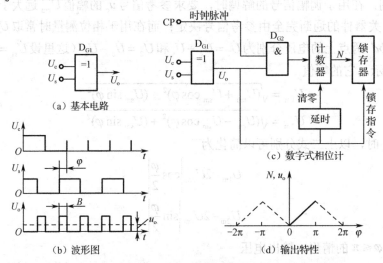

图 7-39　异或门鉴相

另一种方法是用 U_o 作为门控信号。如图 7-39（c）所示，只有当 U_o 为高电平时，时钟脉冲 CP 才能通过门 D_{G2} 进入计数器。这样进入计数器的脉冲数 N 与脉宽 B 成正比，即与相位差 φ 成正比。U_o 的下降沿来到时，发出锁存指令，将计数器计的脉冲数 N 送入锁存器，延时片刻后将计数器清零。这样锁存器锁存的数 N 为在 U_s 和 U_c 的一个周期内进入计数器的脉冲数,它反映 U_s 和 U_c 的相位差 φ。电路的输出特性如图 7-39 (d) 所示,在 $0\sim\pi$ 范围内它具有线性关系,它不能鉴别 U_s 和 U_c 哪个相位超前。鉴相器的鉴相范围为 $0\sim\pi$。鉴相器要求 U_s 和 U_c 的占空比均为 $1:1$,否则会带来误差。

2)RS 触发器鉴相

将由调相信号 U_s 和参考信号 U_c 形成的窄脉冲 U_s' 和 U_c' 分别加到 RS 触发器的 R 端和 S 端,如图 7-40 (a) 所示,Q=1 的脉宽 B 与 U_s 和 U_c 的相位差 φ 相对应,如图 7-40 (b) 所示。这一脉宽与异或门鉴相一样有两种处理方法。一种方法是将 Q 端输出送入一个低通滤波器,滤波后的输出 u_o 与脉宽 B 成正比,也即与相位差 φ 成正比,根据 u_o 可以确定相位差 φ。另一种方法是用 Q 代替图 7-40 (c) 中的 u_o 作为门控信号,锁存器锁存的数代表 U_s 和 U_c 的相位差 φ。这种鉴相器的鉴相范围为 $\Delta\varphi\sim(2\pi-\Delta\varphi)$,其中 $\Delta\varphi$ 为窄脉冲宽度所对应的相位角,其输出特性如图 7-40 (c) 中实线 1 所示。图中 N、u_o 的含义与图 7-39 (d) 相同。

如果将 Q 和 $\overline{Q}$ 分别送到差分放大器的同相和反相输入端;或者在 Q=1 时让计数器做加法计数,Q=0 时做减法计数,就可以使鉴相器具有图 7-40 (c) 中虚线 2 所示的输出特性,鉴相范围为 $\pm(\pi-\Delta\varphi)$。RS 触发器鉴相线性好,鉴相范围宽,并且对 U_s 和 U_c 的占空比没有要求,由于这些优点 RS 触发器鉴相获得广泛应用。

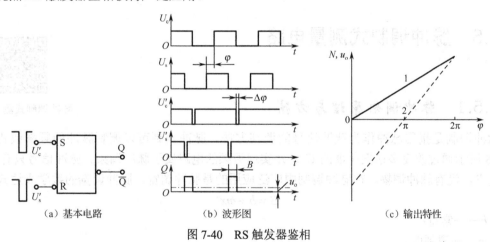

(a) 基本电路　　　　(b) 波形图　　　　(c) 输出特性

图 7-40　RS 触发器鉴相

4. 脉冲采样式鉴相

脉冲采样式鉴相电路的工作原理与图 7-37 所示的脉冲采样式调相电路相似,它实现脉冲采样调相的逆过程,其工作原理如图 7-41 所示。由参考信号 U_c 形成窄脉冲 U_c' 送到锯齿波发生器的输入端,形成图 7-42 (c) 所示的的锯齿波信号 u_j。由调相信号 U_s 形成窄脉冲 U_s' 通过采样保持电路采集此时的 u_j 值,并将其保持。采样保持电路采得的电压值由 U_s 和 U_c 的相位差 φ 决定。采样保持电路输出 u' 的波形如图 7-42 (d) 所示,经反相放大与平滑滤波后得到图 7-42 (e) 所示输出波形 u_o,实现调相信号的解调。脉冲采样式鉴相电路的工作原理基于相位-时间-电压的变换。随 U_s 和 U_c 的相位差 φ 的变化,采样脉冲 U_s' 出现的时刻不同,通过对锯齿波 u_j 的采样实现时间-电压的变换。这种鉴相器的鉴相范围为 $0\sim(2\pi-\Delta\varphi)$,其中 $\Delta\varphi$ 为与锯齿波回扫区所对应的相位角。锯齿波 u_j 的非线性对鉴相精度有较大影响。

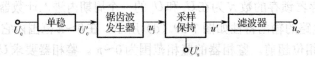

图 7-41　脉冲采样式鉴相电路的工作原理

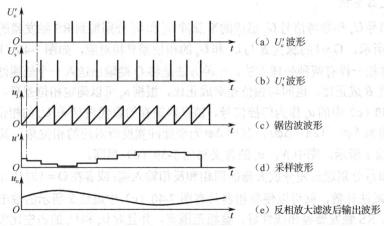

图 7-42　脉冲采样式鉴相电路的波形

7.5　脉冲调制式测量电路

7.5.1　脉冲调制原理与方法

脉冲调制式测量电路

脉冲调制是指用脉冲作为载波信号的调制方法。脉冲调制可以调制脉冲的频率或相位，图 7-28 所示通过改变多谐振荡器的 C 或 R 实现调频的电路属于脉冲调频。脉冲信号只有 0、1 两个电平，没有脉冲调幅。在脉冲调制中广泛应用的是脉冲调宽。脉冲调宽的数学表达式为

$$B = b + mx$$

式中　b——常量；

　　　m——调制度。

脉冲的宽度 B 为调制信号 x 的线性函数。脉冲调宽信号的波形如图 7-43 所示，图 7-43（a）为调制信号 x 的波形，图 7-43（b）为脉冲调宽信号的波形。图中 T 为脉冲周期，它等于载波频率的倒数。

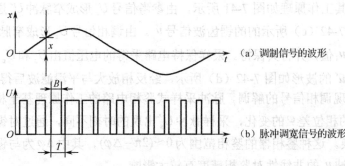

图 7-43　脉冲调宽信号的波形

1．电路调制

1）参量调宽

图 7-28 介绍了通过改变多谐振荡器的 C 或 R 实现调频的电路。如果对这一电路略加改造，即可构成脉宽调制电路。图 7-28 中，在两个半周期是通过同一电阻通道 $R+R_\mathrm{p}$ 向电容 C 充电，两个半周期充电时间常数相同，从而输出占空比为 1∶1 的方波信号。如果让电路在两个半周期通过不同的电阻通道向电容充电，如图 7-44 所示，则两个半周期充电时间常数不同，从而输出信号的占空比也随两路充电回路的阻值而变化。图 7-44 中 R_P2、R_P3 为差动电阻传感器的两臂，$R_\mathrm{P2}+R_\mathrm{P3}$ 为一常量，输出信号的频率不随被测量值变化，而它的占空比随 R_P2、R_P3 的值变化，即输出信号的脉宽受被测信号调制。

2）电压调宽

在图 7-28 所示的多谐振荡器中，若 R_4 不接地，而接某一电压 u_x，如图 7-45 所示，则运算放大器 N 同相输入端的电压为

$$u_+ = \frac{u_\mathrm{o}R_4 + u_\mathrm{x}R_3}{R_3 + R_4}$$

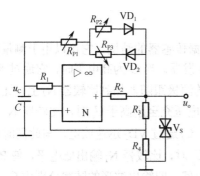

图 7-44 用电阻变化实现脉宽调制的电路

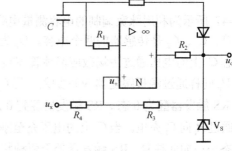

图 7-45 用电压变化实现脉宽调制的电路

若 u_x 为正，则它使 u_+ 升高。在 u_o 为正的半周期，只有当电容 C 上的电压超过 u_+ 时，才使输出电压 u_o 发生负跳变。u_+ 升高使充电时间延长，即使输出信号 u_o 处于高电平的时间延长。在 u_o 为负的半周期，u_+ 的升高使 u_c 能较快地降至 u_+ 之下。当 u_c 降至 $u_\mathrm{c}<u_+$ 时，输出电压 u_o 发生正跳变，使输出信号 u_o 处于低电平的时间缩短。也就是说，u_+ 升高时输出信号 u_o 处于高电平的脉宽加大，u_o 处于低电平的脉宽减小；反之，u_+ 下降使输出信号 u_o 处于低电平的脉宽加大，u_o 处于高电平的脉宽减小，从而使脉宽受到调制。

2．传感器调制

图 7-46 所示为利用激光扫描的方法测量工件直径。由激光器 4 发出的光束经反射镜 5 与 6 反射后，照到扫描棱镜 2 的表面。棱镜 2 由电动机 3 带动连续回转，它使由棱镜 2 表面反射返回的光束方向不断变化，扫描角 θ 为棱镜 2 中心角的 2 倍。透镜 1 将这一扫描光束变成一组平行光，对工件 8 进行扫描。这一平行光束经透镜 10 汇聚，由光电元件 11 接收。7 和 9 为保护玻璃，使光学系统免受污染。

当光束扫过工件时，它被工件挡住，没有光线照到光电元件 11 上，对应于"暗"的信号宽度与被测工件 8 的直径成正比，即脉冲宽度受工件直径调制。

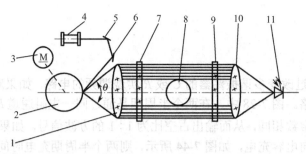

1、10—透镜；2—棱镜；3—电动机；4—激光器；5、6—反射镜；7、9—保护玻璃；8—工件；11—光电元件

图 7-46　用激光扫描的方法测量工件直径

7.5.2　脉冲调制信号的解调

脉冲调宽信号的解调主要有两种方式。一种是将脉宽信号 U_o 送入一个低通滤波器，滤波后的输出 u_o 与脉宽 B 成正比。另一种方法是将 U_o 用作门控信号。如图 7-39（c）所示，只有当 U_o 为高电平时，时钟脉冲 CP 才能通过门电路进入计数器。这样进入计数器的脉冲数 N 与脉宽 B 成正比。两种方法均具有线性特性。

7.5.3　脉冲调制测量电路应用举例

图 7-47 所示为利用脉宽调制的电容测量电路。根据传感器的结构，它可以用于测量位移、压力、力等。C_1、C_2 是传感器的两个电容。D_F 为 RS 触发器。当 Q 为高电平时，它通过 R_2 对 C_2 充电。电容 C_2 上的电压通过由场效应晶体管 VT_4 组成的源极跟随器加到比较器 N_2 上，比较器的参考电压 U_c 同样通过源极跟随器 VT_3 加入。当 C_2 上的电压充至刚高于 U_c 时，比较器 N_2 输出低电平，使 RS 触发器翻为 0 态。RS 触发器翻到 0 态后，C_2 通过 VD_2 迅速放电。与此同时 $\overline{Q}$ 呈高电平，它通过 R_1 向 C_1 充电。当 C_1 上的电压充至刚高于 U_c 时，比较器 N_1 输出低电平，使 RS 触发器翻回 1 态……如此往复。RS 触发器处于两种状态的时间，即输出波形的脉宽分别由 C_1、C_2 上的电压充至刚高于 U_c 时所需的时间决定，即脉宽受 C_1、C_2 调制。由 Q、$\overline{Q}$ 输出的脉宽调制信号经差分放大器 N_3 放大后，由低通滤波器滤波，输出与 $\Delta C = C_1 - C_2$ 成正比的信号 u_o。实际电路中传感器电容为 $2×40pF$，脉宽调制信号频率 $f \approx 400kHz$，它可以通过调整参考电压 u_c 来调节。

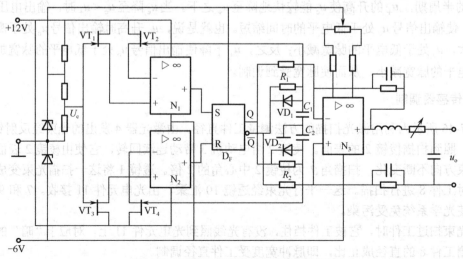

图 7-47　利用脉宽调制的电容测量电路

7.6 集成锁相电路

集成锁相电路

7.6.1 锁相环路基本工作原理

锁相环（PLL）是一个相位误差控制系统，为利用反馈控制原理实现频率及相位的同步技术。锁相环通过比较输入信号和压控振荡器输出频率之间的相位差，产生误差控制电压来调整压控振荡器的频率，以达到与输入信号同频。

锁相环路的基本组成框图如图 7-48 所示。它由鉴相器（PD）、环路滤波器（LF）和压控振荡器（VCO）三部分组成。其中，鉴相器（PD）用以比较 u_i、u_o 相位，输出反映相位误差的电压 $u_D(t)$；环路滤波器（LF）用于滤除误差信号中的高频分量和噪声，提高系统稳定性；压控振荡器（VCO）在 $u_C(t)$ 控制下输出相应频率 ω_o。

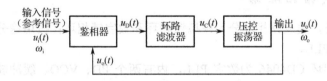

图 7-48 锁相环路的基本组成框架

两个正弦信号的频率和相位之间的关系如图 7-49 所示，若能保证两个信号之间的相位差恒定，则这两个信号的频率必相等。

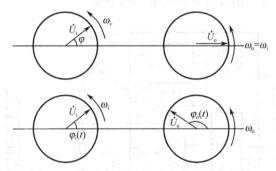

图 7-49 U_o 与 U_i 的频率和相位之间的关系

若 $\omega_i \neq \omega_o$，则称电路处于失锁状态，$u_i(t)$ 和 $u_o(t)$ 之间产生相位变化，鉴相器输出误差电压 $u_D(t)$，它与瞬时误差相位成正比，经过环路滤波，滤除了高频分量和噪声而取出缓慢变化的电压 $u_C(t)$，控制 VCO 的角频率 ω_o 去接近 ω_i。最终使 $\omega_i = \omega_o$，相位误差为常数，环路锁定，这时的相位误差称为剩余相位误差或稳态相位误差。

7.6.2 锁相环路的相位模型及性能分析

1. 鉴相器（PD）

设压控振荡器的输出电压为

$$u_o(t) = U_{om} \cos[\omega_{o0}t + \varphi_o(t)]$$

式中，ω_{o0} 是压控振荡器未加控制电压时的固有振荡角频率；$\varphi_o(t)$ 是以 ω_{o0} 为参考的瞬时相位。

环路输入电压为

$$u_i(t) = U_{im}\sin(\omega_i t)$$

其相位可改写为 $\omega_i t = \omega_{00} t + (\omega_i - \omega_{00})t = \omega_{00} t + \varphi_i(t)$ ，则 $u_i(t)$ 与 $u_o(t)$ 之间的瞬时相位差为 $\varphi_e(t) = \varphi_i(t) - \varphi_o(t)$ ，设鉴相器具有正弦鉴相特性，则 $u_D(t) = A_d\sin[\varphi_e(t)]$ 。

2. 压控振荡器（VCO）

在 $u_c = 0$ 附近，控制特性近似为线性，有

$$\omega_o(t) = \omega_{00} + A_o u_c(t)$$

式中，A_o 是控制灵敏度（增益系数），单位为 rad / (s·V)。

可见压控振荡器是一个理想的积分器，将积分符号用微分算子 $p = \mathrm{d}/\mathrm{d}t$ 的倒数表示，则得

$$\varphi_o(t) = \frac{A_o}{p}u_c(t)$$

7.6.3　集成锁相环路

按电路构成分类，集成锁相环分为模拟锁相环和数字锁相环；按用途分类，集成锁相环分为通用 PLL 和专用 PLL。

常用的集成锁相环 CD4046 为数字 PLL，内有两个 PD、VCO、缓冲放大器、输入信号放大与整形电路、内部稳压器等。它具有电源电压范围宽、功耗低、输入阻抗高等优点，其工作频率达 1MHz，内部 VCO 产生 50%占空比的方波，输出电平可与 TTL 电平或 CMOS 电平兼容。同时，它还具有相位锁定状态指示功能。

锁相环 CD4046 的原理框图及芯片图如图 7-50 所示。

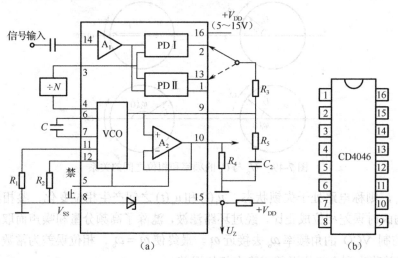

图 7-50　锁相环 CD4046 的原理框图及芯片图

信号输入端允许输入 0.1V 左右的小信号或方波，经 A_1 放大和整形，提供满足 PD 要求的方波。PD I 由异或门构成，具有三角形鉴相特性。它要求两个输入信号均为 50%占空比的方波。当无输入信号时，其输出电压为 $V_{DD}/2$，用以确定 VCO 的自由振荡频率。通常输入信噪比及固有频差较小时采用 PD I，输入信噪比较高或固有频差较大时，采用 PD II。

R_1、R_2、C 确定 VCO 频率范围。R_1 控制最高频率，R_2 控制最低频率。$R_2 = \infty$ 时，最低频率为零。无输入信号时，PD II 将 VCO 调整到最低频率。

思考题与习题

7-1　什么是信号调制？在测控系统中为什么要采用信号调制？什么是解调？在测控系统中常用的调制方法有哪几种？

7-2　什么是调制信号？什么是载波信号？什么是已调信号？

7-3　什么是调幅？写出线性调幅信号的数学表达式，并画出其波形。

7-4　什么是调频？写出线性调频信号的数学表达式，并画出其波形。

7-5　什么是脉冲调宽？写出线性脉冲调宽信号的数学表达式，并画出其波形。

7-6　为什么说信号调制有利于提高测控系统的信噪比及提高它的抗干扰能力？它的作用通过哪些方面体现？

7-7　为什么在测控系统中常常在传感器中进行信号调制？

7-8　举出若干实例，说明在传感器中进行幅值、频率、相位、脉宽调制的方法。

7-9　在电路中进行幅值、频率、相位、脉宽调制的基本原理是什么？

7-10　什么是双边带调幅？写出其数学表达式，并画出其波形。

7-11　什么是包络检波？试述包络检波的基本工作原理。

7-12　什么是相敏检波？为什么要采用相敏检波？

7-13　相敏检波电路与包络检波电路在功能、性能与电路构成上最主要的区别是什么？

7-14　举例说明相敏检波电路在测控系统中的应用。

7-15　脉冲调制主要有哪些方式？为什么没有脉冲调幅？

7-16　脉冲调宽信号的解调主要有哪些方式？

7-17　锁相环路基本工作原理是什么？

7-18　集成锁相环 CD4046 的工作原理是什么？

7-19　在本章介绍的各种鉴相方法中，哪种方法精度最高？主要有哪些因素影响鉴相误差？它们的鉴相范围各为多少？

第 8 章

控制输出电路

本章知识点：

- 功率开关驱动电路
- 继电器电路
- 直流电机驱动电路
- 步进电机驱动电路

基本要求：

- 掌握功率开关驱动电路的原理
- 掌握继电器电路的基本原理及形式
- 掌握直流电机与步进电机的驱动电路原理

能力培养目标：

通过本章的学习，掌握测控电路系统中常用的功率开关驱动电路、继电器电路、直流电机与步进电机驱动电路的原理及形式，熟悉测控电路中控制装置的常见形式，加深对测控电路系统中控制功能实现方法的理解。

随着微电子技术和数字控制技术的发展，数字式微处理器作为控制系统的核心应用越来越广，但其控制引脚输出大多为 TTL 或 CMOS 电平，电压低，电流小，一般情况下不能直接驱动大功率外设和高压或超高压执行部件，必须经过专门的接口电路转换后才能用于驱动这些设备的开启或关闭。另一方面，许多大功率设备，如交流电机等感性负载在开关过程中会产生很强的电磁干扰，若不采用必要的接口处理，极易造成微处理器产生误动作或损毁。为了驱动功率管、电磁阀和继电器、接触器、电动机等被控制设备的执行元件，控制输出驱动电路必不可少。

对被控设备的驱动一般有两种方式：模拟量输出驱动和数字量（开关量）输出驱动。

模拟量输出驱动电路结构复杂，输出因控制对象的不同而千差万别，通用性很差，而且由于受模拟器件的漂移等影响，很难达到较高的控制精度。数字量输出驱动方式由于采用数字电路和计算机技术，对时间的控制可以达到很高精度，已逐步取代了传统的模拟量输出驱动方式，成为测控系统驱动的主流方式。本章将针对数字量驱动应用，讨论一些常用的数字量控制输出电路。

8.1 功率开关驱动电路

在测控系统中，经常要对开关量进行控制，如电动机的"转"与"停"，电灯的"亮"与

"灭"，阀门的"开"与"关"等，这类控制电路称为开关量控制电路。开关元件一般都是由各种功率器件组成的。常用的功率开关有晶体管、场效应管、晶闸管及一些新型电力电子器件，如电力晶体管（GTR）、可关断晶闸管（GTO）和电力场效应管（MOSFET）等。其中晶体管、场效应管主要用于直流负载驱动电路中，而晶闸管主要用于交流负载驱动电路中。

　　功率开关驱动电路通常有以下几种分类方法。

　　（1）按照电路中采用的功率器件类型可分为晶体管驱动电路、场效应管驱动电路和晶闸管驱动电路等。

　　（2）按照电路所驱动的负载类型可分为电阻性负载驱动电路和电感性负载驱动电路。

　　（3）按照电路控制的负载电源类型可分为直流电源负载功率驱动电路和交流电源负载功率驱动电路。

1．直流电源负载功率驱动电路

1）晶体管直流负载功率驱动电路

　　晶体管属于电流控制型器件。它有三种工作状态，即截止、放大和饱和状态。当电压 U_{be} 小于导通电压时，晶体管处于截止状态，此时 I_b 很小，$I_c \approx 0$；当电压 U_{be} 超过导通电压时，晶体管处于饱和状态，此时 I_b 较大，并有 $I_c \approx \beta I_b$（β 为晶体管的电流放大系数）；当电压 U_{be} 处于两者之间时，晶体管处于放大状态。从 c、e 两端看，当晶体管交替工作于截止状态和饱和状态时，晶体管类似于一个开关，但与普通开关的不同之处在于：它可以通过控制 b、e 间的电压和电流来实现开与关。所以，晶体管是一个可控的电子开关。它作为电子开关要求其交替工作在截止状态和饱和状态，因此，要求 U_{be} 或 I_b 的幅值变化大，而且变化快。

　　如果负载所需的电流不太大，可采用晶体管作为功率开关。图 8-1 所示为晶体管直流负载功率驱动电路。这里的负载用 Z_L 而非 R_L 表示，是强调该负载既可以是阻性负载，也可以是电抗性负载。当控制信号 U_i 为低电平时，I_b 较小，晶体管 VT 截止，负载 Z_L 中的电流 $I_L = 0$；当控制信号 U_i 为高电平时，I_b 较大，晶体管 VT 导通（工作于饱和区），负载 Z_L 中的电流 $I_L = (E_c - U_{cc})/Z_L$，U_{cc} 为晶体管 VT 集电极与发射极间的饱和电压降。图 8-1 中 VD 是续流二极管，对晶体管起保护作用。当驱动感性负载时，在晶体管关断瞬间，感性负载所存储的能量可通过 VD 的续流作用而泄放，使晶体管避免被反向击穿。

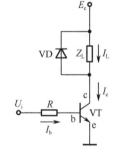

图 8-1　晶体管直流负载
功率驱动电路

　　这种电路的设计要点是合理确定 U_i、R 与 VD 的电流放大系数 β 之间的数值关系，充分满足 $I_b > I_L/\beta$，可确保 VD 导通时工作于饱和区，以降低 VD 的导通电阻及减小功耗。这种由一只晶体管组成的功率驱动电路可满足负载电流 $I_L < 500\text{mA}$ 电器的需要，通常情况下可采用 3DG102 或 T8050 等晶体管组成这种电路。

2）场效应晶体管直流负载功率驱动电路

　　用于功率驱动电路的场效应管称为功率场效应晶体管。由于功率场效应晶体管是电压控制器件，具有很高的输入阻抗。所以，所需的驱动功率很小，对驱动电路要求较低。此外，功率场效应晶体管具有较高的开启阈值电压，有较高的噪声容限和抗干扰能力。

　　实际应用的场效应管大多数为绝缘栅型场效应晶体管，也称 MOS 场效应管。功率场效应管在制造中多采用 V 沟槽工艺，简称 VMOS 场效应管。其改进型则称为 TMOS 场效应管。图 8-2（a）所示为 VMOS 场效应晶体管引出电极的内部关系简图，其中二极管 VD 是在制造过程中形成的。与普通场效应晶体管不同，如果在使用过程中将漏极 d 与源极 s 接反，会导致性能丧失或损坏。

图 8-2（b）所示为典型的功率场效应管直流负载功率驱动电路。当控制信号 U_i 小于开启电压 U_{gs} 时，VT 截止，直流负载 Z_L 中的电流 $I_L=0$；当控制信号 U_i 大于开启电压 U_{gs} 时，VT 导通，直流负载 Z_L 中的电流 $I_L=E_C/(Z_L+R_{ds})$，式中 R_{ds} 为 VT 的漏极 d 与源极 s 间的导通电阻。电路中稳压二极管 VD_z 用来对输入控制电压钳位，对功率场效应管实施保护。VD 仍是起续流作用的二极管。

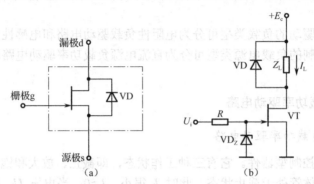

图 8-2　场效应晶体管功率驱动电路

常用的功率场效应晶体管有 IRF250、IRF350 和 IRF640 等。

3）复合管直流负载功率驱动电路

复合管直流负载功率驱动电路可采用类似于晶体管直流负载功率驱动或场效应管直流负载功率驱动电路，如图 8-3 所示。其工作原理与晶体管直流负载功率驱动电路类似，在此不再重复。

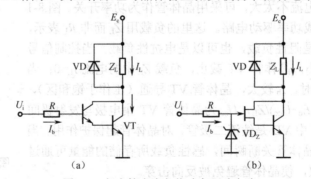

图 8-3　复合管直流负载功率驱动电路

当所需的负载电流 I_L 较大时，由于单个晶体管的 β 有限，输入控制信号电流 I_b 必须很大，以确保 VT 导通时工作于饱和区。为了减小对控制信号电流强度的要求，可采用达林顿器件（也称复合管）构成功率驱动电路。

采用达林顿器件可对 0.5～15A 负载进行功率驱动。常用的器件有 2S6039、BD651 和 S15001 等。

2. 交流电源负载功率驱动电路

1）晶闸管交流负载功率驱动电路

各种交流负载功率驱动电路通常采用晶闸管构成。图 8-4 所示为交流半波导通功率驱动电路。其中 VT_2 是单结晶体管，负载 Z_L 与晶闸管 VT_3 串联后接于交流电源 $\tilde{u}$ 上。当控制信号 U_i

为高电平时，晶闸管 VT_3 导通，负载 Z_L 中有半波交流电流 I_L 通过；当控制信号 U_i 为低电平时，晶闸管 VT_3 截止，负载 Z_L 中电流 $I_L=0$。

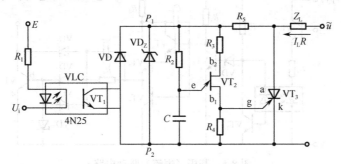

图 8-4　交流半波导通功率驱动电路

当控制信号 U_i 为高电平时，光电耦合器 VLC 中的二极管不发光，光敏三极管 VT_3 截止，P_1 与 P_2 间的电位差取决于稳压管 VD_z 的稳定电压，而与 VD 回路无关。在 $\tilde{u}$ 的正半周，P_1 与 P_2 间的电压使电容 C 上的电位逐渐增加到足够高，导致单结晶体管 VT_2 的射极 e 与第一基极 b_1 间突然导通。e 与 b_1 的导通一方面提供正向触发脉冲使晶闸管 VT_3 导通，另一方面使电容 C 上的电位迅速降低为 0。此后晶闸管的导通状态一直延续到 $\tilde{u}$ 的正半周基本结束。这时因 $\tilde{u}$ 接近零而使晶闸管 VT_3 中的电流由于其维持电流即 $I_L>I_H$，晶闸管 VT_3 进入截止状态。在 $\tilde{u}$ 的负半周，因晶闸管的 a、k 电极间为反向电压，不满足导通条件，使晶闸管 VT_3 仍处于截止状态，直至 $\tilde{u}$ 的下一个正半周，晶闸管 VT_3 再次触发导通。

如果控制信号 U_i 为低电平，光电耦合器 VLC 中发光二极管导通发光，使得光敏三极管 VT_1 导通，P_1 与 P_2 间电位差显著降低，单结晶体管 VT_2 无法建立使晶闸管 VT_3 导通的触发电平，因而负载 Z_L 中电流 I_L 始终为 0。

调整 C 和 R_2 的大小，可改变晶闸管 VT_3 在 $\tilde{u}$ 正半周的导通角，从而达到改变负载 Z_L 中平均电流大小的目的。

实际应用中应注意，如果驱动的是感性负载，必须设置合理的关断泄流回路，一方面可保护开关器件，另一方面也可起到消除对外电磁干扰的作用。

对于交流全波导通负载驱动电路，可采用双向晶闸管。其工作原理与前述半波导通驱动电路基本类似，但结构要复杂些，这里不做具体介绍。

常用的单向晶闸管有 3CT1、3CT5 和 3CT2 等，双向晶闸管有 BTA06、BTA08 和 BTA12 等。

2）自关断器件交流负载功率驱动电路

继晶闸管之后出现了电力晶体管、可关断晶闸管、电力场效应晶体管等电力电子器件。这些器件通过对基极（门极、栅极）的控制，既可使其导通，又可使其关断，属于全控型器件。因为这些器件具有自关断能力，通常称为自关断器件。与晶闸管电路相比，采用自关断器件的电路结构简单，控制灵活方便。下面对 GTR、GTO 和 MOSFET 晶闸管驱动电路分别进行介绍。

（1）电力晶体管交流负载功率驱动电路。

电力晶体管（GTR）是由电子和空穴两种载流子的运动形成电流的，故又称为双极型电力晶体管。在各种自关断器件中，电力晶体管的应用最为广泛。在数百千瓦以下的低压交流负载功率驱动电路中，使用最多的就是电力晶体管。

电力晶体管的驱动电路种类繁多，复杂程度各异，性能也有所不同。图 8-5 所示的例子说明了驱动电路如何实现所要求的性能。

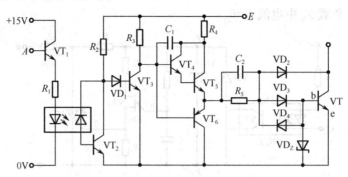

图 8-5　基极（恒流）驱动电路

先分析该驱动电路的基本工作原理。当控制电路信号输入端 A 为高电平时，VT_1 导通。光电耦合器的发光二极管流过电流，使光敏二极管反向电流流过 VT_2 基极，使 VT_2 导通，VT_3 截止，VT_4 和 VT_5 导通，VT_6 截止。VT_5 的发射极电流流过 R_5、VD_3，驱动电力晶体管 VT，使其导通，同时给电容 C_2 充电。当 A 点由高电平变为低电平时，VT_1 截止，光电耦合器中发光二极管和光敏晶体管电流均为零，VT_2 截止，VT_3 导通，VT_4 和 VT_5 截止，VT_6 导通。C_2 上所充电压通过 VT_6 和 VT 的 e、b 极，VD_4 放电，使 VT 截止。

下面对该驱动电路的一些细节再做进一步的分析。

① 加速电容电路。当 VT_5 刚导通时，电源 E 通过 R_4、VT_5、VD_3 驱动 VT，使 R_5 被 C_2 短路。这样就可实现驱动电流的过冲，并增加前沿陡度，加快开通。过冲电流幅值可达到额定基极电流的 2 倍以上。C_2 称为加速电容。驱动电流的稳态值由电源电压 E 及 R_4、R_5 决定，（R_4+R_5）的阻值应保证提供足够大的基极电流，使得负载电流最大时电力晶体管仍能饱和导通。

② 抗饱和电路。图 8-5 中的钳位二极管 VD_2 和电位补偿二极管 VD_3 构成抗饱和电路，使电力晶体管导通时处于临界饱和状态。当负载较轻时，若 VT_5 的发射极电流全部注入 VT，会使 VT 过饱和，关断时退饱和时间延长。有了抗饱和电路后，当 VT 过饱和使得集电极电位低于基极电位时，VD_2 就会自动导通，使多余的驱动电流注入集电极，维持 $U_{bc}\approx0$。这样，就使得 VT 导通时始终处于临界饱和。二极管 VD_2 也称为贝克钳位二极管。

由于流过钳位二极管的电流是没有意义的损耗，为了减小这一损耗，图 8-6 中对上面的抗饱和电路进行了改进，把 VD_2 加到前级驱动管 VT_5 的基极，同时省去电位补偿二极管 VD_3，而用 VT_5 的发射结代替 VD_3。

不管是上述哪一种抗饱和电路，钳位二极管的一端都接在主电路电力晶体管的集电极，因而可能承受高电压，所以其耐压等级应与电力晶体管相当。除光电耦合器外，驱动电路都可选用耐压等级较低的其他元件。

③ 截止反偏驱动电路。截止反偏驱动电路由图 8-5 中的 C_2、VT_6、VD_z、VD_4 和 R_5 构成。VT 导通时 C_2 所充电压由 E 和 R_4、R_5 决定。VT_5 截止、VT_6 导通时，C_2 先通过 VT_6、VT 的发射结和 VD_4 放电，使 VT 截止后，稳压管 VD_z 取代 VT 的发射结使 C_2 连续放电，VD_z 上的电压使 VT 基极反偏。另外，C_2 还通过 R_5 放电。可以看出，C_2 除起到前面所说的加速电容的作用外，还在截止反偏驱动电路中起到储能的作用。

上述截止反偏电路应用电容储能而未用专门的负电源。有不少驱动电路采用正、负两组电源 E_1 和 E_2，其示意图如图 8-7 所示。正电源提供正向驱动电流，负电源提供关断时的负向驱动电流和反偏电压。

图 8-5 所示的驱动电路所能提供的最大驱动电流是恒定的，不随集电极电流变化而发生变化，被称为恒流驱动电路。功率较大的装置采用如图 8-8 所示的比例驱动电路。与负载电流（即集电极电流）成正比例的驱动电流由驱动变压器 B 反馈给基极，B 的绕组 1 和 2 成为电流互感器工作状态。如匝数比 $N_1/N_2=\beta$，则可使电力晶体管工作在临界饱和状态。但实际上 β 不是固定值，应使 N_1/N_2 的比值与 β 的最小值相等。这样，当 β 增大时，略呈过饱和状态。

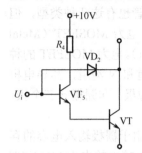

图 8-6 改进的抗饱和电路

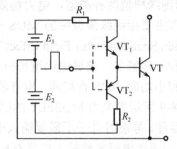

图 8-7 采用两组电源的驱动电路

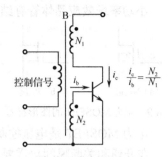

图 8-8 比例驱动电路

驱动电路直接与主电路电力晶体管的基极和发射极相连，它们的电位也随主电路各电力晶体管通断的变化而浮动。因此，对于图 8-5 和图 8-7 所示的驱动电路，每个电力晶体管都应有一套单独的直流电源供电。这些直流电源中除对光敏三极管采取简单的稳压措施外，其他晶体管的直流电源由整流桥滤波后即可。

前面讲述的驱动电路都是由分立元件组成的，使用元件多，稳定性较差。为此，国外已经推出了功能很强的大规模集成驱动电路，如法国汤姆逊（THOMSON）半导体公司推出的 UAA4002、UAA4003 和 UAA4004 等几种最优基极驱动电路。其特点是：集成度高，保护功能多，稳定性好和使用方便。

（2）可关断晶闸管交流负载功率驱动电路。

可关断晶闸管是门极可关断晶闸管的简称，常写作 GTO（Gate Turn Off Thyristor）。GTO 是晶闸管的派生器件，是晶闸管家族中的一员，但 GTO 可以通过在门极施加负的电流脉冲使其关断，因而属于全控型器件。GTO 的电压、电流容量比电力晶体管大得多，与晶闸管接近。

GTO 与普通晶闸管一样，是 PNPN 4 层半导体结构，外部也引出阳极、阴极和门极。但与普通晶闸管不同的是，GTO 是一种多元的功率集成器件，虽然外部同样引出三个极，但内部则包含数十个以至数百个共阳极的小 GTO 元，这些小 GTO 元的阴极和门极都在器件内部并联在一起。这种特殊的结构是为了便于实现门极控制关断而设计的。

GTO 对驱动电路要求较严。门极控制不当，会使 GTO 在远不及额定电压、电流的情况下损坏。GTO 门极驱动电路的类型较多，从是否通过脉冲变压器输出来看，可分为间接驱动和直接驱动，两者各有利弊。

间接驱动是驱动电路通过脉冲变压器与 GTO 门极相连，这样，脉冲变压器可起到主电路与控制电路的隔离作用。另外，GTO 门极驱动电流很大而电压很小时，利用脉冲变压器匝数比的配合可使驱动电路脉冲输出功率器件的电流大幅度减小。但是，因为脉冲变压器有一定漏感，使输出脉冲陡度受到限制。另外，其寄生电感和电容容易使门极脉冲前、后出现振荡，对 GTO 的导通和关断不利。

直接驱动不用输出脉冲变压器，门极驱动电路直接与 GTO 相连。因为没有脉冲变压器的漏感，其脉冲前沿陡度好，也可以避免脉冲变压器引起的寄生振荡。但由于门极驱动电路直接与 GTO 相连，控制电路、门极驱动电路及各门极驱动电路间都要采取电气隔离措施，如采用变压器或光电耦合器进行隔离。同时，各门极驱动电路所用的直流电源也要隔离。直接驱动的另一个缺点是脉冲功率放大器电流较大，而且由于其负载是低阻抗的 GTO 门极 PN 结，故脉冲功率放大器很难饱和，功耗大，效率低。

具体的 GTO 门极驱动电路与晶闸管驱动电路类似，但需加门极关断环节。

（3）电力场效应晶体管（MOSFET）交流负载功率驱动电路。

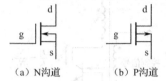

小功率场效应晶体管有结型和绝缘栅型两种类型，电力场效应晶体管也有这两种类型，但通常主要指绝缘栅型中的 MOS 型，简称电力 MOSFET（Metal Oxide Semiconductor Field Effect Transistor）。电力 MOSFET 的种类和结构繁多，按导电沟道可分为 P 沟道和 N 沟道，其导电机理和小功率 MOS 管相同，也有栅极 g、源极 s 和漏极 d 三个极。图 8-9 所示为电力 MOSFET 的图形符号。

（a）N 沟道　（b）P 沟道

图 8-9　电力 MOSFET 的图形符号

电力 MOSFET 是电压控制型器件，静态时几乎不需要输入电流，但由于栅极输入电容的存在，在开通和关断瞬间仍需要一定的驱动电流来给输入电容充放电。功率较大的电力 MOSFET 一般输入电容较大，因而需要的驱动功率也较大。

TTL 电路可以直接驱动电力 MOSFET，但其输出电平较低，输出阻抗较大，故经常需加一级互补射极跟随电路，以提高驱动电压，减小信号源内阻，如图 8-10 所示。这种电路可以驱动功率较大的电力 MOSFET。

图 8-10（a）所示为用晶体管作为互补输出电路。虽然晶体管流过的电流平均值不大，但为保证在脉冲电流峰值下仍有足够大的 β 值，应选用集电极电流较大的晶体管。图中 MOSFET 栅极和源极之间所接的电阻是为了给输入电容提供放电回路，避免静电干扰使栅极电压过高而误导通或损坏。

图 8-10（b）所示为 N 沟道和 P 沟道场效应管组成的互补输出电路。因其跨导不随漏极电流的增大而减小，故可以选用漏极电流较小的场效应管。

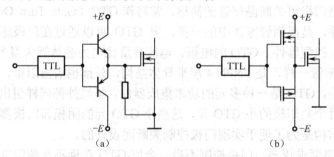

图 8-10　电力（MOSFET）栅极驱动电路

CMOS 电路也可以直接驱动功率较小的电力 MOSFET，但其输出电流较小，通常也增加一级互补射极跟随电路来使用。

与 GTR、GTO 的驱动电路一样，电力 MOSFET 驱动电路也有电气隔离问题，通常所用的器件仍是光电耦合器或变压器。

8.2　继电器

在电气控制领域，凡是需要逻辑控制的场合几乎都需要使用继电器。继电器是一种在输入物理量（如电流、电压、转速、时间、温度等）变化作用下，将电量或非电量信号转化为电磁力（有触头式）或使输出状态发生阶跃变化（无触头式），从而通过触头或突变量促使在同一电路或另一电路中的其他器件或装置动作的一种控制元件。根据输入物理量的不同，可以构造不同功能的继电器，以用于各种控制电路中进行信号传递、转换、连锁等，从而控制电路中的器件或设备按预定的动作程序进行工作，实现自动控制与保护的目的。

继电器按输入信号的性质分为电压继电器、电流继电器、时间继电器、温度继电器、速度继电器、压力继电器等；按工作原理分为电磁式继电器、电动式继电器、感应式继电器、晶体管式继电器、热继电器等；按输出方式分为有触点继电器和无触点继电器。其中以电磁式继电器种类最多，应用也最广。电磁式继电器按吸引线圈电流分为直流电磁式继电器和交流电磁式继电器；按在电路中的作用分为中间继电器、电流继电器和电压继电器。

随着科学技术的快速发展，继电器的应用也越来越广，新结构、新用途、高性能和高可靠性的新型继电器不断出现。限于篇幅，本节简要介绍几种常用继电器的基本结构和原理。

1．电流继电器、电压继电器和中间继电器

电流继电器和电压继电器属于常用的电磁继电器之一。其基本结构如图 8-11 所示，继电器由触点、线圈、磁路系统（包括铁芯、衔铁、铁轭、非磁性垫片）及反作用弹簧等组成。当在线圈中通入一定数值的电流或施加一定电压时，根据电磁铁的作用原理，可使装在铁轭上的可动衔铁吸合，进而带动附属机构使活动触点 1 与固定触点 2 接通，与固定触点 3 断开。利用触点的这种闭合或打开，就可以对电路进行通断控制。当线圈断电时，由于电磁力消失，衔铁就在反作用弹簧力的作用下迅速释放，因而使触点 1 与 2 打开，触点 1 与 3 闭合。

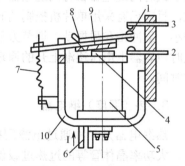

1—活动触点；2、3—固定触点；4—铁芯；
5—线圈；6—线圈引线；7—弹簧；
8—非磁性垫片；9—衔铁；10—铁轭

图 8-11　电磁继电器基本结构

电流继电器和电压继电器是按作用于线圈的激励电流的性质来区分的。如果继电器是按照通入线圈电流的大小而动作的，就是电流继电器。由于电流继电器是串联在负载中使用的，因此其线圈匝数较少，内阻很低。电流继电器又可分为过电流继电器和欠电流继电器两种。过电流继电器通常用来保护设备，使之不因线路中电流过大而遭受损坏。因为在电流相当大时，过电流继电器的线圈就产生足够的磁力，吸引衔铁动作，利用其触点去控制电路切断电源；欠电流继电器是在电流小到某一限度时动作的，可用来保护负载电路中电流不低于某一最小值，以达到保护的目的。

如果继电器是按照施加到线圈上的电压大小来动作的，就是电压继电器。电压继电器是与负载电路并联工作的，所以线圈匝数较多，阻抗较高。如上所述，根据作用不同，电压继电器也可分为过电压继电器和欠电压继电器两种。

中间继电器是电磁式继电器的一种，本质上仍属于电压继电器，但它具有触点多、触点电流大和动作灵敏等特点，所以常用于某一电器与被控电路之间，以扩大电器的控制触点数量和容量。

继电器的认识与大功率负载驱动应用

2．时间继电器

时间继电器是在电路中对动作时间起控制作用的继电器。它得到输入信号后，须经过一定的时间，其执行机构才会动作并输出信号对其他电路进行控制。

时间继电器按延时方式可分为通电延时型和断电延时型两种。通电延时型时间继电器在获得输入信号后，立即开始延时，需待延时完毕后，其执行部分才输出信号以操纵控制电路；而在输入信号消失后，继电器立即恢复到动作前的状态。断电延时型时间继电器在获得输入信号后，执行部分立即输出信号，而在输入信号消失后，继电器却需要延时时间 t 才能恢复到动作前的状态。时间继电器的种类较多，常用的时间继电器有电磁式、空气阻尼式、机械阻尼式、电动机式和晶体管式等。

一般电磁式时间继电器的延时范围在十几秒以下，多为断电延时，其延时整定精度和稳定性不是很高，但继电器本身适应能力较强，在要求不太高、工作条件较为恶劣的场合多采用这种时间继电器。

空气阻尼式时间继电器具有延时范围大、结构简单、寿命长和价格低廉的优点，但其延时误差较大（±10%～±20%），无调节刻度指示，只能用在对延时精度要求不高的场合。

机械阻尼式（气囊式）时间继电器的延时范围可以扩大到数分钟，但整体精度往往较差，只用于一般场合。

同步电动机式时间继电器的主要特点是延时范围宽，可长达数十小时，重复精度也较高。电子式时间继电器在时间继电器中已成为主流产品。它采用晶体管或集成电路和电子元件等构成，目前已有采用单片机控制的时间继电器。电子式时间继电器具有延时范围广、精度高、体积小、耐冲击和耐振动、调节方便及寿命长等优点。晶体管式时间继电器以 RC 电路电容器充电时电容器上电压逐渐上升的原理作为延时基础。因此，改变充电电路的时间常数即可确定延时时间。

3. 热（温度）继电器

热继电器是一种通过电流间接反映被控电器发热状态的防护器件，广泛应用于电动机绕组、大功率晶体管等的过热过载保护，以及对三相电动机和其他三相负载进行断相保护。

热继电器的工作原理如图 8-12 所示。两种线膨胀系数不同的金属片用机械碾压方式使之成为一体，线膨胀系数大的金属片在上层，称为主动层；线膨胀系数小的在下层，称为被动层。双金属片安装在加热元件附近，加热元件则串联在电路中。当被保护电路中的负载电流超过允许值时，加热元件对双金属片的加热也就超过一定的温区，使双金属片向下弯曲，触压到压动螺钉，锁扣机构随之脱开，热继电器的常闭触点也就断开，切断控制电路使主电路停止工作。热继电器动作后一般不能自动复位，要等双金属片冷却后按下复位按钮才能复位。继电器的动作电流设定值可以通过压动螺钉调节。

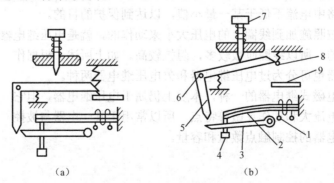

(a)   (b)

1—加热元件；2—双金属片；3—扣板；4—压动螺钉；5—锁扣机构；6—支点；7—复位按钮；8—动触点；9—静触点

图 8-12   热继电器的工作原理

4．干簧继电器

干式舌簧继电器简称干簧继电器，是近年来迅速发展起来的一种新型密封触点的继电器。普通的电磁继电器由于动作部分惯量较大，动作速度不快；同时因线圈的电感较大，其时间常数也较大，因而对信号的反应不够灵敏。而且普通继电器的触点又暴露在外，易受污染，使触点接触不可靠。干簧继电器克服了上述缺点，具备快速动作、高度灵敏、稳定可靠和功率消耗低等优点，广泛用于自动控制装置和通信设备。

干簧继电器的主要部件是由铁镍合金制成的干簧片，它既能导磁又能导电，兼有普通电磁继电器的触点和磁路系统的双重作用。干簧片装在密封的玻璃管内，管中充有纯净干燥的惰性气体，以防触点表面氧化。为了提高触点的可靠性并减小接触电阻，通常在干簧片的触点表面镀有导电性能良好且又耐磨的贵金属（如金、铂、铑及合金）。

在干簧管外面套上一个励磁线圈就构成一只完整的干簧继电器。当线圈通以电流时，在线圈的轴向产生磁场，该磁场使密封管内的两干簧片磁化，于是两干簧片触点产生极性相反的两种磁极，它们互相吸引而闭合。当线圈切断电流时，磁场消失，两干簧片也失去磁性，依靠自身的弹性恢复原位，使触点断开。

除了可以用通电线圈作为干簧片的励磁之外，还可直接用一块永久磁铁靠近干簧片来励磁。当永久磁铁靠近干簧片时，触点同样也被磁化而闭合；当永久磁铁离开干簧片时，触点则断开。

5．固态继电器

固态继电器（SSR）是一种全部由固态电子元件（如光电耦合器、晶体管、晶闸管、电阻、电容等）组成的无触头开关器件。与普通继电器一样，固态继电器的输入侧与输出侧是电绝缘的，但固态继电器结构紧凑、开关速度快、无机械触点，因此没有机械磨损，不怕有害气体腐蚀，没有机械噪声，耐冲击、耐振动，使用寿命长；而且它在通断时没有火花和电弧，有利于防爆；此外，固态继电器驱动电压低，电流小，能与微电子逻辑电路兼容。因此，固态继电器已被广泛用于各种自动控制仪器设备、计算机数据采集与处理、交通信号管理等系统，特别是那些要求防爆、防震、防腐蚀的环境下。

与电磁继电器一样，固态继电器也有直流固态继电器（DCSSR）和交流固态继电器（ACSSR）之分。直流固态继电器内部的开关元件是功率晶体管，交流固态继电器内部的开关元件是晶闸管。DCSSR 用于接通或断开直流电源供电电路，ACSSR 用于接通或断开交流电源供电电路。ACSSR 又有零压开关型（也称过零型）和非零压开关型（也称非过零型或调相型）两种。过零型 SSR 不论外加控制信号相位如何，总在交流电源电压为零附近时输出端才导通，导通时产生的射频干扰很小。非过零型是在交流电源的任意相位上开启或关闭。

图 8-13 所示为固态继电器的结构框图，它由耦合电路、触发电路、开关电路、过零控制电路和吸收电路五部分组成。这五部分被密封在一个六面体外壳内成为一个整体，外面只有 A、B、C、D 四个引脚（对于交流 SSR）或五个引脚（对于部分直流 SSR）。如果是过零型 SSR，就包括"过零控制电路"部分；对于非过零型 SSR，就没有这部分电路。"吸收电路"部分有的产品封装在外壳内，有的需要外接，选用时应注意，现在大部分产品在封装内都有吸收电路。吸收电路用来防止从电源传来的尖峰和浪涌电压对开关器件产生冲击或干扰，造成开关器件的误动作。吸收电路一般由 RC 串联电路和压敏电阻组成。

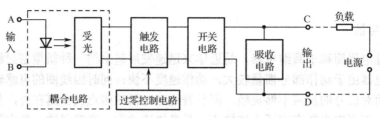

图 8-13　固态继电器的结构框图

ACSSR 为四端器件，即两个输入端和两个输出端；DCSSR 为五端器件，即两个输入端、两个输出端和一个负载端。输入、输出间采用光电隔离，没有电气联系。输入端仅要求很小的控制电流，输出回路采用双向晶闸管或大功率晶体管接通或分断负载电源。

SSR 使用时应注意如下问题。

（1）DCSSR 与 ACSSR 的用途不同，不能用错；DCSSR 使用时原边和次边都有方向性。

（2）ACSSR 有零压和非零压开关型两种，在要求射频干扰小的场合选用零压开关型。

（3）使用 ACSSR 应有吸收电路，以防电压浪涌对电路的危害。

（4）SSR 输入端均为发光二极管，可直接由 TTL 驱动，也可以用 CMOS 电路再加一级跟随器驱动。驱动电流为 5～10mA 时输出端导通，1mA 以下输出端断开。

（5）ACSSR 均按工频正弦波设计，$f=40$～60Hz。若实际条件与此不符，应区别对待。

（6）选用 SSR 时，电压和电流是两个最重要的参数，使用时应低于额定值。在开关频繁或重电感负载的情况下，可按额定值的 0.3～0.5 倍使用。温度越高允许工作电流越小，一般电流大于 15A 时应把 SSR 安装在散热器上。一般 SSR 和晶闸管允许额定电流 10 倍的浪涌值，可选用保险或快速熔断器进行保护。

（7）为了减少 SSR 的射频干扰，可在电源变压器原边处与电源引线并联约 0.047μF 的电容。切忌负载短路，否则将造成 SSR 永久损坏。

6. 接触器

接触器是用来接通和断开具有大电流负载电路（如电动机的主回路）的一种自动控制电器，它有直流接触器和交流接触器之分。

接触器在工作原理上与前述电压继电器相似，都是依靠线圈通电，衔铁吸合使触点动作。其不同点是接触器用于控制大电流回路，而且工作次数比较频繁，因此在结构上具有以下特点。

（1）触点系统可分为主触点和辅助触点两种。前者用于控制主回路，后者用于操纵控制电路。交流接触器一般有三个主触点，辅助触点的数目有多有少，最高的可以有三个常开触点和三个常闭触点。

（2）由于主触点在断开大电流负载电路时将会在活动触点与固定触点之间产生电弧，不仅使通电状态继续维持，而且还会烧坏触点。为了解决这个问题，通常采取灭弧栅等灭弧措施。

7. 继电器驱动接口电路

作为执行元件的继电器通常由单片机 I/O 口进行控制，由于单片机 I/O 口的驱动能力一般都在 10mA 以下，而继电器的控制电流有时需要几十甚至上百毫安，因此不能直接利用单片机 I/O 口连接继电器的控制引脚。由于一般元件的正向驱动能力都在 10mA 以下，但有些器件的反向驱动能力可达几百毫安，因此，继电器通常采用反向驱动技术。MC1413/16 是常用的达林顿管式反向驱动器。MC1413 的电流吸收能力可达 100mA/路，MC1416 的吸收能力为 200mA/路。

MC1413 是高耐压、大电流达林顿阵列反向驱动器，由 7 个硅 NPN 达林顿管组成 MC1413

的每一对达林顿都串联一个 2.7kΩ 的基极电阻，在 5V 的工作电压下它能与 TTL 和 CMOS 电路直接相连，可以直接处理原先需要标准逻辑缓冲器来处理的数据，其等效原理图如图 8-14（a）所示。MC1413 工作电压高，工作电流大，灌电流可达 500mA，并且能够在关态时承受 50V 的电压，输出还可以在高负载电流并行运行。其引脚如图 8-14（b）所示。

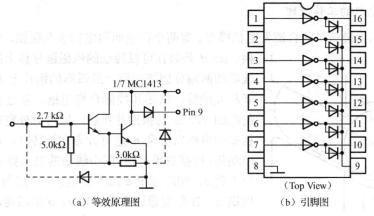

（a）等效原理图　　（b）引脚图

图 8-14　MC1413 内部结构图

图 8-15 所示为利用 8051 单片机 P1.0 和 P1.1 口控制两路单刀单掷继电器的实际电路图。当单片机 P1.0 和 P1.1 口输出高电平时，MC1413 输出端 P10 和 P11 为低电平，吸入电流控制继电器常开触点吸合，从而使被控强电流导通。图中的 VD_1 和 VD_2 为续流二极管，防止继电器断开时产生的反电势对电路造成损坏。

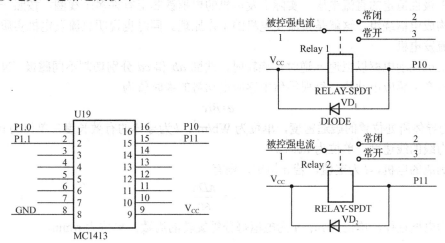

图 8-15　MC1413 实际应用电路

8.3　直流电机驱动电路

1. 直流电机概述

直流电机是人类最早发明和使用的一种电机，包括直流发电机和直流电动机两大类。发电机将机械能转换为电能，电动机将电能转换为机械能带动负载。发电机和电动机实际上是直流电机的两种工作状态。因此，发电机和电动机的基本工作原理、结构和内在关系有许多相同之处。由于直流电机具有良好的启动和调速特性，因此被广泛应用于各种自动控制系统中。

直流电机按结构形式可分为开启式、封闭式和防爆式几种；按容量大小可分为小型、中型和大型直流电机；按励磁方式可分为他励、并励、串励和复励等。

1）直流发电机的工作原理

图 8-16 所示为最简单的直流发电机模型。有两个在空间固定的永久磁铁，分别为 N 极和 S

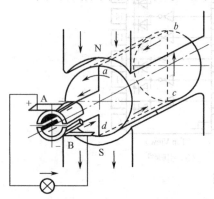

极，abcd 是装在可以转动的铁磁圆柱体上的一个线圈，把线圈的两端分别接到两个圆弧形的铜片上（称换向片），两者相互绝缘，铁芯和线圈合称电枢，通过在空间静止不动的电刷 A、B 与换向片接触，即可对外电路供电。当原动机拖动电枢以恒速 n 逆时针方向旋转时，在线圈中有感应电动势。根据右手定则，图中线圈的电动势方向是由 d 到 c，由 b 到 a，即线圈中 a 点为高电位，d 点为低电位。此时，电刷 A、B 分别通过换向片与 a、d 端相连，所以电动势的方向是 A 为正、B 为负。当电枢转过 180° 后，d 点为高电位，a 点为低电位，这时电刷 A、B 分别与 d、a 相连，所

图 8-16   直流发电机工作原理示意图

以电动势方向仍然是 A 为正、B 为负。若在电刷 A、B 之间接上负载，就有电流 I 从电刷 A 经外电路负载流向电圈 abcd 形成闭合回路，线圈中，电流方向从 d 到 a。由此可见，虽然线圈中电动势是交变的，但经过电刷和换向片的整流作用后，产生了 A、B 极性恒定的直流电压。实际上发电机的电枢铁芯上有许多个线圈，按照一定的规律连接起来构成电枢绕组。这就是直流发电机的工作原理。同时也说明直流发电机实质上是带有换向的交流发电机。

当原动机拖动电枢以恒速 n 逆时针旋转时，线圈 ab 和 cd 分别切割不同磁极（N 和 S）下的磁力线而产生感应电动势。每根导体中感应电动势的瞬时值为

$$e=Blv \tag{8-1}$$

式中，B 为导体所处位置的磁通密度，单位为 Wb/m²；l 为导体的有效长度，单位为 m；v 为导体切割磁力线的线速度，单位为 m/s。

对已制成的电机，l 为定值，若 n 恒定，则有

$$v = \frac{\pi D n}{60} \tag{8-2}$$

式中，D 为电枢直径，单位为 m；n 为电枢每分钟旋转的周数，单位为 r/min。

2）直流电动机的工作原理

直流电动机的结构与直流发电机的一样。当电刷 A、B 间外接直流电源，极性为 A 正、B 负时，ab 中电流方向由 a 到 b，cd 中电流方向由 c 到 d，根据左手规则，电磁力矩为逆时针。转过 180° 后，cd 转到 N 级之下，但电刷 A、B 经转换片分别与 d、a 相连，此时电磁力矩仍为逆时针方向，电动机在直流电源作用下产生恒定转矩，拖动负载沿横向转动。

由此可见，直流电动机线圈中的电流是交变的，但产生的电磁转矩的方向是恒定的，与直流发电机一样，直流电动机的电枢也是由多个线圈构成的，多个线圈所产生的电磁转矩方向都是一致的。

3）电机的可逆原理

一台直流电机原则上既可以作为电动机运行，也可以作为发电机运行，只是外界条件不同而已。如果用原动机拖动电枢恒速旋转，就可以从电刷端引出直流电动势而作为直流电源对负载供电；如果在电刷端外加直流电压，则电动机就可以带动轴上的机械负载旋转，从而把电能转变成机械能。这种同一台电机既能作为电动机运行，也能作为发电机运行的原理，在电机理论中称为可逆原理。

无刷直流电机是
如何工作的？

2. 直流电机驱动电路

1）直流电动机电枢的调速原理

根据电机学可知，直流电动机转速 n 的表达式为

$$n = (U - IR) / (k\Phi) \tag{8-3}$$

式中，U 为电枢端电压；I 为电枢电流；R 为电枢电路总电阻；Φ 为每极磁通量；k 为电动机结构参数。

由式（8-3）可知，直流电动机的转速控制方法可分为两大类：对励磁磁通进行控制的励磁控制法和对电枢电压进行控制的电枢控制法。其中励磁控制法在低速时受磁极饱和的限制，在高速时受换向火花和换向器结构强度的限制，并且励磁线圈电感较大，动态响应较差，所以这种控制方法较少使用，现在大多数应用场合都使用电枢电压控制法。下面介绍的是在保证励磁恒定不变的情况下，采用脉宽调制（PWM）来实现直流电动机调速的方法。

在对直流电动机电枢电压的控制和驱动中，半导体功率器件在使用上可以分为两种方式：线性放大驱动方式和开关驱动方式。在线性放大驱动方式下，半导体功率器件工作在线性区，优点是控制原理简单，输出波动小，线性好，对邻近电路干扰小，但是功率器件工作在线性区，效率低和散热问题严重。开关驱动方式是使半导体功率器件工作在开关状态，通过 PWM 来控制电动机的电枢电压，从而实现对电动机转速的控制。

直流电动机 PWM 调速控制原理和输入/输出电压波形如图 8-17 所示。在图 8-17（a）中，当开关管的驱动信号为高电平时，开关管 VT_1 导通，直流电动机电枢绕组两端有电压 U_s。t_1 后驱动信号变为低电平，开关管 VT_1 截止，电动机电枢两端电压为 0。t_2 后，驱动信号重新变为高电平，开关管的动作重复前面的过程。对应输入电平的高低，直流电动机电枢绕组两端的电压波形如图 8-17（b）所示。电动机电枢绕组两端电压的平均值 U_0 为

$$U_0 = (t_1 U_s + 0) / (t_1 + t_2) = t_1 U_s / T = D U_s \tag{8-4}$$

式中，D 为占空比。

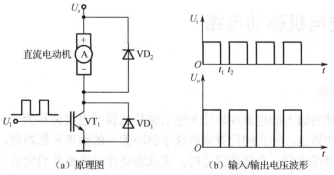

图 8-17　PWM 调速控制原理和电压波形

占空比 D 表示在一个周期 T 中开关管导通的时间与周期的比值。D 的变化范围为 $0<D<1$。由式（8-4）可知，在电源电压 U_s 不变的情况下，电枢两端电压的平均值取决于占空比 D 的大小，改变 D 值也就改变了电枢两端电压的平均值，从而达到控制电动机转速的目的，即实现 PWM 调速。

在 PWM 调速时，占空比 D 是一个重要参数。改变占空比的方法有定宽调频法、调宽调频法和定频调宽法等，利用定频调宽法时，同时改变 t_1 和 t_2，但周期 T（或频率）保持不变。

2）直流电动机电枢调速的电路设计

直流电动机驱动电路主要用来控制直流电动机的转动方向和转动速度。改变直流电动机两端的电压可以控制电动机的转动方向。控制直流电动机的转速有许多不同的方案，可以采用由小功率三极管 8050 和 8550 组成的 H 型 PWM 电路。

直流电动机 PWM 驱动电路如图 8-18 所示，电路采用功率三极管 8050 和 8550 以满足电动机启动瞬间的大电流要求。

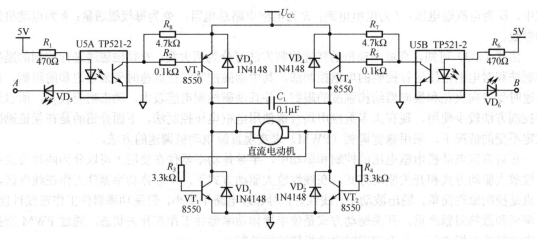

图 8-18　直流电动机 PWM 驱动电路

当 A 输入为低电平，B 输入为高电平时，晶体管功率放大器 VT_3、VT_2 导通，VT_1、VT_4 截止，VT_3、VT_2 与直流电动机一起形成一个回路，驱动电动机正转。当 A 输入为高电平，B 输入为低电平时，晶体管功率放大器 VT_3、VT_2 截止，VT_1、VT_4 导通，VT_1、VT_4 与直流电动机形成回路，驱动电动机反转。4 个二极管起到保护晶体管的作用。功率晶体管采用 TP521 光耦器驱动，将控制部分与电动机驱动部分隔离。光耦器的电源为+5V，H 型驱动电路中晶体管功率放大器 VT_3、VT_1 的发射极所加的电压为 12V。

8.4　步进电机驱动电路

1. 步进电机概述

步进电机是一种将输入的电脉冲转化为输出轴角位移或直线位移的一种执行机构。在非超载的情况下，电机的转速、停止的位置只取决于脉冲信号的频率和脉冲数，而不受负载变化的影响。当步进驱动器接收到一个脉冲信号时，它就驱动步进电机按设定的方向转动一个固定的角度，称为"步距角"，它的旋转是以固定的角度一步一步运行的。步进电机具有如下特点。

（1）角位移或线位移与输入脉冲数严格成正比，不因电源电压、负载大小、环境条件的波动而变化。只有周期性的误差而无累积误差，可以通过控制脉冲个数来精确控制角位移量，从而达到准确定位的目的。

（2）由于转速或线速度与脉冲频率成正比，在负载能力范围内，通过改变脉冲频率的高低，可以在很大范围内实现步进电机的调速，并能快速启动、制动和反转。

（3）可以直接将数字脉冲信号转换为角位移或线位移，使得在速度、位置等控制领域用步进电机来控制变得非常简单，非常适用于数字控制系统。

（4）由于其位置精度很高，适用于开环控制，控制系统结构大大简化，可靠性高，易于维护。同时，它还可以与角度反馈环节组成高性能的闭环数字控制系统。

步进电机的定子绕组可以是任意相数，最常用的是三相、四相和五相，根据转子结构特点步进电机可分为反应式（磁阻式）、永磁式和混合式（永磁感应子式）三大类。由于反应式步进电机具有步距角小、结构简单等特点，应用比较普遍，本节也将以此为例介绍步进电机原理。

2．步进电机的工作原理

图 8-19 所示为三相反应式步进电机的典型结构，三相步进电机有 6 个磁极，即图中的 A、

A′、B、B′和 C、C′，相邻两个磁极间的夹角为 60°，每两个相对的磁极上有一相控制绕组，分别称为 A 相、B 相和 C 相。转子上只有 4 个齿，齿宽等于定子的极靴宽。当定子的某一个绕组有电流通过时，该绕组相应的两个磁极立即形成 N 极和 S 极，并与转子小齿形成磁路。若此时定子与转子的齿没有对齐，则在磁场的作用下，转子转动一定的角度，使转子齿和定子齿对齐。由此可见，"错齿"是促使步进电机旋转的根本原因。

图 8-19　三相反应式步进电机的典型结构

如果按照图 8-20 所示进行通电，则：

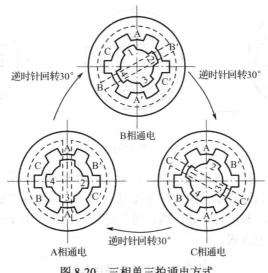

图 8-20　三相单三拍通电方式

（1）当 A 相通电，B 相和 C 相不通电时，AA′方向产生磁场，在磁力作用下，转子 1、3 齿与 A 相磁极对齐，2、4 齿与 B、C 两磁极相对错开 30°。

（2）当 B 相通电，C 相和 A 相断电时，BB′方向产生磁场，在磁力作用下，转子沿逆时针方向旋转 30°，2、4 齿与 B 相磁极对齐，1、3 齿与 C、A 两磁极相对错开 30°。

（3）当 C 相通电，A 相和 B 相断电时，CC'方向产生磁场，在磁力作用下，转子沿逆时针方向又旋转30°，1、3 齿与 C 相磁极对齐，2、4 齿与 A、B 两磁极相对错开30°。

若按 A→B→C……通电相序连续通电，则步进电机就连续地沿逆时针方向旋动，每换接一次通电相序，步进电机沿逆时针方向转过30°，即步距角为30°。如果步进电机定子磁极通电相序按 A→C→B……进行，则转子沿顺时针方向旋转。上述通电方式称为三相单三拍通电方式。"单"是指每次只有一相绕组通电。从一相通电换接到另一相通电称为一拍，每一拍转子转动一个步距角。因此，"三拍"是指通电换接三次后完成一个通电周期。

除了上述的三相单三拍通电方式以外，三相步进电机还有另外两种通电方式。

（1）三相双三拍，通电顺序为 AB→BC→CA→AB，每拍都有两相导通。这种通电方式由于总有一相持续导通，具有一定阻尼作用，因此工作比较平稳。

（2）三相六拍，通电顺序为 A→AB→B→BC→C→CA→A，工作原理如图 8-21 所示。A 相通电时，1、3 齿与 A 相磁极对齐。当 A、B 两相同时通电，由于 A 相吸引 1、3 齿，B 相吸引 2、4 齿，转子逆时旋转15°。随后 A 相断电，只有 B 相通电，转子又逆时针旋转15°，2、4 齿与 B 相磁极对齐。如果继续按 BC→C→CA→A……的相序通电，步进电机就沿逆时针方向，以 15° 的步距角一步一步移动。这种单、双相轮流通电方式在通电换接时总有一相通电，因此工作也比较平稳。

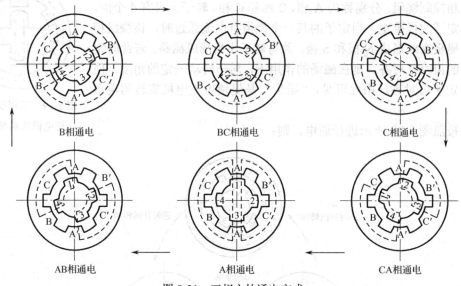

图 8-21　三相六拍通电方式

表 8-1 所示为三相单三拍、三相双三拍、三相六拍通电方式切换表，由于硬件驱动电路存在电路的竞争与冒险，比如三相单三拍从序号 1 切换到 2，易出现"断、断、断"现象；三相双三拍从序号 1 切换到 2，易出现"通、通、通"现象，由此产生步进电机的振荡。故实际使用当中多采用三相六拍通电方式。

表 8-1　步进电机通电方式

切换序号	三相单三拍			三相双三拍			三相六拍		
	A 相	B 相	C 相	A 相	B 相	C 相	A 相	B 相	C 相
1	通	断	断	通	通	断	通	断	断
2	断	通	断	断	通	通	通	通	断

续表

切换序号	三相单三拍			三相双三拍			三相六拍		
	A 相	B 相	C 相	A 相	B 相	C 相	A 相	B 相	C 相
3	断	断	通	断	断	通	断	通	断
4	通	断	断	通	通	断	断	通	通
5	断	通	断	断	通	通	通	断	通
6	断	断	通	断	断	通	通	断	通

3. 步进电机的特点

由前面介绍的步进电机原理可以归纳出步进电机具有以下一些特点。

1）定子绕组的供电脉冲频率 f

以三相六拍为例，控制脉冲和各相供电脉冲波形如图 8-22 所示。控制脉冲 u_k 的频率为 f。显然，在每一个通电循环内控制脉冲的个数为 N（拍数），而每相绕组的供电脉冲个数却恒为 1，因而 $f=f/N$。

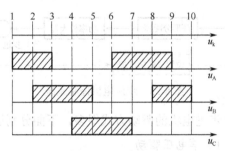

图 8-22　三相六拍下各相脉冲波形

2）齿距角和步距角

齿距角 θ_t 和步距角 θ_b 的公式分别为

$$\theta_t = \frac{360^\circ}{Z_k} \tag{8-5}$$

$$\theta_b = \frac{360^\circ}{mCZ_k} \text{ 或 } \theta_b = \frac{360^\circ}{Z_k N} \tag{8-6}$$

3）转速、转角和转向

步进电机的转速公式为

$$n = \frac{60f}{mCZ_k} = \frac{60f}{mCZ_k} \cdot \frac{360^\circ}{360^\circ} = \frac{\theta_b}{6} \cdot f(\text{r}/\text{min}) \tag{8-7}$$

式中，θ_b 的单位为°，所以电机转速正比于脉冲控制频率 f。

既然每个控制脉冲使步进电机转一个 θ_b，所以步进电机的实际转角为

$$\theta = \theta_b \cdot N' \tag{8-8}$$

式中，N' 为控制脉冲的个数。

步进电机的旋转方向则取决于通电脉冲的顺序。因此，步进电机在不失步、不丢步的前提下，其转速、转角关系与电压、负载、温度等因素无关，所以步进电机便于控制。

4）自锁能力

当控制脉冲停止输入，且让最后一个控制脉冲的绕组继续通电时，电机就可以保持在固定的位置上，即停在最后一个控制脉冲所控制的角位移的终点位置上，所以步进电机具有带电自锁能力。

正因为步进电机具有如上特点，因而控制方便，调速范围宽，运行不受环境变化的影响，所以在数字控制系统中获得广泛应用。

4. 步进电机的驱动

步进电机需要采用按顺序的脉冲或正余弦电压信号进行控制。在构造位置或速度控制系统时，基本的系统结构包括开环和闭环两种类型。

直接涉及步进电机控制的环节包括环形分配器和脉冲功率放大电路。环形分配器负责输出对应于步进电机工作方式的脉冲序列，功率放大器则主要将环形分配器输出的信号进行功率放大，使输出脉冲能够直接驱动电机工作，图 8-23 所示为步进电机控制系统。不同的驱动器还会结合实际需要而增加相应的保护、调节或改善电动机运行性能的环节，其控制步进电机的方式也各有不同。

图 8-23 步进电机控制系统

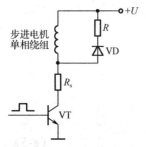

图 8-24 单电压驱动电路

步进电机的驱动方式很多，下面分别进行介绍。

1）单电压驱动

如图 8-24 所示，来自脉冲分配器的信号电压经过电流放大后加到三极管 VT 的基极，控制 VT 的导通和截止，从而控制单相绕组的通电和关断。R 和 VD 构成了单相绕组断电时的续流回路。

由于存在电感，绕组的通电和断电不能瞬间完成。由于电流上升缓慢会导致电机的动态转矩下降，因此应缩短电流上升的时间常数，使电流前沿变陡。通常在绕组回路中串入电阻 R_s，使绕组回路的时间常数减小。为了达到同样的稳态电流值，电源电压要做相应的提高。R_s 增大可使绕组的电流波形接近矩形，这样可以增大动态转矩，使启动和运行矩频特性下降缓慢。但是增大 R_s 会使消耗在 R_s 上的功率增大，从而降低整个电路的效率。

单电压驱动电路结构简单，功放元件数量少，成本低，但是效率较低，只适于驱动小功率步进电机或用于性能要求不高的场合。

2）双电压驱动

用提高电压的方法就可以使绕组中的电流上升变陡，这样就产生了双电压驱动。双电压驱动的基本思路是在低频段使用较低的电压驱动，而在高频段使用较高的电压驱动。其电路原理如图 8-25 所示。

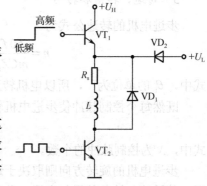

图 8-25 双电压驱动电路

当步进电机工作在低频时,给 VT_1 基极加低电平,使 VT_1 关断,这时电机的绕组由低电压电源 U_L 供电,控制脉冲通过 VT_2 使绕组得到低压脉冲。当电机工作在高频段时,给 VT_1 加高电平,使 VT_1 导通,这时二极管 VD_2 反向截止,切断低电压电源 U_L,电机绕组由高电压电源 U_H 供电,控制脉冲通过 VT_1 使绕组得到高压脉冲。

这种驱动电路在低频段与单电压驱动相同,通过转换电源电压提高高频响应,但需要在绕组回路中串联电阻,没有摆脱单电压驱动的弱点,在限流电阻 R_s 上仍然会产生损耗和发热。同时,将频率划分为高、低两段,使特性不连续,有突变。

3）高低压驱动

在电机导通相的脉冲前沿施加高电压,提高脉冲前沿的电流上升率。前沿过后,电压迅速下降为低电压,用以维持绕组中的电流。这种控制方式能够提高步进电机的效率和运行频率。为补偿脉冲后沿的电流下凹,可采用高压断续施加,它能够明显改善电机的机械特性。

4）斩波恒流驱动

斩波恒流驱动是性能较好、目前使用较多的一种驱动方法。其基本思路是:无论电机是在锁定状态还是在低频段或高频段运行,均使导通相绕组的电流保持额定值。

图 8-26 所示为斩波恒流驱动电路的原理图。单相绕组的通断由开关管 VT_1 和 VT_2 共同控制,VT_2 的发射极接一只小电阻 R,电机绕组的电流经过这个电阻接到地,小电阻的压降与电机绕组电流成正比,所以这个电阻就是电流采样电阻。

当 u_i 为高电平时,VT_1 和 VT_2 均导通,电源向绕组供电。由于绕组电感的作用,R 上的电压逐渐升高,当超过给定电压 u_a 时,比较器输出低电平,与门 Y 输出低电平,VT_1 截止,电源被切断,绕组电流经过 VT_2、R、VD_2 续流,采样电阻 R 端电压随之下降。当采样电阻 R 上的电压小于给定电压 u_a 时,比较器输出高电平,与门 Y 也输出高电平,VT_1 重新导通,电源又开始向绕组供电。如此反复,绕组的电流就稳定在由给定电压所决定的数值上。

当控制脉冲 u_i 变为低电平时,VT_1 和 VT_2 均截止,绕组中的电流经过二极管 VD_1、电源和二极管 VD_2 放电,电流迅速下降。

控制脉冲 u_i、VT_1 的基极电位 u_b 及绕组电流 i 的波形如图 8-27 所示。

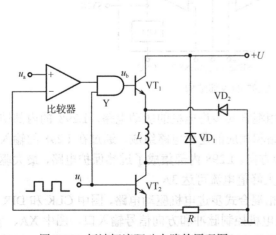

图 8-26　斩波恒流驱动电路的原理图

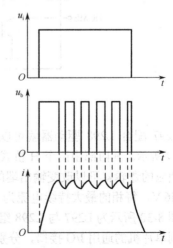

图 8-27　斩波恒流驱动电路波形

在 VT_2 导通期间,电源以脉冲方式供电,所以这种驱动电路具有较高的效率。由于在斩波恒流驱动下绕组电流恒定，电机的输出转矩均匀。这种驱动电路的另一个优点是能够有效地抑制共振，因为电机共振的基本原因是能量的过剩，而斩波恒流驱动的输入能量是随着绕组电流的变化自动调节的，可以有效地防止能量积聚。但是，由于电流波形为锯齿波，这种驱动方式会产生较大的电磁噪声。

5）调频调压驱动

该驱动方式根据电机运行时脉冲频率变化自动调节电压值。高频时，采用高电压加快脉冲前沿的电流上升速度，提高驱动系统的高频响应；低频时，低电压绕组电流上升平缓，可以减小转子的振荡幅度，防止过冲。

5. 步进电机集成驱动芯片

采用分立元件设计步进电机驱动电路相对复杂，而且稳定性不高。为此本节介绍利用集成驱动芯片设计斩波恒流驱动电路以提高步进电机高频性能的方法。

本电路采用专用集成电路 L297 作为脉冲分配器，采用 L298 作为功率驱动电路。L297 是由 ST 公司生产的步进电机控制器，可产生 4 路驱动输出用于四相单极性驱动或两相双极性驱动，可实现四相八拍（半步）、四相单四拍和四相双四拍运行，并能实现正反转控制。L297 内部还集成了斩波控制器，可实现两相斩波恒流驱动，驱动电流可根据需要进行调节。使用 L297 可以方便地与单片机接口，单片机只需输出脉冲信号和正反转控制信号即可控制电机运行。图 8-28 所示为 L297 的内部结构，从中可以看出 L297 内部包括用于脉冲分配的时序逻辑电路、斩波振荡器、输出逻辑电路等。

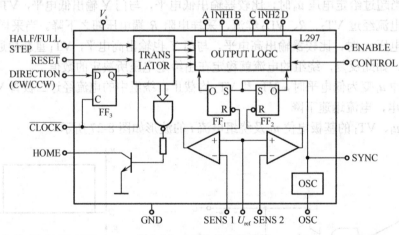

图 8-28 L297 的内部结构

L297 配合 L298 驱动器就可以组成两相混合式步进电机的驱动电路。L298 的内部结构如图 8-29 所示。其内部由两个 H 桥式驱动电路和相应的逻辑电路组成，通过在 L298 的输入引脚输入相应的逻辑就可以改变输出端的电压和方向。L298 内部集成了过热保护电路，最大驱动电压为 46 V，每相的最大持续电流为 2A，最大峰值电流可达 3A。

图 8-30 所示为 L297 与 L298 组成的两相混合式步进电机驱动电路，图中 CLK 和 DIR 引脚连接到单片机的通用 I/O 接口，分别为步进电机控制脉冲和方向信号输入口，图中 XA、$X\overline{A}$、XB、$X\overline{B}$ 分别为两相混合式步进电机 A 相和 B 相的正反输入端。图中 VD_6 等 8 个二极管为续流二极管，其作用是在电机绕组突然断电时提供绕组电流释放回路。由于实际应用中步进速度较高，此处二极管必须选用快速恢复二极管。R_{37} 和 R_{38} 为电流取样电阻，电阻的一端连接 L298

的电流检测引脚（引脚 1、15），另一端接地，分别用以将 A、B 两相的电流转化为电压，输入 L297 的负载电流检测输入引脚（引脚 13、14）作为斩波控制器的电流反馈。电位器 VR_2 可以调节输入到 L297 参考电压引脚（引脚 15）的电压。此引脚是连接到斩波控制器电压比较器的参考电压输入端，改变此引脚的输入电压可以控制绕组中的稳态电流。

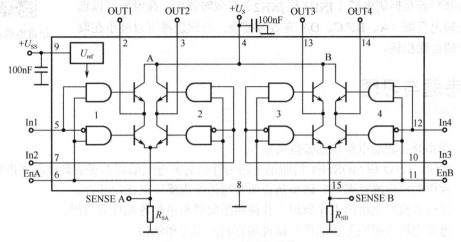

图 8-29　L298 的内部结构

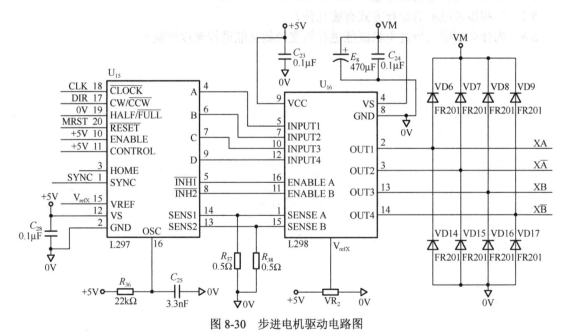

图 8-30　步进电机驱动电路图

L297 的 A、B、C、D 四引脚为其输出引脚（引脚 4、6、7、9），它们将在时钟输入引脚（引脚 18）输入脉冲的推动下按所选择的方式改变其状态。方向输入引脚（引脚 17）及整步/半步选择引脚（引脚 19）可以改变状态变化的方式和顺序。具体控制时序可参见芯片数据手册。L297 的输出引脚被连接至 L298 的输入引脚（引脚 5、7、10、12），不同的时序将驱动 L297 内部晶体管按不同的顺序导通和关断，从而驱动电机按不同状态运行。

除了四个输出引脚外，还有 L297 的两个抑制输出引脚（引脚 5、8）被连接至 L298 的使能引脚（引脚 6、11）。抑制引脚 $\overline{INH1}$ 在 A、B 两相都关断时输出低电平，这将使 L298 的 A 组 H

桥式驱动电路进入禁能状态，从而使步进电机 A 相绕组中的电流迅速下降，进一步提高电机的高频性能。

此外，在 L297 的复位引脚（引脚 20）输入低电平将使 A、B、C、D 四个输出引脚的状态初始化为"1010"。控制引脚（引脚 11）输入低电平时可以选择斩波在抑制引脚（$\overline{INH1}$ 和 $\overline{INH2}$）有效时使能，高电平可以选择斩波在输出引脚（A、B、C、D）有效时使能。合理选择可以减小在取样电阻上的能源损耗。

步进电机及控制

思考题与习题

8-1　功率开关驱动电路包括哪些类型？

8-2　GTR、GTO 和 MOSFET 的驱动电路为什么需要电气隔离？说明具体隔离措施。

8-3　常用的继电器有哪些？请举例说明常用的继电器驱动接口芯片。

8-4　试述直流发电机的工作原理，并说明换向器和电刷各起什么作用。

8-5　直流电机有哪些主要部件？试说明它们的作用和结构。

8-6　什么是直流电机的可逆性？

8-7　三相步进电机的运行方式有哪几种？

8-8　为什么反应式步进电机既能进行角度控制又能进行速度控制？

第9章

测控电路设计实例

本章知识点:

- AD590 的工作原理及常见测量电路
- 铂电阻的传感原理及接线方式
- 超声波测距电路的工作原理
- 湿度测量电路的工作原理
- 光电感烟火灾探测器调理电路的工作原理

基本要求:

- 掌握常见温度、湿度、距离、振动等测控电路的工作原理
- 能够根据实际需要设计简单的测控电路,实现相应的功能

能力培养目标:

前面介绍了测控系统常见的单元电路,本章结合实际介绍几种常用测控电路的应用。本着与对象相结合的原则,从实际应用的角度出发,介绍各种实际测控电路。通过本章的学习,使读者掌握实际测控电路的分析与设计技术,培养简单测控系统的设计能力。

9.1 电流输出型温度传感器 AD590 的测量电路

模拟温度传感器集成电路是一种简单的温度测量电路,性能好,价格低,外围电路简单,是应用最为广泛的温度传感器电路。模拟温度传感器集成电路温度测量范围为-50~+150℃,测量误差为±0.5~±3℃,其输出有电流输出、电压输出、频率输出、周期式输出和比率式输出等形式。典型产品有 AD590/592(电流输出)、LM134/234/334(电压输出)、LM135/235/335(电压输出)、TMP35/36/37(电压输出)、MAX6676(周期输出)/6677(频率输出)和 AD22100/22103(比率式输出)等。下面以 AD590 为例,详细介绍其原理及应用。

9.1.1 AD590 的功能与特性

AD590 是 AD 公司生产的电流输出型集成温度传感器的代表产品,它是利用 PN 结正向电流与温度的关系的原理制成的,以电流输出量作为温度指示,其电流温度灵敏度为 1μA/K。由于它的输出电流精确地正比于绝对温度,故可以作为精确测温元件,也可作为其他温度元件的校正和补偿器件。AD590 只需要一个电源(+4~+30V),即可实现温度到电流源的转换,使用方便,应用中不需要电源滤波器、导线温度补偿和线性化电路。由于内部采用激光微调,器件的一致性、均匀性非常好,容易互换。AD590 的校准精度可达±0.5℃,当其在常温区范围内校

正后，测量精度可达±0.1℃。在全温区范围内（-50～+150℃）使用，精度也可高达±1℃。作为一种正比于温度的高阻电流源，它克服了电压输出型温度传感器在长距离温度遥测和遥控应用中电压信号损失和噪声干扰问题，不易受接触电阻、引线电阻、电压噪声的干扰，因此，除适用于多点温度测量外，特别适用于远距离温度测量和控制。另外，AD590 可以承受+44V及反向20V 电压，外加电源紊乱或引脚接反不会损坏器件。

AD590 的外形和电路符号如图 9-1 所示，采用金属壳三脚封装，其中 1 脚为电源正端 V_+，2 脚为电流输出端 I_0，3 脚为管壳，一般不用。

（a）外形   （b）电路符号

图 9-1　AD590 的外形和电路符号

AD590 分为 I、J、K、L、M 几挡，其温度校正误差随型号不同而异，其中 AD590L 和 AD590M 一般用于精密温度测量电路。表 9-1 为 AD590 的主要电气参数。

表 9-1　AD590 的主要电气参数

参　数		类　型 I	J	K	L	M
电源电压/V		4～30				
测温范围/℃		-55～+50℃				
温度灵敏度系数/（μA/K）		1				
25℃校正误差/℃		±10	±5.0	±2.5	±1.0	±0.5
非线性误差/℃		±3.0	±1.5	±0.8	±0.4	±0.3
长期漂移（℃/每月）		±0.1				
输出阻抗/MΩ		>10				
电源电压变化/V	4～5	输出电流/（μA/V）			0.5	
	5～15				0.2	
	15～30				0.1	
最大正向电源/V		44				
最大反向电源/V		-20				

9.1.2　AD590 的工作原理

在被测温度一定时，AD590 相当于一个恒流源，把它和 5～30V 的直流电源相连，并在输出端串接一个 1kΩ的恒值电阻，那么，此电阻上流过的电流将和被测温度成正比，此时电阻两端将会有 1mV/K 的电压信号。

图 9-2 是利用 ΔU_{BE} 特性的集成 PN 结传感器的感温部分核心电路。其中 VT_1、VT_2 起恒流作用，可用于使左右两支路的集电极电流 I_1 和 I_2 相等；VT_3、VT_4 是感温用的晶体管，两个管的材质和工艺完全相同，但 VT_3 实质上是由 n 个晶体管并联而成，因而其结面积是 VT_4 的 n 倍。VT_3 和 VT_4 的发射结电压 U_{BE3} 和 U_{BE4} 经反极性串联后加在电阻 R 上，所以 R 上端电压为 ΔU_{BE}。

因此，电流 I_1 为

$$I_1 = \Delta U_{BE} / R = (KT / q)(\ln n) / R \tag{9-1}$$

对于 AD590，其 $n=8$，这样，电路的总电流将与热力学温度 T 成正比，将此电流引至负载电阻 R_L 上便可得到与 T 成正比的输出电压。由于利用了恒流特性，所以输出信号不受电源电压和导线电阻的影响。图 9-2 中的电阻 R 是在硅板上形成的薄膜电阻。该电阻已用激光修正了其阻值，因而在基准温度下可得到 1μA/K 的 I 值。

图 9-3 所示是 AD590 的内部电路，图中的 VT$_1$～VT$_4$ 相当于图 9-2 中的 VT$_1$、VT$_2$，而 VT$_9$、VT$_{11}$ 相当于图 9-2 中的 VT$_3$、VT$_4$。R_5、R_6 是薄膜工艺制成的低温度系数电阻，供出厂前调整之用。VT$_7$、VT$_8$、VT$_{10}$ 为对称的 Wilson 电路，用来提高阻抗。VT$_5$、VT$_{12}$ 和 VT$_{10}$ 为启动电路，其中 VT$_5$ 为恒定偏置二极管。

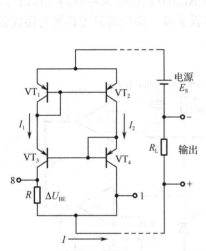

图 9-2 感温部分的核心电路

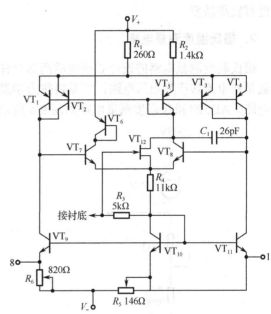

图 9-3 AD590 的内部电路

VT$_6$ 可用来防止电源反接时损坏电路，同时也可使左右两支路对称。R_1、R_2 为发射极反馈电阻，可用于进一步提高阻抗。VT$_1$～VT$_4$ 是为热效应而设计的连接方式，而 C_1 和 R_4 则可用来防止寄生振荡。该电路的设计使得 VT$_9$、VT$_{10}$、VT$_{11}$ 三者的发射极电流相等，并同为整个电路总电流 I 的 1/3。VT$_9$ 和 VT$_{11}$ 的发射结面积比为 8∶1，VT$_{10}$ 和 VT$_{11}$ 的发射结面积相等。

VT$_9$ 和 VT$_{11}$ 的发射结电压互相反极性串联后加在电阻 R_5 和 R_6 上，因此可以得出

$$\Delta U_{BE} = (R_6 - 2R_5)I / 3 \tag{9-2}$$

R_6 上只有 VT$_9$ 的发射极电流，而 R_5 上除了来自 VT$_{10}$ 的发射极电流外，还有来自 VT$_{11}$ 的发射极电流，所以 R_6 上的压降是 R_5 的 2/3。

由式（9-2）不难看出，要想改变ΔU_{BE}，可以在调整 R_5 后再调整 R_6，而增大 R_5 的效果和减小 R_6 是一样的，其结果都会使ΔU_{BE}减小。不过，改变 R_5 对ΔU_{BE}的影响更为显著，因为它前面的系数较大。实际上就是利用激光修正 R_5 以进行粗调，修正 R_6 以实现细调，最终使其在 250℃之下总电流 I 的温度灵敏度系数达到 1μA/K。

9.1.3　AD590 的常见测量电路

1. 基本测量电路

AD590 是电流输出型集成温度传感器，在设计测量电路时，必须将电流转换成电压。温度每升高 1K，电流就增加 $1\mu A$。图 9-4 是 AD590 用于测量热力学温度的基本应用电路。因为流过 AD590 的电流与热力学温度成正比，当电阻 R_1 和电位器 R_2 的电阻之和为 $1k\Omega$ 时，输出电压 V_o 随温度的变化为 1mV/K。但由于 AD590 的增益有偏差，电阻也有误差，因此应对电路进行调整。调整的方法为：把 AD590 放于冰水混合物中，调整电位器 R_2，使 V_o=273.2mV。或在室温（25℃）条件下调整电位器，使 V_o=273.2+25=298.2mV。但这样调整只可保证在 0℃ 或 25℃ 附近有较高精度。

2. 摄氏温度测量电路

摄氏温度测量电路的设计必须完成两部分任务：一是将 AD590 输出电流转换为电压信号，也就是将电流转换为电压电路；二是将热力学温度转换为摄氏温度，即绝对温度转换为摄氏温度电路。AD590 摄氏温度测量电路如图 9-5 所示。

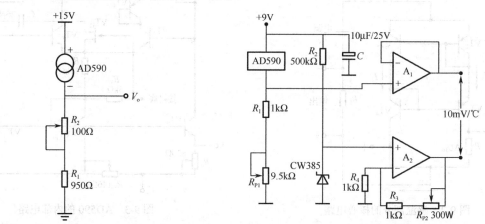

图 9-4　AD590 测量热力学温度的基本应用电路　　　　图 9-5　AD590 摄氏温度测量电路

根据 AD590 的特性，温度每升高 1K 热力学温度，电流增加 $1\mu A$，当负载电阻为 $10k\Omega$ 时，电阻上的压降为 10mV。其中由 AD590、电位器 R_{P1} 和 R_1、运算放大器 A_1 组成电流/电压转换电路，A_1 连接成电压跟随器形式，主要为增加信号的输入电阻。而运算放大器 A_2 为绝对温度转换为摄氏温度的核心器件，其转换原理为摄氏零度对应热力学温度 273K，因此热力学温度转换为摄氏温度必须设置基准电压，数值为摄氏零度对应的电压值 2.73V。实现方法是给 A_2 的同相端输入一个恒定的电压，该电压由限流电阻 R_2 和稳压管提供，恒定电压选择稳压管型号为 CW385，稳压值为 1.235V，由 A_2 将此电压放大为 2.73V，R_{P2} 用于调整 A_2 放大器增益的大小。通过转换电路，在 A_1、A_2 输出端的电压即为与摄氏温度成正比的电压数值，即每摄氏度对应 10mV 的电压数值。

在调试标定时，可以先将集成温度传感器 AD590 置于零度冰水溶液中，首先调整 R_{P1} 电位器使 A_1 运算放大器输出端为 2.73V，其次调节 R_{P2} 电位器，使 A_2 运算放大器输出为 2.73V，因此温度测量电路在 0℃ 时输出电压为 0V。

3. 温差测量电路

图 9-6 是利用两个 AD590 测量两点温度差的电路。在反馈电阻为 100kΩ的情况下，设 $1^{\#}$ 和 $2^{\#}$AD590 处的温度分别为 t_1（℃）和 t_2（℃），则输出电压为(t_1-t_2)100mV/℃。图中电位器 R_1 用于调零，电位器 R_4 用于调整运放 LF355 的增益。

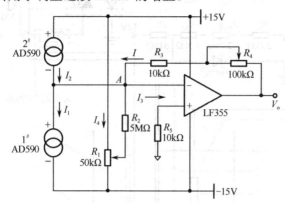

图 9-6　测量两点温度差的电路

由基尔霍夫电流定律得

$$I + I_2 = I_1 + I_3 + I_4 \tag{9-3}$$

由运算放大器的特性知

$$I_3 = 0 ，\ V_A \approx 0 \tag{9-4}$$

调节调零电位器 R_1 使

$$I_4 = 0 \tag{9-5}$$

则

$$I = I_1 - I_2 \tag{9-6}$$

设 R_4=90kΩ，则有

$$\begin{aligned} V_o &= I(R_3 + R_4) = (I_1 - I_2)(R_3 + R_4) \\ &= (t_1 - t_2)100\text{mV} / ℃ \end{aligned} \tag{9-7}$$

式中，t_1-t_2 为温度差，单位为℃。

由式（9-7）可知，改变 R_3+R_4 的值可以改变 V_o 的大小。

9.1.4　AD590 的应用实例

1. AD590 在恒温控制中的应用

AD590 不但实现了温度的电量测量，而且灵敏度高、反应时间短，因此可作为恒温控制电路的信号检测器。与目前大量使用的接触式水银温度计相比，它具有控温精度（温控在某点时的温度最大波动范围）高、体积小、无污染、使用方便等优点。

恒温控制电路如图 9-7 所示。LF356 为电流/电压转换器，LM311 为电压比较器，R_{W1}、R_{W2}、R_{W3}、R_{W4} 和 2DW7C 用于设置该控温电路的温度预定值 T_0。AD590 输出的电流经 LF356 后转换为一负电压（相对于接地点）输出 V_a。比较器 LM311 对 V_a 和 V_b 进行比较，如果 $V_a>V_b$，则输出一恒定的正电压 V_o，三极管 3DK4B 导通，固体继电路 J_1 接通。由于有电流通过，交流接触器 J_2 的常开触点闭合，电热丝通电加热。

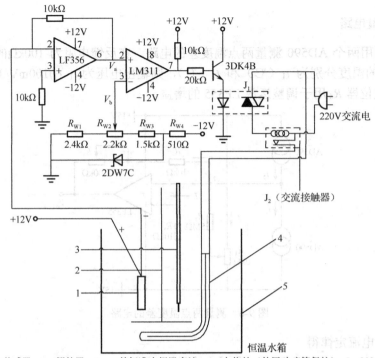

1—AD590 传感器；2—搅拌器；3—二等标准水银温度计；4—电热丝（外用玻璃管保护）；5—2000mL 玻璃杯

图 9-7　恒温控制电路

AD590 的温度 T 升高，$|V_a|$ 增大。当 $T > T_0$ 时，$V_a < V_b$，LM311 的输出约等于 0V，3DK4B 截止，J_1 断开，J_2 常开触点随之断开，电热丝停止加热，T 下降。当 $T < T_0$ 时，$V_a > V_b$，电热丝再次通电加热，从而达到恒温控制的目的。

2．AD590 在热电偶冷端温度补偿中的应用

热电偶冷端温度补偿电路如图 9-8 所示。安装时应使 AD590 与热电偶冷端放在一起，使两者的温度保持一致。AD580 为一个三端稳压电路，其输出电压 $V_o=2.5$V，精度约为 1%。电路的作用是，在电阻 R_1 上产生一个随参考温度变化的补偿电压 $V_1=R_1I_1$。根据电路接法，调整 R_2 使得

$$I_1 = t_0 \times 10^{-3} \text{mA} \tag{9-8}$$

$$V_1 = R_1 t_0 \times 10^{-3} \text{mV} \tag{9-9}$$

式中，t_0 为环境温度。

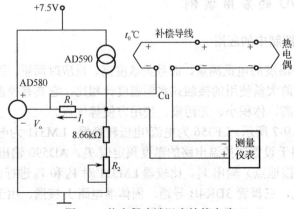

图 9-8　热电偶冷端温度补偿电路

当热电偶冷端温度为 t_0 时，其热电势 $E(t_0,0) \approx st_0$，s 为塞贝克系数。为使 V_1 与冷端的热电势 $E(t_0,0)$ 近似相等，应使 R_1 与以 μV/℃ 为单位的塞贝克系数相等。因此，要根据不同的热电偶，按表 9-2 选择相应的 R_1 值，使 V_1 恰好等于补偿电压。调整时，应在室温 25℃ 下进行，这样使用中温度变化在 15～35℃ 范围内时，可获得 ±5℃ 的补偿精度。

表 9-2　R_1 值

热电偶分度号	J	T	K	S
R_1 值/Ω	52.3	42.8	40.8	6.4

由 AD590 构成的冷端温度补偿电路灵敏、准确、可靠，调整也比较方便，但成本还较高。同时也是两点全补偿，其中一点即为此电路调整时热电偶冷端温度。

9.2　高精度铂电阻测温电路

在精密加工，高性能器件的生产、检测、高标准实验环境的建立等方面，温度测量及控制的精度要求越来越高。高精度的温度控制仪表的实现，必然离不开前端电路中高质量的温度传感器的使用。金属铂电阻因为具有高稳定性、高精度、响应快、抗震性好及高性价比等诸多优点，作为测温元件被广泛应用于生产、科研等诸多行业。

9.2.1　铂电阻传感原理

铂电阻用很细的铂丝（ϕ 0.03～0.07mm）绕在云母支架上制成，是国际公认的高精度测温标准传感器，在中温（-200～650℃）范围内得到广泛应用。目前市场上已有用金属铂制成的标准测温热电阻，如 Pt100、Pt500、Pt1000 等，Pt100 是指铂电阻在 0℃ 时的电阻值等于 100Ω。

铂电阻的电阻值随温度变化的函数称为国际分度表函数，在 -200～0℃ 范围内，该函数的表达式为

$$R_t = R_0[1 + At + Bt^2 + C(t-100)t^3] \tag{9-10}$$

在 0～650℃ 范围内，该函数的表达式为

$$R_t = R_0(1 + At + Bt^2) \tag{9-11}$$

式中，R_t 为温度为 t℃ 时的铂电阻值；R_0 为温度为 0℃ 时的铂电阻值。当选用 Pt100 时，$R_0=100$Ω；$A=3.9083 \times 10^{-3}$℃$^{-1}$，$B=-5.775 \times 10^{-7}$℃$^{-2}$，$C=-4.183 \times 10^{-12}$℃$^{-3}$。

由于 B、C 参数很小，电阻-温度关系的线性度非常好，因此在较小测量范围内其电阻和温度变化的关系为

$$R_t = R_0(1 + \alpha t) \tag{9-12}$$

式中，α 为温度系数，$\alpha=0.00392$，温度系数在 Pt100 的全部测温范围内会有少许变化；t 是即时温度。

根据式（9-12），通过测试 Pt100 的电阻 R_t 就可求得温度 t。

9.2.2　铂电阻的接线方式

根据温度测量仪器输入要求，连接铂电阻引线的方式有三种，即二线制、三线制和四线制。

由于铂电阻随温度变化而引起电阻的变化值较小，如铂电阻 Pt100 在-50～80℃时电阻变化幅度为 80.31～130.9Ω。因此，在传感器与测量仪器之间的引线过长会引起较大的测量误差。在实际应用时，Pt100 铂电阻的三种接线方式在原理上是不同的：二线制和三线制是用电桥法测量，最后给出的是温度值与电桥不平衡电压值的关系。四线制是将铂电阻通过一个恒定电流，通过测量铂电阻两端的电压值，最后给出温度值与铂电阻两端的电压值的关系。

1. 二线制连接

在铂电阻的两端各连接一根导线来引出电阻信号的方式称为二线制，如图 9-9 所示。这种引线方法很简单，但由于连接导线必然存在引线电阻 r，r 的大小与导线的材质、长度及环境温度有关，传感器电阻变化值与连接导线电阻值共同构成传感器的输出值，由于导线电阻带来的附加误差偏离实际测量值，所以应限制连接导线的长度不宜过长，因此这种接线方式适于在对测量精度要求不高而且距离短的场合使用。

2. 三线制连接

在铂热电阻的根部的一端连接一根引线，另一端连接两根引线的方式称为三线制。采用三线制是为了消除连接导线电阻引起的测量误差。Pt100 三条引线的电阻分别为 r_1、r_2、r_3，由于三条引线的材料、截面积和长度均相同，因此 $r_1=r_2=r_3$。测量铂热电阻的电路一般是不平衡电桥，铂热电阻 Pt100（其阻值用 R_t 表示）作为电桥的一个桥臂电阻，与电桥的连接关系如图 9-10 所示，引线电阻 r_1 和铂热电阻 Pt100 串联后构成电桥的一个臂，电阻 R_x 与引线电阻 r_3 串联后构成电桥的另一个臂。适当调整桥臂电阻 R_x 的值，使电桥平衡。当电桥平衡时，$R_1×(R_x+r_3)=R_2×(R_t+r_1)$。如果这是一个等臂电桥，即 $R_1=R_2$，再加上 $r_3=r_1$ 这个条件，可以认定 $R_x=R_t$。在电桥上查看 R_x 的值，即可得知 Pt100 的电阻值。电桥平衡时，阻抗很高的电压表指示值为 0，引线电阻 r_2 没有电流流过。根据以上分析，引线电阻对测量结果的影响已经完全被抵消清除。因此三线制是工业过程控制中 Pt100 最常用的引线方式。

3. 四线制连接

高精度测量一般采用四线制接线方法，它的接线方式是在热电阻的根部两端各连接两根导线，其中两条附加测试线为铂电阻提供恒定电流 I，把 R 转换成电压信号 U；另两条测试线测量未知电阻的电压降，如图 9-11 所示。在电压表输入阻抗足够高的条件下，电流几乎不流过电压表，这样就可以精确测量未知电阻上的压降，计算得出电阻值，转化为温度值。因为是直接从热电阻的起点引出电压信号，可见这种方式可完全消除引线的电阻影响，主要用于高精度的温度检测。四线制接线方法在铂电阻上所施加的电流不要太大，应在 5mA 以下，避免由于较大的电流引起铂电阻的自发热带来测量上的误差。

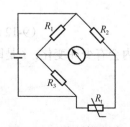

图 9-9　二线制接线图

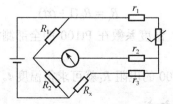

图 9-10　三线制接线图

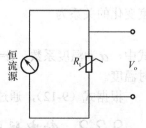

图 9-11　四线制接线图

9.2.3　高精度铂电阻测温实例

下面介绍一种以 Pt100 为传感器的、可满足高精度测温要求的实用测温电路，在该硬件电路的基础上再结合软件对信号调理电路所产生的偏差进行补偿，可以使测温精度达到±0.04℃。

1. 温度测量电路

测温电路主要由恒流源驱动电路、信号放大单元电路、有源滤波电路及模数转换电路组成，电路结构示意图如图 9-12 所示。由恒流源驱动电路给铂电阻 Pt100A 供电，同时将电阻变化信号转换成电压信号。检测出的微弱电压变化信号经过信号放大单元进行放大，再经过有源滤波电路滤波后送入模数转换器。由单片机控制模数转换器来实现转换启动与测量结果读取。

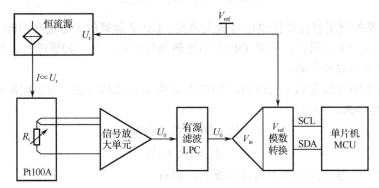

图 9-12　测温电路结构示意图

2. 恒流源驱动电路

恒流源驱动电路如图 9-13 所示。放大器 U_1 使用低温漂、低偏置、低功耗、高精度、双通道运算放大器 OP200。U_{1A} 构成加法器，U_{1B} 构成跟随器。设电阻 R_{ref} 的上、下两端的电位分别为 V_a、V_b，V_a 即为加法器 U_{1A} 的输出，当取电阻 $R_{i1}=R_{i2}=R_f=R_o$ 时，则 $V_a=V_{ref}+V_b$，故恒流源的输出电流为

$$I = \frac{V_a - V_b}{R_{ref}} = V_{ref} / R_{ref} \tag{9-13}$$

显然，R_{ref} 为恒定值，该电流大小只与参考电压 V_{ref} 有关。

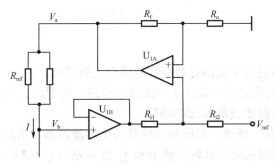

图 9-13　恒流源驱动电路

3. 信号放大单元电路

信号放大单元电路如图 9-14 所示。

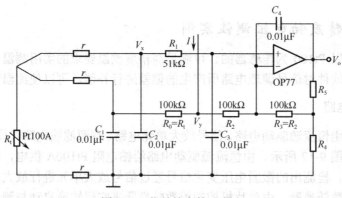

图 9-14　信号放大单元电路

运放 OP07 及外围阻容元件构成信号放大单元。OP77 运算放大器是在 OP07 运算放大器的基础上发展起来的一种新器件，它是 OP07 的更新换代产品，是一种更精密、超低失调电压、低噪声、低漂移的运算放大器。

为了消除铂电阻接线电阻 r 的影响，Pt100A 采用了三线制接法，用恒流源电流 I 驱动传感器 Pt100A，若 $R_2 \gg R_0$，则有

$$V_y = (R_t + R_0 + 2r)I \tag{9-14}$$

$$V_x = (R_t + r)I \tag{9-15}$$

由理想运算放大器负反馈放大的近似概念，则有

$$\frac{V_y - V_x}{R_2} = \frac{V_x - \dfrac{R_4}{R_4 + R_5}V_o}{R_3} \tag{9-16}$$

取 $R_2 = R_3$，由式（9-14）～式（9-16）可解得

$$V_o = \left(1 + \frac{R_5}{R_4}\right)(R_t - R_0)I \tag{9-17}$$

严格取 $R_0 = 100.00\Omega$（即 Pt100A 在 0℃ 时的阻值），则（$R_t - R_0$）即为铂电阻 R_T 相对于 0℃ 时的阻值变化量（记为 ΔR_T），该电路放大的即为温度相对于 0℃ 时所对应的电压信号。记放大器增益 $\left(1 + \dfrac{R_5}{R_4}\right) = K$，则式（9-17）可记为

$$V_o = I \Delta R_T K \tag{9-18}$$

4．有源滤波电路

在高精度测量中，微弱的干扰都会对测量造成很大的影响，为此，在将放大电路放大后的信号送入 A/D 电路进行转换之前，设计了一级滤波电路。有源滤波电路如图 9-15 所示。滤波集成电路采用高阶低通有源滤波器 MAX7403。

MAX7403 是单片 8 阶、低通、椭圆形响应开关电容滤波器，谐波失真加噪声小于 -80dB，开关电容滤波器的工作原理决定了其转折频率和 Q 值误差小于 0.2%，而且不受外围元件数值漂移的影响。可通过时钟信号 f_{clk} 来设置转折频率，转折频率与时钟频率的关系为 $f_c : f_{clk} = 1 : 100$，数字时钟 f_{clk} 从芯片的引脚 CLK 引入。MAX7403 衰减速度 $r = 1.2$，即 $f_c = 38Hz$ 时，能使 45.6Hz 以上的信号急剧衰减 60dB 以上。

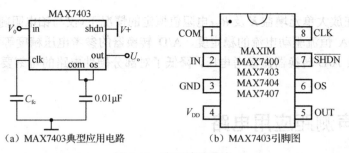

（a）MAX7403典型应用电路　　　　（b）MAX7403引脚图

图 9-15　有源滤波电路

CLK 引脚上的数字时钟 f_{clk} 可以由外部时钟提供，也可以外接电容 C_{fc} 使用芯片的片内时钟。当使用内部时钟时，f_{clk} 与电容 C_{fc} 有如下关系式：

$$f_{clk} = \frac{38 \times 10^3}{C_{fc}(\text{pF})}(\text{kHz}) \tag{9-19}$$

取 $C_{fc}=10^4\text{pF}$，将滤波器的截止频率设置在 38Hz 左右，可有效滤除由系统供电电源引入的50Hz 工频干扰。对于变化比较缓慢的温度信号比较适当。

如图 9-15 所示，滤波器通频带内的信号增益为 0dB，故对所测温度信号来说，滤波电路的输出为

$$U_o = U_i = V_0 \tag{9-20}$$

5．模数转换电路

A/D 转换器采用二线式 I²C 总线与微处理器 MCU 相连，由 MCU 控制转换及读取数据。MAX1169 为 16 位的串行 A/D 转换器，它与 MCU 的接口电路如图 9-16 所示。由于 A/D 器件采用恒流源发生电路的 V_{ref} 为参考电压，则 A/D 转换后的结果 d 与 ADC 的输入模拟信号 U_0 有如下关系式：

$$d = \frac{U_0}{V_{ref}} \cdot (2n-1) = 65535\frac{U_0}{V_{ref}} \quad （n \text{ 为 A/D 转换器的位数}） \tag{9-21}$$

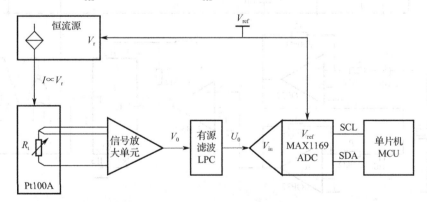

图 9-16　MAX1169 与 MCU 接口电路

综上，由表达式（9-13）、式（9-18）、式（9-20）、式（9-21），可推得 A/D 转换结果随温度变化的表达式，即

$$d = 65535\frac{K}{R_{ref}}\Delta R_T \tag{9-22}$$

由式（9-22）可知，采用同一个电压 V_{ref} 给恒流源驱动电路及 A/D 转换器做参考电压，使

得 A/D 转换结果在放大单元增益 K 及 R_{ref} 电阻值恒定的情况下,仅与铂电阻随温度的变化值 ΔR_T 有关,而与 Pt100A 恒流驱动电流的稳定度、A/D 转换器的参考电压精度等均无关。采用同一个电压给恒流源及 A/D 转换器做参考电压,降低了对部分硬件电路的苛刻要求,有效地提高了温度检测的精度。

9.3 超声测距应用电路

超声波是指频率大于 20kHz 的振动波,其在空气中的传播速度为 340m/s。超声波传感器根据压电效应的原理工作,分为发送器和接收器两部分。发送器依据压电逆效应原理工作,即在压电陶瓷上施加高频电压,陶瓷材料根据所加的高频电压极性伸长或缩短,从而发送与电压频率同频率的超声波,超声波以疏密波的形式传播。接收器依据压电效应原理工作,当接收器接收到发送器发送的超声波后,其中的压电振子就以发送超声波的频率振动,因而在阵子的两极上产生与超声波同频率的高频电压。通常超声波传感器的超声波频率为 40kHz,近年来也出现了中心频率为 100~200kHz 的超声波传感器。

超声波测距的原理是检测超声波发送时刻与接收时刻之间的时间差,再依据超声波的传播速度得到距离。应用电路如图 9-17 所示。

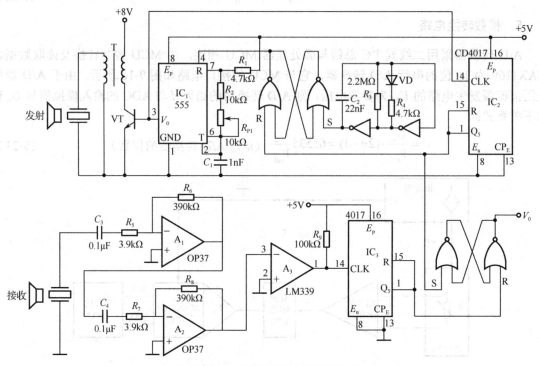

图 9-17 超声波测距应用电路

检测电路由超声发射电路和超声接收电路两部分组成。电路的上半部分为超声发射电路,由振荡器、SR 双稳电路、低频脉冲发生器及六分频电路组成。

振荡器由 555 电路组成,输出受引脚 4(RESET)电平控制,电平为高时振荡器振荡,电平为低时停振,其输出频率为

$$f_0 = \frac{1.443}{R_1 + 2(R_2 + R_{P1})C_1} \tag{9-23}$$

调整 R_{P1} 可使振荡器频率为 40kHz。该振荡信号经功率晶体管 VT 驱动脉冲变压器 T 放大后驱动超声发射器发出超声波。

振荡器的复位信号由双稳电路控制，双稳电路的 R、S 端分别受六分频器的输出及低频脉冲发生器的输出控制。低频脉冲发生器是在典型的阻容式振荡电路的基础上加了一个电阻 R_4 和二极管 VD 构成的，它们使电路处于高电平的时间缩短，因此其输出是一系列短促的窄正脉冲，其振荡频率为

$$f = \frac{1}{2.2R_3C_2} \approx 9\text{Hz} \tag{9-24}$$

六分频器由十进制计数器/分配器 CD4017 构成，其时钟输入端接 555 电路的输出，即时钟的频率为 40kHz，复位端 R 与 Q_5 输出端短路，并作为分频器的输出及双稳电路的 R 输入。CD4017 在 R= "0" 时在时钟脉冲的作用下 $Q_0 \sim Q_9$ 依次输出高电平，当 R= "1" 时全部输出清零，在时钟的作用下 $Q_0 \sim Q_5$ 依次输出高电平，$Q_5=$ "1" 时 R= "1"，下一个时钟到来时输出又从 Q_0 开始依次输出 "1"，因此每输出六个时钟脉冲，Q_5 端输出一个高电平，实现了六分频。因此双稳电路的 R 输入脉冲频率是 40kHz/6≈6.67kHz。这样双稳电路的 R 输入是 6.67kHz 的脉冲波，S 输入是 9Hz 的窄脉冲波，S 脉冲使双稳电路置位输出 "1"，R 脉冲使双稳电路复位输出 "0"。当双稳电路置位后，555 振荡器产生振荡脉冲输出 5 个脉冲后，第 6 个脉冲复位双稳电路使 555 振荡器停止振荡，直到下一个置位脉冲到来后再输出 5 个脉冲。由于置位脉冲频率远低于复位脉冲频率，因此 555 振荡器间歇性地输出 40kHz 的脉冲波，每组 5 个脉冲，脉冲经脉冲变压器放大提升功率后驱动超声波发射器工作。

电路的下半部分为超声接收电路，由交流放大器、比较器、六分频电路及时间间隔与脉冲宽度转换电路组成。交流放大器为两级反向交流放大器级联构成，总增益为 80dB，运算放大器采用宽频带、低噪声、高性能运放 OP37，交流放大器将微弱的接收信号放大 10000 倍输出给电压比较器进行脉冲整形，比较器采用 LM339。图示电路将脉冲波整形成 CMOS 电平的 40kHz 的超声波接收脉冲，该脉冲输送给六分频器分频作为时间间隔与脉冲宽度转换电路的复位信号，时间间隔与脉冲宽度转换电路就是 RS 双稳电路，其置位信号来自发射电路的六分频器输出，发射电路每发出 5 个脉冲串的最后一个脉冲后，将时间间隔与脉冲宽度转换电路置位，接收电路每接收 5 个脉冲串的最后一个脉冲后，将时间间隔与脉冲宽度转换电路置位，由此 V_0 是脉冲波，其高电平宽度等于发射波与接收波传输的时间间隔，因此本电路成功实现了超声波传输时间至脉冲宽度的转换。只要测量电路的输出脉冲宽度，就测量得到了超声波从发射到输出的时间。

脉冲宽度的测量采用在脉冲高电平的时间内用已知频率的时钟计数的方式即可实现，其原理框图如图 9-18 所示。

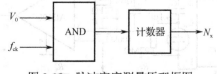

图 9-18　脉冲宽度测量原理框图

设时钟频率为 f_{ck}，计数器计数值为 N_x，则所测量的时间间隔为

$$\Delta T = \frac{N_x}{f_{ck}} \tag{9-25}$$

若超声波的传输介质是空气，温度为常温，则所测量的距离为

$$S = \Delta T v = 340 \frac{N_x}{f_{ck}} \tag{9-26}$$

9.4　湿度测量电路

湿度是表示空气中水蒸气含量的物理量，常用绝对湿度和相对湿度来表示。所谓绝对湿度，就是单位体积空气内水蒸气的质量，也就是指空气中水蒸气的密度，单位是 g/m^3。所谓相对湿度，就是在某一温度下，空气中所含水蒸气的实际密度与同一温度下饱和密度之比，即

$$相对湿度 RH = \frac{水蒸气实际密度}{饱和密度} \times 100\%$$

日常生活中所说的空气湿度实际上就是指相对湿度。

湿度测量方法多样，对应的湿度计种类多样，典型的有伸缩式湿度计、干湿球湿度计、阻抗式湿度计和露点计等。湿度的电子测量法是利用湿敏传感器将湿度转换成电量进行测量的方法。下面以基于电容湿敏传感器的数字湿度测量仪为例介绍湿度测量电路。

电容湿敏传感器具有良好的线性度，在测量精度要求不是非常高的情况下可以认为其电容与湿度的关系曲线为线性。本例中采用的电容湿敏传感器为线性元件，当相对湿度为 76%RH 时，电容量为 500pF，斜率为 1.7pF/%RH。由此可得电容量与湿度的关系为

$$C_H = 1.7RH + 371(pF) \tag{9-27}$$

式中，C_H 为传感器的电容量；RH 为被测量的相对湿度。

数字湿度测量仪的电路如图 9-19 所示，由方波发生器、单稳电路、平均值电路、差分放大器和 $3\frac{1}{2}$ 位 A/D 转换器组成。设计思路为：由方波发生器发生一定频率的方波，该方波由后续单稳电路变换成定宽的方波，其宽度与传感器电容量成正比，定宽的方波经过平均值电路及差分放大器转换成与传感器电容量成正比的电压，电压经 A/D 转换后转换成数字量显示输出，其显示值就是被测量的相对湿度。

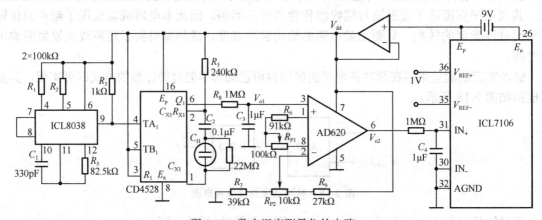

图 9-19　数字湿度测量仪的电路

方波发生器采用集成函数发生芯片 ICL8038，它可以产生方波、三角波、正弦波、锯齿波等波形，这里从芯片的 9 脚引出方波，其频率为

$$f = \frac{0.33}{R_1 C_1} = 10\text{kHz} \tag{9-28}$$

单稳电路由 CMOS 集成双单稳芯片 CD4528（或 CD4098）构成，电路中使用了单稳 1，脉冲由 TA_1 输入，上升沿触发，TB_1 和 R_1 接高电平，则根据真值表，TA_1 上升沿到来时 Q_1= "1"，经延时后变低，其高电平的宽度为

$$t_\text{w} = 0.69 R_5 (C_\text{H} \mathbin{/\mkern-5mu/} C_2) \approx 0.69 R_5 C_\text{H} = 0.69 R_5 (1.7\text{RH} + 371) = 0.28\text{RH} + 61.44(\mu s) \tag{9-29}$$

需要注意的是，在设计单稳电路的参数时要保证最小的脉冲宽度应大于输入方波的高电平宽度，最大的脉冲宽度应小于输入方波的周期。根据图中参数可知最小的脉冲宽度为 61.44μs，最大的脉冲宽度为 89.44μs，可以满足要求。

至此，单稳电路输出一周期为 T=100μs、高电平宽度为 t_w 的方波。由 R_8 和 C_3 组成的平均值电路实际是一低通滤波器，它滤除单稳电路输出方波的各次谐波，输出平均值为

$$V_{o1} = \frac{1}{T} \int_0^{t_\text{w}} V_\text{dd} \mathrm{d}t = \frac{t_\text{w}}{T} V_\text{dd} = \frac{0.28\text{RH} + 61.44}{100} V_\text{dd} \tag{9-30}$$

式中，V_dd 为 ICL7106 引脚 1（E_p）和引脚 32（AGND）之间的电压，其值为 2.8V，代入式（9-30）得

$$V_{o1} = 7.84\text{RH} + 1720(\text{mV}) \tag{9-31}$$

在式（9-31）中有一个固定值，若把 V_{o1} 直接输送至 A/D 转换器，则一方面难以实现测量值的直读，另一方面易使 A/D 转换器溢出，因此应利用差分电路将固定项消除，图中采用 AD620 构成差分放大器，其输出为

$$V_{o2} = \left(1 + \frac{49.4\text{k}\Omega}{R_6 + R_{P1}}\right)(V_{o1} - V_{R_{P2}}) \tag{9-32}$$

调节 R_{P2} 使 $V_{R_{P2}}$=1720mV，调节 R_{P1} 使 AD620 的增益为 1.276，即可得

$$V_{o2} = 10\text{RH}(\text{mV}) \tag{9-33}$$

V_{o2} 经低通滤波后输送给 A/D 转换器，ICL7106 设置为 2V 量程挡，其基准电压 V_REF=1000mV，其读数为

$$N = 1000 \times \frac{V_{o2}}{V_\text{REF}} = 10\text{RH} \tag{9-34}$$

由于 ICL7106 输出 4 位数，为实现测量相对湿度的直读，应将小数点设置在十位，若相对湿度为 76%RH，显示值为 76.0；若相对湿度为 100%RH，显示值为 100.0，实现了测量结果的直读。

从上面的分析可以看出，电位器 R_{P2} 用于调节零点，R_{P1} 用于调节满度，调试时先调整零点，后调整满度。

9.5 微振动测量电路

加速度与振动测量技术及仪器在导航系统、地震监测、爆破工程、地基测量、模态实验、航空重力、石油地矿探测等工程领域有着广泛应用。加速度有惯性（线性）加速度和振动加速度之分，根据敏感加速度的机理不同可分为多种形式，目前常用的有压电式、压阻式、磁电式

和微机式等多种。

压电加速度传感器与其他振动传感器相比，有体积小、质量轻、坚固、振动和加速度检测范围宽（$0.3\sim$几十千赫兹，$10^{-5}\sim10^{-4}g$，g为重力加速度，$g=9.8\text{m/s}^2$），以及工作温度范围宽的优点，因而在微振动测量领域获得了广泛应用。下面介绍应用 PV-96 型压电加速度传感器检测微振动的电路，如图 9-20 所示，该电路由电荷放大器和电压调整放大器构成。

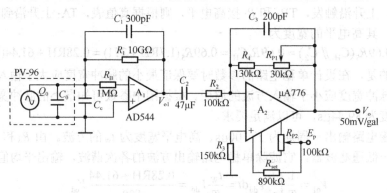

图 9-20　PV-96 型压电加速度传感器检测微振动的电路

第一级是电荷放大器，其输入为电荷，输出为电压，因此是一个电荷/电压转换电路，其输出为

$$V_{o1} = -\frac{Q_0}{C_1} \tag{9-35}$$

PV-96 的电荷灵敏度为 10000pC/g，当传感器受到 $1g$ 的加速度作用时，电荷放大器的输出电压理论值为

$$V_{o1} = -\frac{10000\times10^{-12}\text{C}}{300\times10^{-12}\text{F}} \approx -33\text{V}$$

由于受到运算放大器额定输出电压的限制，实际上此时运算放大器已饱和，上面的结果可等效为电荷放大器的灵敏度为-33.7mV/gal（1gal=1cm/s^2）。电荷放大器的低频响应由反馈电容 C_1 和反馈电阻 R_1 决定，低频截止频率为

$$f_0 = \frac{1}{2\pi R_1 C_1} = 0.053\text{Hz}$$

在 0.1Hz 时，输出约下降 1dB。R_B 是运放 A_1 的过载保护电阻，避免运放 A_1 因输入过高而损坏。

第二级为输出调整放大器，这是一个反相放大器，其增益为-(R_4+R_{P1})/R_2，调整电位器 R_{P1} 可使整个放大电路的输出约为 50mV/gal，即振动加速度为 1gal 时，电路输出 50mV 的电压。本电路输出电压最大值为 6V，因此其测量的最大振动加速度为 120gal=0.122g。

A_2 是多用途可编程运算放大器，为了降低噪声影响，可在其第 8 引脚输入适当的工作电流 $I_{set}\approx15\mu\text{A}$。在低频检测时，频率越低，闪变效应的噪声越大。$A_2$ 的电压噪声为微伏级，所以噪声带电平主要由电荷放大器的噪声决定。

设电缆电容为 C_c，则电荷放大器的噪声为

$$\text{电荷放大器的噪声} = V_{n1}\left(\frac{C_0+C_c}{C_1}+1\right) \tag{9-36}$$

式中，V_{n1} 为电荷放大器的电压噪声；C_0 为传感器电容。设传感器的灵敏度为 Q_0/g，该噪声换

算为噪声电平为

$$噪声电平 = V_{n1} \frac{\left(\dfrac{C_0 + C_c}{C_1} + 1 \right)}{\dfrac{Q_0}{C_1}} = \frac{V_{n1}}{Q_0}(C_0 + C_c + C_1) \tag{9-37}$$

由式（9-37）可知，为了降低噪声电平，有效的方法是减小电荷放大器的反馈电容，但当时间常数一定时，由于 C_1 和 R_1 成反比关系，若考虑到稳定性，减小 C_1 应有个界限。当 C_1=300pF，R_1=10GΩ时，g 换算电平的实际测量值在 0.1～10Hz 之间为 $0.6 \times 10^{-6}g$。所以，使用 PV-96 的微振动检测仪，其测量范围是：加速度 $2 \times 10^{-6} \sim 10^{-1}g$，振动频率为 0.1～100Hz。

为了降低噪声，在设计上应注意如下几点：

- 电荷放大器中所选用的运算放大器应为高精度、低漂移器件；
- 电荷放大器的反馈电容尽量减小，输入部分应使用聚四氟乙烯绝缘支架；
- 压电传感器的构造有压缩型、剪切型和弯曲型等，检测微振动时，剪切型构造的传感器最适用，应选用灵敏度高且灵敏度跟静电容量之比大的传感器，电缆长度应尽量短；
- 传感器的绝缘电阻至少在 10^{10}Ω以上为宜。

9.6　光电感烟火灾探测器测量电路

火灾的探测以物质燃烧过程中产生的各种现象为依据，以实现早期发现火灾的目的。感烟式火灾探测器是目前世界上应用最普遍、数量最多的探测器。据了解，感烟式火灾探测器可以探测 70%以上的火灾。感烟式火灾探测器又可分为离子感烟式和光电感烟式两种。从发展趋势看，光电感烟式已越来越受到用户的欢迎，它已广泛用于图书馆、档案资料馆及高层的民用建筑上。

9.6.1　光电感烟火灾探测器的工作原理

光电感烟火灾探测器分为减光式和散射光式，分述如下。

1. 减光式光电感烟火灾探测器

该探测器的检测室内装有发光器件及受光器件。在正常情况下，受光器件接收到发光器件发出的一定光量；而在火灾时，探测器的检测室进入了大量烟雾，发光器件的发射光受到烟雾的遮挡，使受光器件接收的光量减少，光电流降低，探测器发出报警信号。原理示意图如图 9-21 所示。目前这种形式的探测器应用较少。

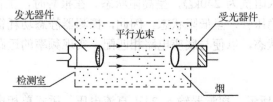

图 9-21　减光式光电感烟火灾探测器原理示意图

2. 散射光式光电感烟火灾探测器

该探测器的检测室内也装有发光器件和受光器件。在正常情况下，受光器件是接收不到发光器件发出的光的，因而不产生光电流。在火灾发生，当烟雾进入检测室，由于烟粒子的作用，使发光器件发射的光产生漫射，这种漫射光被受光器件接收，使受光器件的阻抗发生变化，产生光电流，从而实现将烟雾信号转变为电信号的功能，探测器发出报警信号。其原理示意图如图 9-22 所示。

作为发光器件，目前大多采用大电流及发光效率高的红外发光管，受光器件多采用半导体硅光电管。受光器件的阻抗随烟雾浓度的增加而降低，变化曲线如图 9-23 所示。烟浓度以减光率表示，单位为%/m，即每米内光减少的百分数。

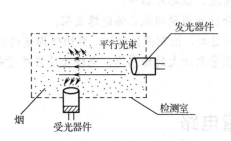

图 9-22　散射光式光电感烟火灾探测器原理示意图

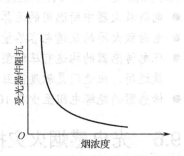

图 9-23　受光器件阻抗随烟浓度变化曲线

9.6.2　光电感烟火灾探测器的调理电路设计

光电感烟火灾探测器的电路原理图如图 9-24 所示。

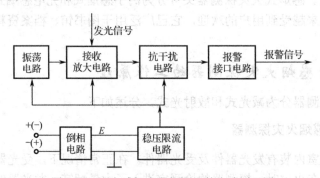

图 9-24　光电感烟火灾探测器的电路原理图

对该探测器的设计要求是在正常监视状态下工作电流不大于 100μA，探测器的电源为 24V 直流电压，探测器的输入阻抗为 240kΩ，呈高阻状态。在报警时，工作电流不大于 80mA，并等效于一个 7V 左右的稳压管，呈低阻状态。因此，探测器静态功耗很小，同时也有利于区别探测器的两种不同工作状态，以便与底座电路相匹配，实现频率的远距离传输。

1. 倒相电路

倒相电路如图 9-25 所示。探测器输入 24V 直流电压，桥式单相电路的优点在于接入电源时不必分正负端，可以随意接入电压的两根线，而输出是有确定极性的+E 电压，这给施工安装带来了很大方便。

2. 稳压、限流电路

稳压、限流电路如图 9-26 所示。上电后，VT_1、VT_2 均处于导通状态，形成 I_4 电流对 C_2 充电。由于 R_1 和 R_2 的选择使 I_4 电流较小，C_2 取值又较大，所以 B 点电位缓慢上升。此时，Z_1 处于不稳压状态，I_2 很小。由于 VT_2 导通，A 点电位随 B 点电位上升而上升。当 A 点电位上升到 Z_1 的稳压值附近时，Z_1 的动态电阻增大，I_2 电流突然增大。在此瞬间，I_1 电流基本稳定，这样，I_3 电流相应减小，VT_1、VT_2 相继截止，C_2 开始放电。经过一段时间后，B 点电位下降，当 B 点电位降到一定值时，VT_1、VT_2 又重新导通，I_3 逐渐增大，I_2 减小，使 Z_1 又处于不稳压状态。

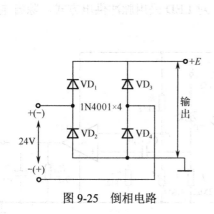

图 9-25　倒相电路

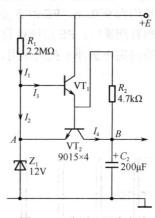

图 9-26　稳压、限流电路

如此周而复始，Z_1 间隙工作在稳压点附近。B 点电位虽略有起伏，但还是较为稳定。B 点电压波形如图 9-27 所示。

3. 振荡电路

振荡电路如图 9-28 所示。由 NPN 型 VT_3 管、PNP 型 VT_4 管与阻容反馈电路 C_3、R_4 构成一个无稳态振荡电路。当 B 点电位达到某一值时，通过偏置电阻 R_3 使 VT_3 导通，从而在 R_4 上建立偏置电压，高速开关管 VT_4 迅速导通，C 点电位升高。从 C 点流出 I_5、I_6 电流，I_6 用于驱动接收放大电路，I_5 则通过阻容正反馈回路 C_3、R_4 流入 VT_3 的基极，巩固 VT_3 的导通。

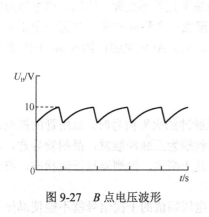

图 9-27　B 点电压波形

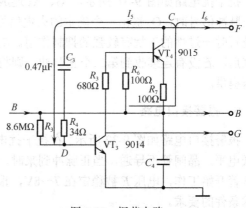

图 9-28　振荡电路

当 C_3 充电到一定值时，将 D 点电位下拉，VT_3 截止，VT_4 也相应截止。当 B 点电位又上升到某一值时，VT_3、VT_4 继续导通，形成一个无稳态振荡电路。C 点电压波形如图 9-29 所示。

从图 9-29 可以看出，在 3s 低电平期间，电容 C_3 在存储能量，只在 100μs 内释放能量，从而实现了探测器在正常监视状态下平均工作电流为 100μA，呈高阻状态。

同时也曾尝试采用 CMOS 时基电路 7555 取代振荡电路，可以得到如图 9-29 所示的波形。但由于该芯片本身有一定的静态功耗，并且它没有储存能量的功能，总工作电流为几个毫安，因此不符合技术条件的要求。

4. 接收放大电路

从图 9-30 中可以看出，光电转换是由红外接收管 PE 完成的。PE 与红外发光管 LED 相匹配，波长均为 900nm。PE 由 B 点供电，一直处于导通状态。LED 由 F 点脉冲供电，所以是间断的。当有烟雾时，PE 应该接收到 LED 的发光信号。对 LED 采用脉冲供电方式，除省电外，还有抗瞬间尖峰脉冲干扰的作用。

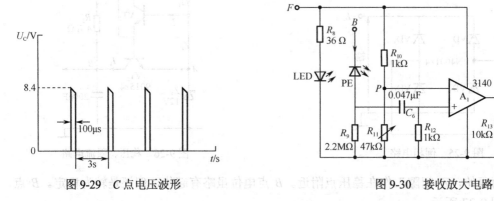

图 9-29 C 点电压波形

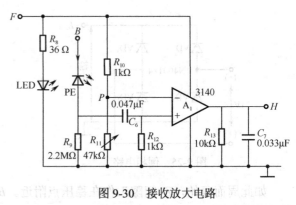

图 9-30 接收放大电路

光电管 PE 接收到信号后送运放 A_1（3140）的同相端，A_1 在此做比较器用。A_1 的反向端接 R_{10} 与可调电阻 R_{11}，可以根据探测器所需的不同灵敏度调节 P 点电位。A_1 输出电压 U_H 直接送抗干扰电路。运放 A_1 的电源也是由 F 点供给脉冲电压，平均耗电极少，这就是为什么微安级电流能驱动工作电流为毫安级的器件的原因所在。

5. 抗干扰电路

抗干扰电路如图 9-31 所示，A_2、A_3 连成计数器形式，当连续两次收到接收放大电路输出的正脉冲信号时，Q_2 输出一个确定的火灾信号，否则认为是干扰而不处理，所以，该电路对瞬时及短时一过性的干扰有较强的抑制作用。R_{14}、R_{15}、C_7 组成一个积分电路，在第一个正脉冲到来后，若没有连续收到第二个正脉冲，则将计数器复位。A_2、A_3 的电源由图 9-30 中的 B 点电压提供。

6. 报警接口电路

报警接口电路如图 9-32 所示。在抗干扰电路未输出正脉冲的火警信号时，晶闸管的控制端为低电平，晶闸管不导通。当正脉冲到来时，晶闸管的控制端为正脉冲触发，晶闸管导通，Z_3 稳压管开始工作，电压 E 被稳定在 7～8V，报警电流增至几十毫安，探测器呈低阻状态，符合技术条件的要求。

另外，Z_4、R_{17} 组成抗干扰电路，这样，低于火警信号电压幅值的干扰信号就不能使晶闸管触发。

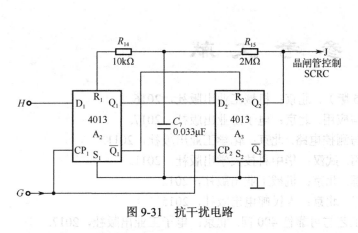

图 9-31　抗干扰电路

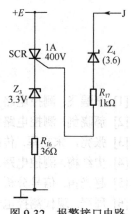

图 9-32　报警接口电路

光电感烟火灾探测器电路的特点如下：

● 它解决了用微安级电流驱动毫安级器件工作的难点，对解决其他类似问题有一定的参考价值；

● 该电路设有抗干扰措施，提高了火灾报警的可靠性；

● 该电路采用的元器件均是市场上通用的，成本低，也适合以后电路集成之用。

思考题与习题

9-1　利用 AD590 设计一个热电偶冷端温度补偿电路，并说明其补偿原理。

9-2　PT100 铂电阻的接线方式有哪几种？各有什么特点？

9-3　试设计一采用 PT100 铂电阻的温度测量电路，要求测温范围为 0～100℃，对应的输出电压范围为 0～10V。

9-4　应用超声测距原理，设计一超声波防撞报警装置的电路。

9-5　试分析图 9-19 所示的数字湿度测量仪的工作原理。

9-6　试分析图 9-20 所示的 PV-96 型压电加速度传感器检测微振动电路的工作原理。

参 考 文 献

[1] 李醒飞. 测控电路（第5版）. 北京：机械工业出版社，2016.

[2] 郝晓剑. 测控电路设计与应用. 北京：电子工业出版社，2017.

[3] 张宪，宋立军. 传感器与测控电路. 北京：化学工业出版社，2011.

[4] 史红梅. 测控电路及应用. 武汉：华中科技大学出版社，2011.

[5] 赵光宙. 信号分析与处理. 北京：机械工业出版社，2012.

[6] 周严. 现代测控电子技术. 北京：人民邮电出版社，2015.

[7] 林凌. 测控系统设计、工艺与可靠性400问. 北京：电子工业出版社，2017.

[8] 孙传友. 测控系统原理与设计（第3版）. 北京：北京航空航天大学出版社，2014.

[9] 于微波. 计算机测控技术与系统. 北京：机械工业出版社，2015.

[10] 陈圣林，王东霞. 传感器技术及应用电路. 北京：中国电力出版社，2016.

[11] 于洋. 测控系统网络化技术及应用. 北京：机械工业出版社，2014.

[12] 黄智伟. 全国大学生电子设计竞赛电路设计. 北京：北京航空航天大学出版社，2006.

[13] 吕俊芳，钱政，袁梅. 传感器调理电路设计理论及应用. 北京：北京航空航天大学出版社，2010.

[14] 王魁汉. 温度测量实用技术. 北京：机械工业出版社，2007.

[15] 逢玉台，王团部. 集成温度传感器AD590及其应用. 国外电子元器件，2002，7.

[16] 刘彭义，李莹，白春河. 集成温度传感器AD590的应用. 传感器世界，1999，11：31-33.

[17] 刘振全. 集成温度传感器AD590及其应用. 传感器世界，2003，3:35-37.

[18] 游冠军，胡益华，陆申龙，等. 集成温度传感器AD590的电路原理及其在测温和温控中的应用. 大学物理实验，2000，13（3）：1-4.

[19] 张国雄. 测控电路. 北京：机械工业出版社，2000.

[20] 张国雄. 测控电路. 3版. 北京：机械工业出版社，2008.

[21] 李刚，林凌. 现代测控电路. 北京：高等教育出版社，2004.

[22] 百度文库. FilterPro基本教程[BD]. http://wenku.baidu. com/link? url= fZgIxys5ibYGisJk VHasbC87pVbMFx06sHokuYWAfRAqY7cMX1er3-Ieuz3OXfNQfZttWydCnvRzFsyRhfaygtRDy15 dh0HLuz6N7WSx633，2014.

[23] 电路飞翔网. http://www.circuitfly.com.